**알면
재미있지
않나요?**

기묘한 지구, 뒤틀린 우주, 과학의 수상한 사건들

알면 재미있지 않나요?

강성주(항성) 지음

ASTROPHYSICS

위즈덤하우스

과학적 상상, 그 시작과 끝엔 늘 질문하는 힘이 있습니다.

쓸모없는 답이라고 해도, 알면 재미있지 않나요?

차례

PART 2.
기묘한 지구에서 살아남기

PART 3.
수상한 과학사 다시 보기

책머리에

내가 빛과 나란히, 빛과 똑같은 속도로 달린다면 어떻게 될까?
빛을 따라잡으면 빛이 멈춰 있는 것처럼 보일까?

당연히 현실에서는 불가능한 이야기입니다. 인간이 빛의
속도로 달릴 수 있을 리 없으니까요. 그런데 아인슈타인은 이
황당한 가정을 진지하게 붙들고 늘어졌습니다. 그리고 10년
뒤, 이 질문은 특수상대성이론이 되었습니다. 시간이 장소마다
다르게 흐른다는, 당시로서는 훨씬 더 황당하게 들리는 결론과
함께 말이지요.

과학의 역사를 들여다보면 이런 장면이 생각보다 자주 등장합니다. 위대한 발견의 출발점이 꼭 정교한 실험실이나 어려운 수식이었던 것은 아닙니다. 누군가가 황당해 보이는 질문 하나를 그저 흘려보내지 않고 끝까지 따라갔을 때, 우리가 세상을 이해하는 방식이 통째로 바뀌는 일이 벌어졌습니다. 황당한 질문과 진지한 과학 사이의 거리는 생각보다 멀지 않습니다.

하지만 어떤 질문들은 너무 황당하다 보니 많은 사람들이 진지하게 생각해본 적이 없는 경우가 많습니다. 예를 들어, 목성이 갑자기 별이 된다면 어떻게 될까? 달이 사라지면 무슨 일이 벌어질까? 지구를 꿰뚫는 터널이 생긴다면 반대편까지 얼마나 걸릴까? 현실에서는 절대 일어나지 않을 일들이고, 그걸 모르는 사람도 없습니다. 그러니 굳이 따져볼 이유도 없지요.

그런데 막상 이 황당한 가정들을 진지하게 따져가다 보면 이상한 일이 벌어집니다. '목성이 별이 되면 어떻게 될까'라는 질문을 끝까지 쫓아가면 결국 항성이 되기 위해서는 얼마나 무거워야 하는지를 살펴야 하고, 그 질량이 갑자기 생겼을 때 태양계의 균형이 어떻게 달라지는지를 계산하다 보면, 어느 순간 소행성대가, 지구 이야기가 나옵니다. 황당한 가정 하나에서 시작해 꼬리에 꼬리를 물고 질문이 이어지는 동안, 그 스토리는 어느새 현실의 그 어떤 과학보다 과학적인 이야기가 되어 있었습니다. 저는 그러한 순간이 좋습니다. 그리고 그 감각을 독자들과 함께 나누고 싶었습니다.

'만약'이라는 질문에는 힘이 하나 더 있습니다. 우리가 당연하게 여기는 것들을 낯설게 만든다는 점입니다.

'달이 없어진다면 어떻게 될까'를 떠올리면 처음에는 간단해 보입니다. 밤이 어두워지겠지, 조수 간만의 차가 줄어들겠지, 정도가 떠오르네요. 그런데 막상 들어가보면 생각지도 못한 곳에서 새로운 이야기가 튀어나옵니다. 달 하나가 사라졌을 뿐인데, 건드릴 생각이 없었던 것들이 하나씩 변하기 시작합니다. 그리고 어느 지점에 이르면 '지금 우리가 사는 이 세계가 사실은 달이 있어서 가능했던 것이 아닐까' 하는 생각이 듭니다. 허황된 말처럼 들릴 수 있다는 것을 알지만 계산을 따라가다 보면 과장이 아니라는 것도 알게 됩니다.

'태양이 사라진다면 어떻게 될까'도 마찬가지입니다. 이 질문은 답이 너무 뻔해 보입니다. '지구가 곧 얼어붙겠지' 하고 넘어가기 쉽습니다. 그런데 정말 그럴까요? 얼마 만에, 어디서부터, 어떤 순서로 달라지는지 하나씩 짚어나가면 우리가 가진 직관이 생각보다 여러 곳에서 어긋난다는 것을 확인하게 됩니다. 뻔한 질문일수록 막상 끝까지 따라가보면 예상 밖의 장면이 기다리고 있는 경우가 많습니다.

이것이 '만약에'라는 질문의 진짜 가치입니다. 너무 당연해서 한번도 의심해본 적 없는 것이, 질문 하나로 갑자기 낯설어지는 순간. 그 순간, 지금까지 그냥 지나쳤던 것들이 다르게 보이기 시작합니다. 지구가 지금 이 모습으로 작동하고 있다는 사실 뒤에 얼마나 많은 조건이 맞물려 있는지를, 조건 딱 하나만 빼보는 상상을 통해 비로소 실감하게 됩니다.

저는 이것이 과학의 본래 모습에 가깝다고 생각합니다. 과학에서 중요한 건 이미 알려진 것들을 '아는' 게 아니라, 왜 그런지 끝까지 '묻는' 태도이기 때문입니다. 우주를 관측하는 망원경 앞에서도, 쓸데없는 가정 하나를 붙들고 계산을 시작할 때도, 질문을 던지고 답을 찾아가는 과정은 다르지 않습니다. 《알면 재미있지 않나요?》는 그 과정을 함께 걸어가보자는 제안입니다.

이 책은 그저 재미를 위해 과학적인 정확성을 포기하지는 않았습니다. 에피소드마다 직접 계산을 해보았고, 불확실한 부분은 논문을 찾아보았습니다. 설정이 황당할수록 그 안의 숫자는 더 정확해야 한다고 생각했기 때문입니다. 가정의 뒤를 따라가는 추론이 틀리면, 그건 과학적 사고가 아니라 상상이 되어버리기 때문이지요. 일부 계산은 본문의 흐름을 끊지 않기 위해 추가 설명으로 넣었습니다. 관심이 생기신다면 함께 읽어주시면 좋겠습니다.

제가 운영하는 과학 전문 유튜브 채널 〈안될과학〉에서 영상을 만들면서, 항상 어딘가 아쉬운 부분이 있었습니다. 과학은 끝끝내 궁금하면 결국 텍스트를 찾게 되는 것 같습니다. 영상은 흘러가지만 책은 멈출 수 있기 때문이지요. 어떤 한 문장에서 잠시 멈춰 스스로 생각해볼 수 있고, 앞 페이지로 돌아가 다시 따져볼 수도 있습니다. 황당한 가정을 끝까지 파고드는 이야기라면, 그 과정을 온전히 따라가기에는 책이 더 잘 맞는다고 생각했습니다.

여기 나오는 질문들이 꼭 정답일 필요는 없습니다. 저는 제가 재미있다고 생각한 것들을 골랐을 뿐입니다. 읽다가 '그런데 이건 어떻게 될까?' 하는 생각이 하나라도 떠오른다면, 저는 그걸로 충분합니다.

쓸모없는 답이라고 해도, 알면 재미있지 않나요?

2026년 4월

강성주(항성)

PART 1.

우주적
스케일로
사고 치기

01

블랙홀로
타임머신을
만든다면

오늘도 내비게이션을 켰습니다. 출발지에서 목적지까지 자연스럽게 안내가 시작됩니다. 이 내비게이션이 정확하게 작동하려면 사실은 꽤 이상한 전제가 하나 필요합니다. 하늘 위 GPS 위성과 지상의 기기가 정확히 같은 시간을 공유해야 한다는 것입니다.

문제는, 우주에선 하늘의 위성과 지상의 시계가 가만히 두면 조금씩 어긋난다는 것입니다. 위성은 지상과 다른 중력 환경에 있고, 상상 이상으로 빠르게 움직입니다. 그러면 위성과 지상의 시계가 조금씩 어긋납니다. 마이크로초 단위라 우리가 알아차리기는 힘들지만, 위치를 측정하는 세상에서는 그 작은 차이가 그대로 거리의 오차로 번집니다. 결국 내비게이션이 정확히 작동하려면 '시간이 장소마다 다르게 흐른다'는 사실을 시스템 안에 항상 계산해넣어야 합니다.

시간은 어디서나 똑같이 흐르지 않습니다. 마치 힘을 주면 늘어나는 고무줄 같지요. 중력이 강한 곳에서는 더 느리게, 약한 곳에서는 더 빠르게 흐릅니다. 아인슈타인이 100년 전에 예측했고 우리는 그 효과를 이미 매일, 인식하지 못한 채 이용하며 살고 있습니다.

그렇다면 질문은 자연스럽게 다음으로 넘어갑니다. 중력이 강한 곳에서 시간이 더 느리게 흐른다면, 그곳에 머물다 돌아온 사람은 바깥 세계의 사람들보다 덜 늙어 있을 겁니다. 그리고 그 차이가 충분히 크다면, 그것은 사실상 미래로 가는 여행 아닐까요?

H.G. 웰스Herbert George Wells가 1895년에 상상했던 타임머신은 기계였습니다. 그런데 물리학이 보여주는 타임머신은 기계가 아니라 장소에 가깝습니다.

그곳은 바로 오늘의 주인공 블랙홀입니다.

거짓말하는 시계

내비게이션이 골목 한 군데 틀리지 않는 것은, 하늘 위 위성과 지상의 기기가 정확히 같은 시간을 공유하고 있기 때문입니다. 그런데 여기에는 근본적인 문제가 있습니다. 고도 약 2만 킬로미터 궤도를 도는 GPS 위성의 시계는, 지상의 시계와 같은 속도로 가지 않습니다.

두 가지 효과가 동시에 작용합니다. 먼저 중력입니다. 위성은 지상보다 중력이 약한 곳에 있습니다. 중력이 약할수록 시간은 더 빠르게 흐릅니다. 이 효과만 놓고 보면 위성의 시계는 지상보다 하루에 약 45.9마이크로초 빠르게 갑니다. 또 위성의 속도도 고려해야 합니다. 위성은 초속 약 3.9킬로미터로 지구를 돌고 있습니다. 빠르게 움직이는 물체의 시간은 느리게 흐르지요. 이 효과 때문에 위성의 시계는 하루에 약 7.2마이크로초만큼 느려지게 되고, 앞의 중력으로 인해 시간이 빠르게 흐르는 효과가 일부 줄어듭니다. 두 효과를 합치면 위성의 시계는 지상의 시계보다 하루에 약 38마이크로초 빠르게 흐릅니다.

38마이크로초는 0.000038초입니다. 별것 아닌 것처럼 들리지요. 그런데 GPS에서는 이 작은 숫자가 치명적입니다. 1마이크로초는 수백 미터 단위의 거리로 바뀌니까요. 이 오차를 보정하지 않으면 위치 오류가 하루에 대략 10킬로미터씩 쌓입니다. 사흘이면 30킬로미터, 일주일이면 70킬로미터입니다. 서울 한복판에 서 있는데, 내비게이션은 수원을 지나 평택 부근에 있다고 말하는 셈이지요.

그래서 GPS는 처음부터 아인슈타인의 상대성이론이 예측한 시간 차이를 반영해 설계되었습니다. 엔지니어들은 이 오차를 알고 있었고, GPS 위성의 시계는 발사할 때부터 지상의 시계보다 매우 미세하게 느리도록 맞춰둡니다. 아인슈타인의 계산을 적용한 것이지요.

이것이 시간 지연의 실체입니다. 철학적 개념이 아니라, 실제로 오늘 여러분의 내비게이션이 목적지를 정확하게 안내한 것, 그것이 시간 지연 보정의 결과입니다. 시계가 우리에게 거짓말을 하는 게 아니라, 우리가 시간은 어디서나 똑같다라고 믿고 있던 사실이 틀린 것이지요.

그렇다면 이제 한 발만 더 나아가볼까요? GPS 위성과의 중력 차이 정도로 하루에 38마이크로초가 어긋난다면, 비교할 수 없을 만큼 강한 중력을 가진 천체 곁에서는 어떤 일이 벌어질까요? 숫자의 규모가 완전히 달라집니다.

사건 지평선 가장자리에서

우주에서 시공간이 가장 극단적으로 휘어지는 곳 중에는 블랙홀이 있습니다. 블랙홀은 별이 일생을 마치고 자기 무게를 이기지 못해 붕괴할 때, 질량이 극도로 좁은 공간에 집중되면서 만들어집니다. 블랙홀의 중심에는 특이점singularity이 있습니다. 우리가 아는 물리 이론으로는 더 이상 계산이 제대로 작동하지 않는 영역이지요. 회전을 하지 않는 비회전 블랙홀에서는 수학적으로 '점'으로, 회전하는 블랙홀에서는 '고리' 형태로 나타나는 해가 나옵니다. 그 주변을 빛조차 탈출할 수 없는 경계면인 사건 지평선Event Horizon이 감싸고 있지요.

우리가 알고 있는 일반상대성이론에 따르면 사건 지평선이라고 부르는 이 경계 안으로 들어간 정보는 다시 밖으로 나오지 못합니다. 양자역학 효과를 고려하면 이야기가 달라질 수 있다는 논쟁이 진행 중이지만, 그에 대해서는 나중에 다시 설명하겠습니다.

우리에게 지금 중요한 것은 이 경계 바깥에서 무슨 일이 일어나는가입니다.

블랙홀로 떨어지는 사람을 멀리서 관측한다고 해봅시다. 그 사람은 사건 지평선에 가까워질수록 점점 느리게 움직이는 것처럼 보입니다. 정확히는, 그 사람이 보내는 신호(빛)의 간격이 점점 늘어나 우리에게 도착하기 때문입니다. 그래서 이론적으로 사건 지평선 바로 위에서는 시간이 거의 멈춘 것처럼 보이지요. 반면 떨어지는 당사자는 그 어떤 이상함도 느끼지 못합니다. 경계를 그냥 통과할 뿐입니다.

그렇다면 얼마나 가까이 가야 시간이 의미 있게 느려질까요? 슈바르츠실트Schwarzschild 블랙홀, 즉 회전하지 않는 블랙홀에서 '그 자리에 머물러 있다'고 가정한 관측자의 시간은 멀리 있는 사람에 비해 $1/\sqrt{1-\frac{R_s}{r}}$ 배 느리게 흐릅니다. 여기서 R_s는 사건 지평선의 반지름, r은 현재 위치입니다. 갑자기 공식이 나와서 어려워 보이지만, 핵심은 간단합니다. r이 R_s에 가까워진다는 것은, 관측자가 블랙홀 중심에서 멀어지는 게 아니라 사건 지평선 바로 바깥까지 다가간다는 뜻입니다.

시간이 10배 느려지려면 위 식의 값이 10이 되면 됩니다. 계산해보면 $r \approx 1.01\ R_s$, 즉 사건 지평선 반지름의 1퍼센트 이내까지 접근해야 합니다. 태양 질량의 10배짜리 블랙홀의 사건 지평선 반지름은 약 30킬로미터입니다. 10배의 시간 지연을 얻으려면 그 경계에서 불과 300미터 바깥에 '버티고 있어야' 한다는 뜻입니다.

문제는 여기서부터입니다. '정지'는 말 그대로 그 자리에 떠서 버티는 상황입니다. 블랙홀 근처에서 오래 있으려면 두 가지 중 하나입니다. 결국 인공위성처럼 궤도를 돌아야 합니다.

이것이 '연료 없이' 가능한 유일한 방법이거든요. 그렇지 않고 그 자리에서 멈춰 있으려면 계속 추진력을 내서 중력에 맞서야 합니다.

그런데 궤도도 아무 데서나 돌 수 있는 것은 아닙니다. 회전하지 않는 블랙홀에는 '여기까지만 안전하게 빙빙 돌 수 있다'는 경계가 하나 있습니다. 그 경계를 최내곽 안정 원궤도 Innermost Stable Circular Orbit, ISCO라고 부르는데, 대략 사건 지평선 반지름 R_s의 3배, 즉 $r \approx 3\,R_s$ 근처입니다. 이보다 더 안쪽으로 들어가면 궤도가 매우 불안정해집니다. 아주 작은 흔들림만 생겨도, 다시 원래의 궤도로 돌아가는 것이 아니라 그대로 안쪽으로 빨려 들어가기 쉬운 구간이지요.

그리고 이 거리에서의 시간 지연은 몇 배가 아닙니다. 많아야 1.2배입니다. 예를 들어 1시간이 1시간 10여 분이 지나 있는 정도라고 볼 수 있습니다. 물론 궤도를 돌면 속도가 빠르니까, 그만큼 시간은 또 조금 느려집니다. 하지만 그것을 다 합쳐도 시간이 10배, 100배로 느려지는 수준까지는 가지 못합니다. 우리가 기대하는 타임머신과는 거리가 멀지요.

결국 회전하지 않는 블랙홀만으로는 원하는 만큼 시간을 늘리는 것은 어렵습니다. 그럼 어떻게 하면 될까요?

한 방향으로만 열리는 문

문제 해결의 열쇠는 바로 회전입니다. 블랙홀이 자전을 한다면 이야기가 달라집니다. 이른바 커Kerr 블랙홀이라고 부르는 회전하는 블랙홀에서는 앞서 언급한 최내곽 안정 원궤도가 사건 지평선에 훨씬 더 가까워집니다. 회전을 하면 주변 시공간이 같이 끌려 들어가면서, 블랙홀 회전 방향과 같은 방향으로 도는 물체는 더 안쪽에서도 궤도를 도는 힘이 안정적으로 유지될 수 있기 때문이지요. 따라서 블랙홀이 빠르게 회전할수록 안전하게 궤도를 돌 수 있는 가장 안쪽 경계, 즉 최내곽 안정 원궤도가 점점 더 블랙홀 쪽으로 가까워지게 됩니다. 이론적으로 거의 극한에 가까운 속도로 회전하는 경우에는 최내곽 안정 원궤도가 사건 지평선 바로 근처까지 다가갈 수 있습니다.

여기서부터 비로소 '타임머신'이라는 단어가 그럴듯해지기 시작합니다. 회전하지 않는 블랙홀에서 최내곽 안정 원궤도 근처는 시간 지연이 크더라도 20퍼센트 수준이었지요. 그런데 회전하는 커 블랙홀에서 사건 지평선에 가까운 궤도까지 내려갈 수 있으면, 시간 지연은 훨씬 더 커집니다. 조건이 정말 극단적으로 맞으면 수십 배 이상의 시간 지연까지도 가능합니다. 드디어 우리가 기대하던 타임머신이라고 부를 수 있을 만한 시간 지연이 나타나는 것이지요.

이것이 실제로 어떤 의미인지 구체적으로 생각해봅시다. 우주선을 최내곽 안정 원궤도에 진입시키고 1년 머물다가 귀환합니다. 그러면 지구에서는 수십 년이 흘렀을 수 있습니다. 더 극단적인 조건이라면 수백 년까지의 미래로도 갈 수 있겠지요. 장난이 아니라, 일반상대성이론이 예측한 결과를 실제로 경험하는 순간입니다.

영화 〈인터스텔라〉에는 이 원리를 아주 과감하게 구현해낸 장면이 있습니다. 초대질량블랙홀인 가르강튀아 근처에 있는 밀러 행성에서 주인공이 1시간을 보내고 돌아오자 지구에서는 7년이 흘러 있지요. 1시간이 7년이면, 시간 지연이 대략 6만 배입니다. 이 설정을 물리적으로 검토한 사람은 이론물리학자 킵 손**Kip Thorne**입니다. 그의 계산에 따라 이 시나리오가 성립하려면 가르강튀아의 질량이 최소 1억 태양 질량 이상이어야 해요. 왜냐하면 바로 조석력 때문입니다.

조석력은 한 물체의 서로 다른 부분에 작용하는 중력의 차이입니다. 예를 들어 블랙홀 쪽에 가까운 발은 더 세게 끌리고, 조금 먼 머리는 덜 끌립니다. 이 차이가 너무 커지면 물체는 늘어나거나 버티지 못하고 찢어질 수 있습니다. 그런데 같은 '사건 지평선 근처'라도 블랙홀이 작을수록 그 경계가 더 좁은 반지름 안에 들어 있으므로, 중력의 변화가 훨씬 급격합니다. 반대로 초대질량블랙홀은 사건 지평선이 매우 커서, 바로 근처에서도 중력 차이가 상대적으로 완만합니다.

행성이 존재하려면 블랙홀이 충분히 커야 하고, 시간 지연을 크게 만들려면 블랙홀에 아주 가까이 가야 합니다. 그런데 가까이 갈수록 조석력도 커지게 되지요. 그래서 작은 블랙홀에서는 시간 지연이 커지기 전에 먼저 주변 물체가 버티지 못할 가능성이 큽니다. 〈인터스텔라〉 같은 장면이 성립하려면, 가까이 가도 조석력이 비교적 약한 초대질량블랙홀이 필요합니다. 거대한 질량과 극한의 회전, 두 조건이 같이 맞아야 비로소 '미래로 가는 타임머신'이 성립하는 셈이지요.

이제 조건을 모두 갖췄다고 가정해봅시다. 우주선을 블랙홀 궤도에 진입시켜 1년을 보낸 뒤, 다시 지구로 돌아옵니다. 우주선 안에서는 분명 1년밖에 지나지 않았는데, 지구에서는 그보다 훨씬 긴 시간이 흘렀을 수 있습니다. 수십 년일 수도, 조건이 더 극단적이면 수백 년일 수도 있겠지요. 떠날 때 배웅해준 사람들이 여전히 살아 있을지, 같은 도시에 살고 있을지, 같은 언어와 같은 사회가 남아 있을지조차 장담할 수 없습니다.

여기서 중요한 점은, 귀환 자체가 불가능한 것은 아니라는 사실입니다. 지구로 돌아올 수는 있습니다. 다만 한 번 지나가버린 시간은 다시 되돌릴 수 없습니다. 내가 보낸 1년을 대가로, 지구의 수십 년을 통째로 건너뛰게 되지요.

이것은 타임머신이 맞습니다. 미래로 가는 타임머신이지요.

물리학이 허락한, 한 방향으로만 작동하는 시간의 문입니다.

물리학이 막아서는 자리

　미래로 가는 문이 있다면, 반대 방향은 어떨까요? 과거로 가는 타임머신은 가능할까요? 미래로는 여행을 허락했던 물리학이, 과거로의 여행에서는 분위기를 달리합니다.

　먼저 논리의 벽이 보입니다. 내가 아직 태어나기 전의 과거로 돌아가 할아버지를 만난다고 해봅시다. 사고실험이니 어디서 만나든 상관없습니다. 그런데 그 만남이 어떤 식으로든 할아버지의 삶을 바꿔서 결국 부모가 태어나지 못하게 된다면, 나 역시 태어나지 못합니다. 태어나지 않았으니 과거로 갈 수 없고, 갈 수 없으니 할아버지를 만나지 못하고, 만나지 못했으니 원래처럼 부모가 태어납니다. 이 순환은 끝이 없지요. '할아버지 역설'이라고 부르는 이 이야기는 단순한 말장난이 아닙니다. 여기서 중요한 결론은 '그래서 과거 시간 여행은 무조건 불가능'이 아니라, 가능하다고 해도 마음대로 과거를 바꾸는 방식으로는 성립하기 어렵다는 점입니다. 인과율, 즉 원인이 결과보다 먼저여야 한다는 물리학의 기본 규칙이 강하게 발목을 잡습니다.

그런데 수학은 다른 이야기를 합니다. 일반상대성이론 방정식을 풀면, 시간을 역방향으로 구부릴 수 있는 해가 이론적으로 존재합니다. 폐쇄형 시간형 곡선Closed Timelike Curve이라고 부르는 경로입니다. 출발점과 도착점이 같은 시공간 경로지요. 한 방향으로만 앞으로 걸었는데도, 마치 뫼비우스의 띠처럼 어느 순간 다시 '과거의 한 지점'으로 돌아오게 되는 길이 수학적으로 존재한다는 뜻입니다. 회전하는 커 블랙홀 내부의 특정 영역에서는 이 경로가 수학적으로 등장합니다. 방정식이 허락한다는 뜻이지요.

하지만 수학적으로 존재한다는 것과, 그것이 실제 우주에서 물리적으로 구현되는 일은 다른 문제입니다. 커 블랙홀 내부에는 코시 지평선Cauchy horizon이라는 경계가 등장합니다. 이 경계 근처에서는 바깥에서 들어오는 아주 미세한 요동, 이를테면 약한 빛 한 줄기 같은 것도 에너지를 폭발적으로 증폭시켜 내부 구조 자체를 불안정하게 만들 수 있다는 논의가 오래전부터 이어졌습니다. 수학적으로는 문이 보이는데, 그 문고리가 멀쩡하다고 장담하기 어려운 상태인 것이지요.

1992년에 스티븐 호킹은 한 걸음 더 나아가, 시간순서보호추측을 제안했습니다. 양자역학적 효과가 개입해 과거로 가는 경로는 결국 항상 막힐 거라는 주장입니다. 쉽게 말해 자연이 스스로 인과율을 지키는 방향으로 작동한다는 겁니다. 이는 아직 증명도 반증도 되지 않았습니다. 다만 지금까지 우리가 아는 물리학에서 '과거로 가는 길'이 수식으로는 어렴풋이 보이는 데도, 적어도 현실에서는 그런 사례를 확인한 적이 한 번도 없었지요.

이론과 현실의 사이

물리학은 한 방향이기는 하지만 시간 여행을 할 수 있는 이론적인 배경은 열어두었습니다. 하지만 물리학이 허락한 것과 인류가 할 수 있는 일 사이에는 매우 큰 장벽이 있습니다.

첫 번째 장벽은 거리입니다. 현재까지 발견된 것 중 지구에서 가장 가까운 블랙홀 후보는 1,560광년 떨어진 'Gaia BH1'입니다. 인류가 만든 가장 빠른 물체인 보이저 1호의 속도로 무려 2,700만 년이 걸리는 거리지요. 나머지 장벽은 아직 손도 대지 못했지만, 첫 번째에서 이미 막막해집니다.

그래도 어떻게든 도착했다고 가정해보지요. 하지만 접근 자체가 두 번째 장벽에 막혀버립니다. 블랙홀이 주변 물질을 활발히 끌어당기고 있다면 중력에 의해 나선형으로 말려 들어가는 가스와 먼지의 소용돌이인 강착원반이 생깁니다. 이때 강착원반 속 물질은 마찰열로 수백만 도가 넘는 높은 열과 동시에 강력한 X선, 고에너지입자✦ 빛의 속도에 가까운 속도로 움직이는 전자, 양성자처럼 매우 큰 에너지를 띤 입자. 블랙홀 주변의 뜨거운 강착원반과 제트에서는 이런 입자들이 빠르게 가속될 수 있습니다를 방출합니다. 우주복이나 우주선이 버텨낼 환경이 아닌 것이지요. 그러나 이 모든 것을 극복해서 뛰어넘었다고 해도, 다음 장벽이 기다리고 있습니다.

바로 조석력입니다. 블랙홀에 가까워질수록 몸의 위아래에 작용하는 중력의 차이가 커집니다. 조석력은 상식과 다르게 작은 블랙홀일수록 훨씬 극단적이라고 했지요. 태양 질량의 수십 배짜리 블랙홀이라면 사건 지평선에 닿기도 전에 인체가 세로로 늘어나고 가로로 압축되는 치명적인 일이 일어날 수 있습니다. 앞서 초대질량블랙홀이 필요하다고 했던 이유도 여기에 있지요. Gaia BH1은 태양 질량의 약 9배로 추정되기 때문에, 목적지를 다른 데로 바꿔야 한다는 결론에 이르게 됩니다.

그리고 마지막으로 통신의 장벽도 있습니다. 설명한 것처럼, 의미 있는 시간 지연을 얻으려면 사건 지평선 바로 근처의 궤도까지 내려가야 합니다. 그런 극단적인 궤도에 진입하면 지구와의 실시간 신호 교환은 사실상 불가능해집니다. 강착원반에서 발생하는 전자기파로 인한 잡음과 상대론적 효과에 따른 지연 등 신호는 늦어지고 약해집니다. 블랙홀의 궤도에 머무는 동안 지구에서 보낸 신호가 제때 도착할지조차 장담하기 어렵습니다.

이론적으로 가능하다는 것과 실제로 가능하다는 것은 매우 다른 문제입니다. 물리학과 수학이 가능성은 보여주었지만, 그 문 앞에 이르기 위해서는 넘을 수 없는 현실적인 장벽이 많이 존재합니다.

절대적이지 않은 시간

미래로 가는 시간 여행은 이론적으로 가능합니다. 중력이 강한 곳에 오래 머물거나, 아주 빠르게 움직이면 내 시간은 바깥보다 느리게 흐릅니다. 블랙홀 근처는 이 효과가 극단적으로 커질 수 있는 장소이고요. 다만 실제로 그 효과를 누리기 위한 조건이 블랙홀은 초대질량블랙홀이어야 하고, 거의 극한의 속도로 회전해야 하고, 심지어 우리는 그 안에서 안정적인 궤도를 유지한 뒤 다시 빠져나와야 합니다. 과거로 시간 여행을 하는 경로는 수학적으로는 존재하지만, 현실에서는 인과율과 안정성 문제가 우리의 발목을 잡고 있습니다.

다시 말해 미래와 과거 모두, 현실적으로 우리가 기대할 만한 타임머신의 효과를 누릴 방법을 현대 과학은 아직 찾지 못했습니다. 하지만 여기서 한 걸음 물러서면 더 근본적인 사실이 보입니다. 극단적인 예시이기는 하지만 블랙홀에서 우리가 확인했듯 시간은 우주 어디서나 똑같이 흐르지 않는다는 것이지요. 지금 이 순간에도 GPS 위성과 지상의 시계는 서로 다른 속도로 흐르고, 그 차이를 매 순간 보정하면서 내비게이션이 작동합니다. 아직 타임머신은 없지만, 시간이 다르게 흐른다는 사실은 이미 오래전부터 우리 일상 속에 들어와 있습니다.

쓸데없는 상상이었지만, 알면 재미있지 않나요?

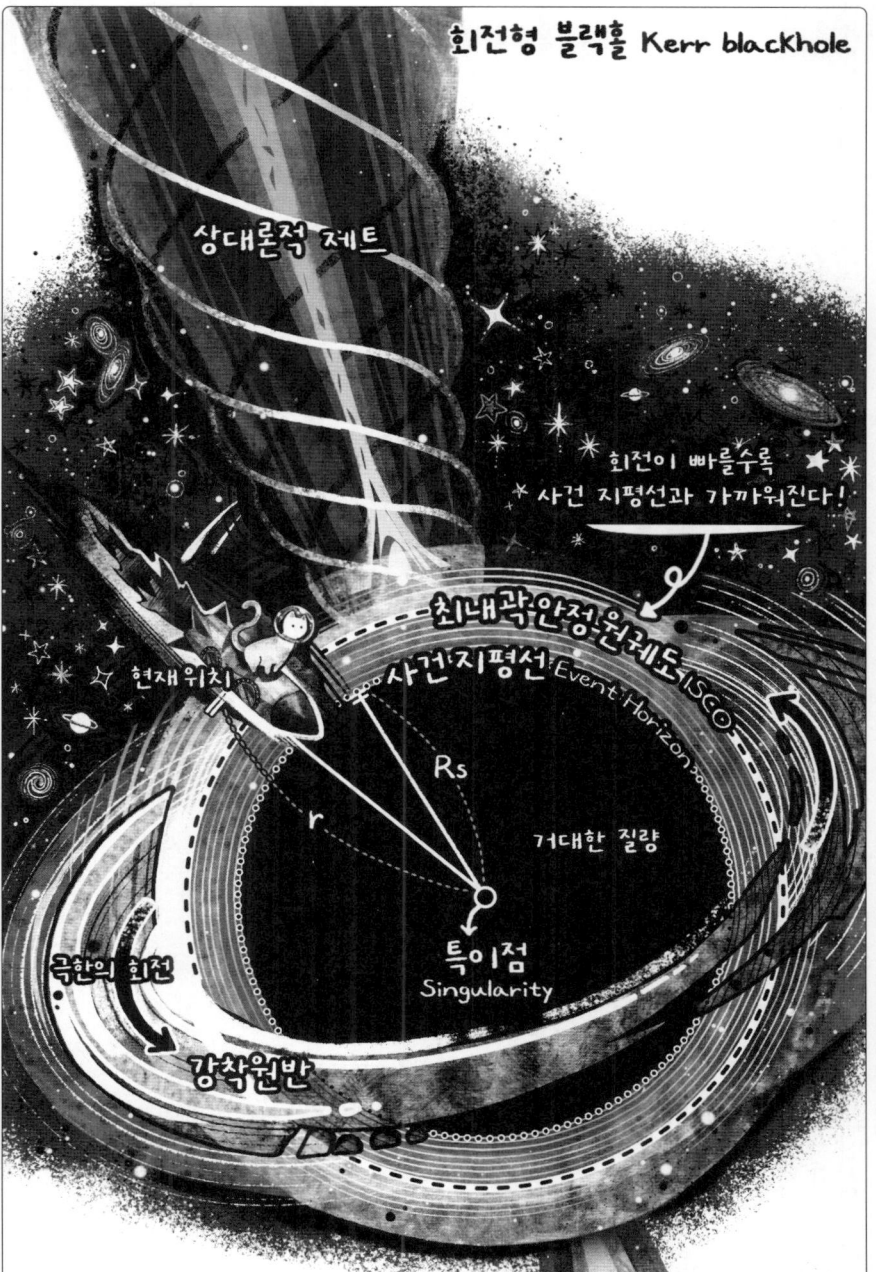

02

지구에
토성 같은 고리가
생긴다면

　　　　　　　　여느 때와 다름없는 평범한 서울
의 아침입니다. 평소처럼 눈을 뜨고 커튼을 걷는데, 오늘 하늘
빛이 어딘가 다릅니다. 해는 분명히 떠 있는데, 남쪽 하늘 높은
곳에 전에 없던 무언가가 걸려 있습니다. 처음에는 구름인가
싶었는데 구름치고는 너무 곧고, 너무 길고, 너무 선명합니다.
하늘에 얇은 빛의 띠를 한 줄 그어놓은 것 같은 느낌입니다.

　휴대폰을 켜니 이미 뉴스와 SNS가 난리입니다. 전 세계에
서 같은 현상이 담긴 사진이 쏟아지고 있습니다. 그런데 화면
을 넘기다 보니 이상한 점이 눈에 들어옵니다. 사진마다 하늘

에 걸린 띠의 위치가 다르게 보입니다. 서울에서는 남쪽 하늘 높은 곳에 걸려 있는데, 싱가포르에서 찍은 사진에서는 거의 머리 위를 지납니다. 적도에 위치한 국가들에서 올려다본 고리는 하늘을 정확히 반으로 가릅니다. 위도가 높아질수록 띠는 점점 지평선 쪽으로 내려앉고, 최남북단 극지 기지에서 찍은 사진에서는 지평선을 따라 납작하게 누워 있습니다. 사진을 보면 볼수록 지금 하늘에 걸려 있는 저 띠가 어떤 착시나 기상 현상이 아니라는 것을 직감적으로 알게 됩니다. 그렇습니다. 지구에 고리가 생겼습니다.

사실 태양계에서 고리는 그리 희귀한 것이 아닙니다. 목성, 토성, 천왕성, 해왕성 모두 고리를 가지고 있습니다. 그런데 이 넷에는 공통점이 있습니다. 전부 가스나 얼음으로 이루어진 거대 행성입니다. 암석으로 된 행성, 즉 수성, 금성, 지구, 화성 중에 고리를 가진 행성은 지금까지 단 하나도 없었습니다. 지구는 태양계 역사상 최초의 암석형 고리 행성이 된 겁니다. 그렇다면 이 고리, 도대체 얼마나 클까요?

고리 달린 행성을 떠올리면 누구나 토성을 가장 먼저 생각합니다. 토성의 고리는 구름 꼭대기로부터 약 7,000킬로미터 위에서 시작해 8만 킬로미터 바깥까지 뻗어 있습니다. 폭은 수만 킬로미터인데 두께는 보통 10미터 안팎, 두꺼운 곳도 1킬로미터를 넘지 않습니다. 종잇장이라는 비유조차 과분한 얇기입니다.

지구에 이런 형태의 고리가 생긴다면, 안쪽 경계는 지표에서 수천 킬로미터 위에 자리하게 됩니다. 국제우주정거장이 도는 고도 400킬로미터보다는 위이고, GPS 위성이 도는 고도 2만 200킬로미터보다는 아래일 겁니다. 아름다운 동시에, 불편한 이야기가 될 것 같습니다. 하지만 그 전에 먼저 따져봐야 할 게 있습니다. 이 고리, 어떻게 갑자기 생겨난 것일까요?

고리는 어떻게 생길까?

행성의 고리가 어떻게 만들어지는지 이해하려면, 먼저 한 가지 질문에 대답할 수 있어야 합니다. 왜 고리는 우주로 날아가지도, 당장 땅으로 떨어지지도 않고, 딱 그 높이에 떠 있는 것일까요?

핵심은 행성의 중력이 천체를 잡아당기는 방식에 있습니다. 행성은 근처에 있는 천체의 가까운 쪽을 먼 쪽보다 강하게 당깁니다. 이 앞뒤 힘의 차이를 천체물리학에서는 조석력이라고 부릅니다. 멀리 있을 때는 이 차이가 작아서 천체의 모양에 아무 이상이 없지만 천체가 너무 가까이 다가서면 이야기가 달라집니다. 앞쪽을 더 세게 당기고 뒤쪽을 덜 당기면서, 천체를 길게 늘어뜨리기 시작합니다. 그 힘이 천체 <u>스스로</u> 뭉쳐 있으려는 힘을 넘어서는 순간, 천체는 산산조각 납니다. 이 경계선을 로슈 한계_{Roche limit}라고 합니다. 중력이 붙잡는 힘이 아니라 찢는 힘으로 바뀌기 시작하는 보이지 않는 경계선인 것이지요.

로슈 한계는 칼로 그은 선이 아닙니다. 가까이 오는 천체가 단단한 바윗덩어리인지, 느슨하게 뭉친 자갈 더미인지에 따라 부서지기 시작하는 거리가 달라집니다. 지구 고리의 안쪽 경계도 정확히 몇 킬로미터라고 못 박기보다, 수천 킬로미터에서 1만 킬로미터대 어딘가라고 보는 게 맞습니다. 공교롭게도 그 구간은 우리가 매일 쓰는 통신, 항법, 기상 위성들이 몰려 있는 높이입니다.

그런데 고리가 생기려면 먼저 부서질 천체가 있어야 합니다. 소행성이나 작은 천체가 지구 중력에 이끌려 너무 깊이 들어와서 로슈 한계를 넘는 순간, 그 천체는 <u>스스로를</u> 붙잡아둘 힘을 잃고 산산조각 납니다. 남은 자갈과 먼지와 파편 들은 서로 부딪히며 에너지를 잃는 데다가, 지구의 자전 때문에 점점 지구의 적도면 ✦ 지구의 자전축에 수직인 평면으로 적도를 포함하는 면과 비슷한 평면으로 납작하게 정렬됩니다. 처음에는 난장판이지만, 시간이 지나면 넓고 얇은 원반으로 정돈됩니다. 혼돈에서 질서가 나오는 방식이 우주에서는 늘 이런 식입니다.

달처럼 큰 위성이 하나 있으면, 달의 중력이 파편들을 조금씩 잡아당기면서 파편들의 궤도를 흔들어 놓습니다. 어떤 파편은 궤도가 점점 찌그러져 결국 지구 대기로 떨어지기도 하고 어떤 파편은 달의 중력에 반복적으로 반응해 궤도가 점점 높아지다가, 끝내 지구 중력권 바깥으로 완전히 빠져나갑니다. 달이 고리를 아예 못 생기게 막는 것은 아니지만, 한번 생긴 고리를 오래 유지하기는 어렵게 만듭니다. 지금 우리 하늘이 비교적 깨끗한 데는 이런 이유가 있습니다.

그렇게 보면 고리는 예쁘게 떠 있는 장식이 아닙니다. 중력이 천체를 부수고, 파편이 스스로 정렬하고, 위성이 그 파편들을 흩어버리는, 끊임없는 힘의 경쟁이 만들어낸 결과입니다. 그 경쟁이 균형을 찾아 자리 잡은 높이는, 우리가 우주로 나가기 위해 반드시 통과해야 하는 길목입니다.

위도마다 다른 하늘의 모습

우리가 우주로 나가는 길에 고리가 생겼습니다. 그렇다면 지표면에서는 이 고리가 어떻게 보일까요?

고리는 지구의 적도면, 그러니까 지구가 자전하는 평면을 따라 얇은 원반처럼 펼쳐집니다. 우리가 어떤 각도의 고리를 보느냐는 순전히 위도에 달려 있습니다. 서울과 싱가포르, 극지방에 위치한 국가들의 하늘이 달랐던 이유이기도 하지요.

고리는 지구 적도면 위에 고정되어 있습니다. 그래서 적도에 가까울수록 고리를 정면에서 바라보게 되고, 위도가 높아질수록 고리를 점점 옆에서 비스듬히 보는 각도가 됩니다. 마치 동그란 접시를 눈높이에서 정면으로 보면 원으로 보이지만, 위에서 내려다볼수록 점점 납작하게 보이는 것과 같습니다. 그래서 적도에서는 고리가 동쪽 지평선에서 떠서 머리 위 천정을 지나 서쪽 지평선으로 내려가는, 하늘 한가운데 떠 있는 마치 무지개 같은 선이 됩니다. 북위 37도인 서울에서는 남쪽 하늘에 꽤 묵직하게 걸린 거대한 아치로 보입니다. 위도가 높아질수록 그 아치는 점점 지평선 쪽으로 내려앉고, 극점에 가까워지면 고리는 지평선을 따라 납작하게 눕습니다. 하늘 위에 있던 것이 하늘의 가장자리로 밀려나는 겁니다. 고리가 사라지는 게 아니라, 우리가 바라보는 각도가 달라지는 것이지요.

이 고리의 밝기를 결정하는 것은 재질과 면적입니다. 토성처럼 반짝이는 얼음 알갱이를 상상하기 쉽지만, 태양에 훨씬 가까운 지구의 고리는 수분이 모두 날아간 암석과 먼지로 이루어져 있을 가능성이 큽니다. 반사율이 낮은 잿빛 돌가루가 모여 있는 셈이지요. 하지만 이 잿빛 고리조차 밤하늘을 압도할 만큼 밝습니다. 개별 입자는 어둡더라도, 폭이 수만 킬로미터에 달하는 거대한 띠 전체가 태양 빛을 한꺼번에 반사하기 때문입니다. 규모가 밝기를 만들어내는 겁니다.

다만 이 고리가 1년 내내 같은 밝기로 빛나지는 않습니다. 지구의 자전축이 23.4도 기울어 있어서, 계절마다 태양 빛이 고리를 비추는 각도가 달라집니다. 어떤 계절에는 고리의 넓은 면이 햇빛을 정면으로 받아 반사가 강해지고, 어떤 계절에는 햇빛이 고리 면을 스치듯 지나가 존재감이 줄어듭니다. 물론 구름이 두껍게 끼면 보이지 않습니다. 고리도 결국 하늘 위에 있는 거대한 물리적 존재니까요.

하지만 고리가 빛을 반사한다는 건, 동시에 빛을 가린다는 의미이기도 합니다. 그리고 지구의 허리에 둘린 이 고리의 그림자는, 생각보다 훨씬 넓은 곳에 드리웁니다.

고리의 그림자

앞서 말했듯이 빛을 반사한다는 건, 동시에 빛을 차단한다는 뜻입니다. 고리가 아름답게 빛나는 만큼, 그 아래 지표면에는 같은 크기의 그늘이 생기는 것이지요.

그런데 이 그늘은 지구 전체에 고르게 드리워지지 않습니다. 고리는 적도면을 따라 놓여 있고, 지구의 자전축은 23.4도 기울어 있습니다. 이런 조건들 때문에 고리의 그림자가 드리우는 위치는 계절마다 달라집니다. 어떤 계절에는 햇빛이 고리 면을 스치듯 지나가 그림자가 옅어지고, 어떤 계절에는 고리가 넓은 면으로 햇빛을 받아 지표면에 드리우는 그림자가 짙어집니다. 고리의 위치는 그대로인데, 그림자의 강도가 계절마다 달라지는 것이지요.

문제는 그 그늘이 드리우는 곳이 하필 지구 기후의 동력원이라는 점입니다. 적도 부근이 강한 햇빛으로 데워지면 뜨거운 공기가 상승하면서 위로 퍼지고, 다시 내려오면서 거대한 대기 순환을 만듭니다. 무역풍, 계절풍, 열대수렴대 등의 시스템은 모두 이 열대 가열이 만들어낸 결과물이지요. 바다도 그 열을 해류로 실어 나릅니다. 지구라는 기계가 돌아가도록 하는 심장 같은 엔진이 바로 이 지역입니다.

그 동력원 위로 계절마다 다른 강도로 그늘이 드리운다고 생각해볼까요? 먼저 일조량이 줄면 지표가 기존보다 덜 데워지면서 상승기류가 약해지고, 기압 배치와 바람의 방향이 바뀌게 됩니다. 계절풍이 부는 시기가 어긋나고, 이에 따라 계절별 강수량도 차이가 나기 시작합니다. 강수 패턴 하나하나에 기대어 사는 열대우림은 이런 변화에 특히 취약합니다. 특정 지역이 조금 서늘해지는 문제가 아니라, 지구 전체가 돌아가는 리듬을 건드리는 일인 것이지요.

물론 영향의 정도는 고리가 얼마나 촘촘한지에 달려 있습니다. 고리가 성기고 희미하다면 특정 계절에 햇빛이 약간 줄어드는 정도로 끝날 수도 있습니다. 하지만 고리가 두껍고 빽빽하다면 이야기가 달라집니다. 햇빛이 눈에 띄게 줄기 시작하고, 그 변화는 기후 전체로 번집니다. 아름다운 고리 하나가 지구의 날씨 시스템을 건드리는 겁니다.

더 중요한 점은 고리가 정지해 있는 구조물이 아니라는 것이지요. 수많은 파편이 서로 부딪히고, 잘게 부서지고, 일부는 조금씩 궤도를 이탈하기도 합니다. 궤도를 이탈한 파편은 지구 중력에 이끌려 대기권으로 떨어집니다. 우리 눈에는 유성으로 보이겠지요. 특정 날짜에만 찾아오는 유성우가 아니라, 어느 밤이든 하늘 어디엔가 유성우가 떨어지는 세상이 펼쳐지는 겁니다. 낭만적으로 들릴 수 있겠지만, 그 빛줄기 하나하나는 어쩌면 고리가 조금씩 사라져간다는 뜻이기도 합니다.

고리의 그림자가 지구의 기후를 뒤흔들고, 파편이 밤하늘을 수놓는 동안, 고리는 한 가지를 더 바꿔놓습니다. 바로 지구의 밤 그 자체를 말이지요.

사라지는 밤

밤이 달라진다는 건 단순히 하늘이 예뻐진다는 뜻이 아닙니다. 지금 우리가 당연하게 누리는 완전한 어둠 자체가 드물어질 수 있다는 이야기입니다.

낮 동안 태양 빛을 막아 그림자를 만들던 고리는, 해가 지면 성격이 바뀝니다. 우리가 서 있는 지표는 해가 지면 태양 반대편으로 돌아가, 직접 햇빛이 닿지 않는 지구의 그늘로 들어갑니다. 지표에서 수천 킬로미터 위에 떠 있는 고리의 바깥쪽 구간은 지구 그림자 바깥에 남아 햇빛을 받을 수 있습니다. 그 빛이 다시 지표로 반사되면, 낮에는 햇빛을 가리던 고리가 밤에는 빛을 돌려보내는 셈이 됩니다.

밤의 고리 밝기는 밀도와 성분, 그리고 계절에 따라 달라집니다. 어떤 밤에는 달빛이 밝을 때처럼 주변이 훤해질 수도 있고, 어떤 밤에는 하늘 한쪽에 희미한 띠가 걸린 정도로 끝날 수도 있습니다. 하지만 맑은 밤이라면, 완전한 암흑은 지금보다 줄어들 가능성이 큽니다.

천문학자들이 가장 먼저 타격을 받습니다. 희미한 은하나 성운을 보려면 배경 하늘이 충분히 어두워야 합니다. 그런데 고리가 만드는 반사광은 도시의 빛 공해처럼 특정 방향만 피해서 해결되는 종류가 아닙니다. ✦ 지상의 빛 공해는 보통 특정 방향 하늘에서 더 심하지만, 고리의 반사광은 하늘 전체에서 고르게 내려오기 때문에 방향을 바꾸거나 장소를 옮겨도 피할 방법이 없습니다. 하늘 전체의 배경 밝기가 조금만 올라가도, 그보다 희미한 천체들은 통째로 묻혀버립니다. 칠레 사막이나 높은 산꼭대기에 거대한 망원경을 세워도, 하늘 자체의 바탕이 밝아지면 할 수 있는 관측은 급격히 줄어들게 되는 것이지요.

달라진 밤의 낭만은 여기까지입니다. 고리가 밤을 밝히는 동안, 고리가 자리 잡은 공간에서는 전혀 다른 문제가 진행되고 있습니다. 그 높이는 지금 이 순간에도 우리가 활용하는 위성들이 지구를 도는 바로 그 자리이기 때문입니다.

궤도를 채우는 파편

매일 문자와 날씨 예보, 내비게이션의 정보를 이용하도록 하는 위성들이 몰려 있는 바로 그 높이에 고리가 생겼습니다.

숫자로 보면 문제가 더 또렷해집니다. 국제우주정거장은 고도 약 400킬로미터에서 지구를 돕니다. 지구 관측위성과 통신위성 상당수도 수백 킬로미터에서 2,000킬로미터 사이에 몰려 있습니다. 고리의 안쪽 경계가 수천 킬로미터라면, 이 위성들은 고리 파편과 같은 공간을 나눠 쓰게 됩니다.

여기서부터는 속도의 문제입니다. 궤도를 도는 물체들은 초속 수 킬로미터로 움직입니다. 자갈만 한 파편 하나가 이 속도로 위성에 부딪히면 긁히는 수준이 아닙니다. 외벽을 뚫고 들어가 내부 장비를 망가뜨리고, 위성 전체를 기능하지 못하게 만들 수 있습니다. 총알보다 빠른 파편이 사방에 떠 있는 구간을 위성들은 매일 통과해야 하는 겁니다.

더 큰 문제는 충돌이 한 번으로 끝나지 않는다는 점입니다. 파편에 맞아 망가진 위성은 그 자체로 새로운 파편 덩어리가 됩니다. 이 파편이 또 다른 위성과 부딪히고, 파편이 파편을 낳는 연쇄반응이 시작됩니다. 이것이 바로 1978년 NASA 과학자 도널드 케슬러Donald J. Kessler가 경고한 시나리오인 케슬러 신드롬입니다. 고리가 있는 지구에서는 그 조건이 처음부터 갖춰져 있는 것이지요.

새 위성을 올려서 해결하면 되지 않을까요? 그게 또 쉽지 않습니다. 로켓은 발사 후 반드시 고리 구간을 통과해야 합니다. 발사 경로를 바꿔 위험을 줄일 수는 있지만, 그만큼 연료 소모가 늘고 선택 가능한 궤도가 줄어듭니다. 우주로 나가는 길 자체가 좁아지는 것이지요.

GPS 위성은 고도 2만 킬로미터 상공에 있어 고리 바깥에 존재할 가능성이 큽니다. 정지궤도 위성의 위치도 약 3만 6,000킬로미터 상공이니 직접 충돌 위험은 상대적으로 낮겠지요. 하지만 그 안전한 궤도로 가기 위해서도 로켓은 아래쪽 위험 구간을 지나야 합니다. 통과 자체가 어려워지면 멀리 있는 안전지대도 안전지대가 아닌 셈입니다.

결국 이것은 당장 하늘이 무너지는 이야기가 아닙니다. 우리가 의존하는 인프라가 서서히 하나씩 사라져가는 이야기입니다. 저궤도 위성들이 하나씩 수명을 다해가는데, 그 자리를 채울 새 위성을 올리기가 점점 어려워집니다. 어느 순간 날씨 예보가 덜 정확해지고, 내비게이션이 엇박자를 내고, 통신이 조금씩 끊기기 시작합니다.

아름다운 고리 하나가 지구를 우주로부터 조용히 고립시킵니다.

지구에 남은 고리의 흔적

예쁜 고리 하나가 지구를 우주로부터 떼어놓는 동안, 잠깐 처음으로 돌아가보겠습니다.

어느 날 아침 커튼을 걷자 보인 아름다운 그 무지개 같은 띠. 처음에는 구름인가 싶었던 그것이, 따지고 들어가보니 기후를 흔들고, 밤을 밝히고, 우주로 나가는 길을 좁히는 장애물이었습니다. 상상 속에서는 낭만적인 장관이지만, 물리적 현실로 끌어내리는 순간 대가는 꽤 가혹해졌지요. 고리 하나가 지구의 기후와 밤과 우주로 향하는 길을 동시에 바꿔놓습니다.

그 과정에서 로슈 한계와 조석력, 대기 순환과 케슬러 신드롬처럼 평소에는 서로 상관없어 보이던 개념들이 하나의 질문

아래 자연스럽게 이어졌습니다. 쓸모없는 질문이 사실은 세상의 작동 원리를 한꺼번에 비춰주는 꽤 좋은 손전등이 될 수 있었던 것입니다.

이 이야기는 순수한 상상만은 아닙니다. 2024년 호주 모나시대학 연구팀이 지금으로부터 약 4억 6,600만 년 전에 생긴 소행성 충돌 구덩이 21개를 조사했더니 전부 적도에서 30도 이내에 몰려 있다는 사실을 발견했습니다. 무작위로 떨어졌다면 절대 나올 수 없는 분포입니다. 연구팀은 거대한 소행성이 로슈 한계 안쪽으로 들어와 산산조각 나면서 고리를 형성했고, 그 그림자가 지구 평균기온을 약 8도 끌어내리는 빙하기를 만들어냈을 가능성이 있다고 언급했습니다. 우리가 이번 이야기에서 상상으로 따져본 것들이, 실제로 지구 역사에 흔적을 남겼을 수 있다는 뜻입니다.

고리가 없어서 다행인지, 있었다면 더 흥미로웠을지는 모르겠습니다. 하지만 있지도 않은 고리를 상상하는 것만으로, 우리는 지구의 기후와 밤하늘과 현대 문명의 기반까지 한꺼번에 들여다볼 수 있었습니다. 엉뚱한 질문 하나가 세상을 보는 창을 넓히는 순간이 되었던 것이지요.

일어나지 않을 일이라도, 알면 재미있지 않나요?

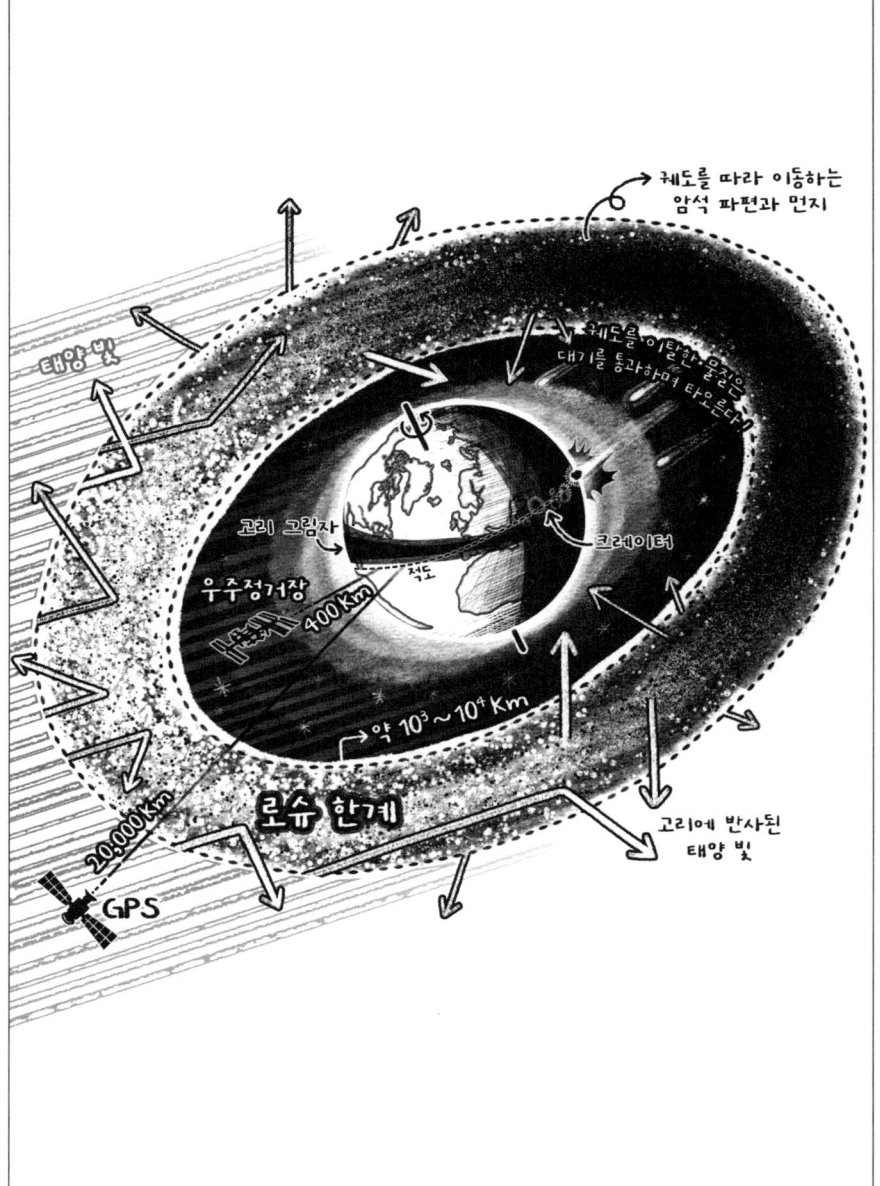

03

목성이
갑자기
별이 된다면

                                         퇴근길, 서쪽 하늘에는 평소처럼 태양이 지고 있습니다. 그런데 반대편인 동쪽 하늘에서 또 다른 빛 덩어리가 떠오릅니다. 달이라고 하기에는 너무나 눈부시고, 태양이라기에는 조금 더 붉은빛을 띤 천체입니다. 사람들은 가던 길을 멈추고 하늘을 올려다봅니다. 스마트폰 카메라로 찍은 사진은 노출이 강해 하얗게 날아가버릴 정도의 빛입니다.

태양계의 2인자, 목성이 별이 되었습니다.

사실 목성은 늘 '실패한 별'이라는 별명을 달고 다녔습니다. 태양과 비슷하게 수소와 헬륨으로 가득 차 있지만, 스스로 수소 핵융합을 이어갈 만큼 질량이 충분하지 않았기 때문이지요. 그런데 만약 어떤 이유에서인지 목성이 그 한계를 넘어 핵융합을 시작한다면 우리에게는 어떤 일이 벌어질까요?

가장 먼저 찾아오는 변화는 '어둠의 상실'입니다. 목성은 태양보다 훨씬 멀리 있지만, 스스로 빛을 내는 항성이 되는 순간 밤하늘에서 가장 밝은 존재가 됩니다. 별이 된 목성의 밝기는 어떤 질량을 갖느냐에 따라 크게 달라질 텐데, 분명한 것은 하나입니다. 밤이 지금보다 훨씬 밝아진다는 것이지요. 보름달이 뜬 밤에 바깥으로 나가본 적 있으신가요? 건물 그림자가 생기고, 책도 읽을 수 있을 만큼 환합니다. 그 밤이 훨씬 더 자주, 더 밝게 찾아온다고 생각하면 됩니다.

게다가 하룻밤 이벤트가 아닙니다. 목성은 약 13개월마다 태양 반대편에 위치하는데, 그 시기가 되면 태양이 지자마자 동쪽에서 이 붉은 별이 떠올라 새벽까지 하늘을 물들입니다. 그리고 그 전후 몇 달 동안도, 목성은 밤을 계속 밝히겠지요. 뜨는 시간이 조금씩 밀릴 뿐, 밤하늘은 이전보다 훨씬 자주 환해집니다. 천문학자들은 이제 관측 일정을 달력에 하나 더 표시해야 할지도 모릅니다.

하지만 이건 아직 사소한 불편함에 불과합니다. 진짜 문제는 우리가 눈으로 보는 빛이 아니라, 목성이 별이 되기 위해 얻어야 했던 그 거대한 질량에 있습니다. 목성의 질량이 변했다는 것은, 태양계의 보이지 않는 줄다리기 시합에서 무게중심이 통째로 옮겨 갔다는 뜻이거든요. 행성들의 궤도, 소행성대, 그리고 지구의 미래까지 말이지요. 밝아진 밤은 그저 예고편일 뿐입니다.

이제 목성이 별이 되려면 어떤 조건이 필요한지, 그리고 그 조건이 충족되는 순간 태양계가 어떻게 달라지는지 하나씩 따져보겠습니다. 생각보다 꽤 놀라운 일이 펼쳐질지도 모르겠습니다.

별이 되기 위한 최소한의 조건

목성이 스스로 빛을 내지 못하는 이유는 성분이 달라서가 아닙니다. 목성도 태양처럼 수소와 헬륨으로 이루어져 있지요. 단지 중심부를 짓눌러서 핵융합을 일으킬 만한 '질량'과 '압력'이 부족했을 뿐입니다. 재료는 있는데, 압력솥의 뚜껑이 헐거웠던 셈이지요.

그렇다면 목성이 얼마나 무거워져야 별이 될 수 있을까요?

일단 지금보다 질량이 10여 배 늘어나면 조금 재미있는 일이 생깁니다. 중심부의 압력이 높아지면서 아주 미세한 핵융합이 시작되거든요. 일반적인 수소는 아니고, 불이 아주 쉽게 붙는 중수소를 태우기 시작합니다. 천문학에서는 이런 천체를 '갈색왜성'이라고 부릅니다. 하지만 중수소는 우주에 그리 많지 않아서 이 불꽃은 오래가지 못합니다. 금방 연료가 떨어져 서서히 식어버리는, 미지근한 난로에 지나지 않지요. 우리가 밤하늘에서 기대하는 진짜 별의 모습은 아닙니다.

태양처럼 당당하게 수소를 태우는 진짜 별, 즉 '적색왜성'이 되려면 조건이 훨씬 까다롭습니다. 중심부 온도가 약 수백만 도(K) 이상으로 올라가야 하고, 그러기 위해서는 목성이 지금보다 최소 70~80배는 더 무거워져야 합니다.

자, 여기서부터 물리학의 냉혹한 진실이 시작됩니다.

우리 시나리오에서 밤하늘을 환하게 밝힌 그 붉은 별은, 단순히 스위치를 켠 전구가 아닙니다. 우주 어딘가에서 80여 개 분량의 목성 질량이 갑자기 쏟아져 들어와 뭉친, 무시무시한 중력 덩어리라는 뜻입니다. 질량이 80배쯤 되면, 같은 거리에서 느끼는 중력의 세기도 대략 그만큼 커지게 되는 것이지요. 태양계 줄다리기 판이 통째로 바뀌는 겁니다.

가장 먼저 직격탄을 맞는 것은 목성의 위성들입니다. 갈릴레이가 발견했던 이오, 유로파, 가니메데, 칼리스토 같은 거대 위성은 지금의 목성 중력에 딱 맞춰 안정적인 속도로 궤도를 돌고 있습니다.

그런데 중심에 있는 목성의 질량이 순식간에 80배쯤 늘어나면 어떻게 될까요? 위성들이 같은 궤도를 유지하기 위해 공전 속도가 그에 맞게 더 빨라져야 합니다. 계산해보면 약 9배 빨라져야 하지요. 하지만 우주에 그런 마법은 없습니다. 위성들의 속도는 그대로인데 안쪽으로 잡아당기는 힘만 폭증한 겁니다.

결과는 뻔합니다. 위성들은 원래 움직이던 궤도를 이탈해 안쪽으로 빨려 들어갑니다. 얼음 껍데기로 덮여 있던 유로파도, 화산이 터지던 이오도, 거대해진 붉은 별의 대기 속으로 처참하게 추락하며 타버릴 겁니다. 아름다웠던 목성의 위성계는 매우 짧은 시간 안에 붉은 불지옥으로 변해 흔적도 없이 사라집니다.

하지만 이는 목성 근처에서 벌어지는 국지적인 사건일 뿐입니다. 진짜 문제는 새롭게 태어난 이 거대한 중력 덩어리가 태양계 전체의 균형을 뒤흔들기 시작한다는 점입니다. 목성과 화성 사이에서 얌전하게 떠돌던 수백만 개의 바위 조각, 소행성대가 요동치기 시작하거든요.

흔들리는 태양계의 질서

화성과 목성 사이에는 소행성대가 있습니다. 작은 돌멩이

부터 지름이 수백 킬로미터에 달하는 거대한 암석까지 크기도 다양합니다. 이들은 태양의 중력에 붙잡혀 비슷한 거리에서 궤도를 돌고 있습니다. 그런데 이 지역의 질서는 오랫동안 목성의 중력이 좌우해왔습니다. 소행성들의 궤도는 목성의 영향 아래에서 조금씩 흔들리고, 정리되고, 다시 섞여온 것이지요.

그런데 이 목성의 질량이 갑자기 80배쯤 늘어났습니다. 수십억 년째 제 궤도를 돌던 소행성들 입장에서는, 옆에서 중력이 확 커진 셈입니다. 둥글게 유지되던 궤도는 목성 쪽으로 쭉 늘어나며 길쭉한 타원으로 변합니다.

모든 소행성이 목성으로 곧장 끌려 들어가 충돌해 사라진다면, 차라리 상황은 단순합니다. 문제는 그렇게 깔끔하게 정리되지 않는다는 겁니다. 소행성마다 목성과의 거리도 다르고, 처음 궤도 조건도 제각각이니까요. 궤도가 찌그러지는 정도가 모두 다릅니다. 어떤 것들은 목성 궤도 근처를 스쳐 지나가고, 반대로 어떤 것들은 더 안쪽 구간까지 내려갑니다. 소행성대는 화성과 목성 사이에 있지만, 궤도가 충분히 길쭉해지면 궤도의 안쪽 끝이 화성궤도를 넘어 지구궤도 근처까지 내려오는 경우도 생깁니다. 수십억 년째 서로 크게 겹치지 않던 길들이 갑자기 포개지기 시작하는 겁니다. 충돌 확률이 올라가고, 충돌로 생긴 파편들은 또 다른 궤도를 만듭니다. 지구궤도를 가로지를 후보들이 조금씩, 그러나 꾸준히 늘어납니다.

지구의 밤하늘은 이제 붉은 별빛만으로 채워지지 않습니다. 처음에는 평소보다 훨씬 밝고 큰 화구들이 밤하늘을 수놓기 시작합니다. 밤하늘이 밝아졌다고 신기해하던 사람들은 이제 불덩이처럼 타오르며 떨어지는 유성을 보며 감탄하겠지요. 하지만 궤도가 틀어진 소행성들이 수년, 수십 년에 걸쳐 지구궤도를 가로지르면 이야기는 달라집니다. 대기권에서 미처 다 타지 못한 큰 덩어리들이 지표면까지 내려올 수 있습니다.

　　6,600만 년 전 공룡을 멸종시켰던 소행성 충돌은 어쩌다 한 번 일어난 사건이었습니다. 하지만 80배 무거워진 목성이 만들어낸 이 변화는 단발성 이벤트가 아닙니다. 지구궤도를 가로지를 후보가 계속 공급되는 상황이니까요. 수십, 수백 년에 걸쳐 위험은 '언젠가 한 번'이 아니라 '점점 커지는 확률'로 바뀝니다.

　　낯선 붉은빛이 드리운 밤하늘 아래에서, 하늘을 올려다보는 방식부터 바뀌어야 할지도 모릅니다. 태양계의 균형이 무너진다는 것은 이런 일입니다. 하지만 지구를 위협하는 건 충돌 위험만이 아닙니다. 태양계의 줄다리기 판이 바뀌었다면, 지구가 태양을 도는 길 자체도 더 이상 안전할 수는 없거든요.

두 별 사이의 지구

소행성대가 요동치는 동안, 떠오르는 질문이 하나 있습니다. 지구의 궤도는 괜찮을까요? 결론부터 말하면, 지구는 즉시 튕겨 나가지 않습니다. 하지만 '괜찮다'고 말하기도 어렵습니다.

새로 태어난 적색왜성의 질량은 태양의 약 8퍼센트입니다. 지구에서 가장 가까울 때, 즉 지구와 새로운 별이 태양을 기준으로 같은 방향에 놓일 때 지구와의 거리는 약 4.2 AU ✦ **태양과 지구 사이의 평균 거리로, 1 AU는 약 1억 5,000만 킬로미터입니다**입니다. 이때 새 별이 지구를 잡아당기는 힘은 태양 중력의 약 0.5퍼센트 수준입니다. 숫자만 보면 작습니다. 60킬로그램인 사람에게 300그램짜리 추를 하나 더 매다는 것과 비슷한 비율이지요. 당장 걷는 데 지장은 없습니다. 하지만 그 추를 매단 채 수만 년을 걸어야 한다면 이야기가 달라지지요. 지구궤도도 마찬가지입니다. 지금까지는 태양의 중력만을 기준으로 궤도를 돌아왔는데, 여기에 다른 방향에서 잡아당기는 힘이 계속 더해지는 겁니다. 작아 보여도, 오래 쌓이면 궤도의 모양을 조금씩 바꿉니다.

더 중요한 사실이 있습니다. 태양도 가만히 있지 못합니다. 질량이 있는 두 천체는 서로를 당기며 공통 무게중심을 함께 돕니다. 태양과 새 별의 공통 무게중심은 태양 중심에서 약 0.4 AU 떨어진 지점에 놓입니다. 태양 반지름이 0.005 AU에 불과하다는 것을 감안하면, 이 무게중심은 태양 바깥에 위치합니다. 태양도 이 점을 중심으로 작은 궤도를 그리기 시작하는 겁니다. 지구 입장에서는 46억 년째 유지되어온 기준점이 움직이는 셈입니다.

그 결과 지구는 약 13개월 주기로 새 별과의 위치 관계가 바뀔 때마다, 조금씩 다른 방향으로 잡아당겨지는 힘을 받습니다. 태양도 11년 남짓한 주기로 공통 무게중심을 중심으로 작은 궤도를 그리며 움직이기 시작하지요. 당장은 티가 거의 안 납니다. 하지만 이런 차이가 매번 조금씩 누적되면, 지구궤도는 수만 년에 걸쳐 서서히 원에서 벗어나기 시작합니다. 원에 가깝던 궤도가 타원이 되어가며 지구와 태양 사이 거리가 한 해 동안 더 크게 벌어질 수 있습니다. 어느 계절에 더 가까워질지는 세차운동 ✦ 자전하는 팽이가 축 방향을 천천히 바꾸듯이, 천체의 자전축이나 공전궤도축이 외부 힘의 영향으로 서서히 방향을 바꾸는 현상 때문에 바뀌지만, 중요한 것은 한 가지입니다. 가까울 때와 멀 때의 차이가 커질 수 있다는 점이지요.

인류가 농업을 시작하고 문명을 쌓아올릴 수 있었던 이유는, 최근 약 1만 년 동안 기후가 비교적 온화하고 안정적이었기 때문입니다. 물론 지구 기후는 원래도 수만 년 주기로 빙하기와 간빙기를 오갑니다. 하지만 우리가 살아온 시대는 그 사이에서 유난히 '살 만한' 구간이었지요. 그런데 태양과의 거리가 계절마다 더 크게 달라지는 방향으로 궤도가 바뀌면, 지표가 받는 햇빛의 차이도 함께 커집니다. 그 결과 계절 대비가 더 강해질 수 있고, 아주 긴 시간에 걸쳐서는 빙하기가 시작되는 시점이나 강도가 지금과 다른 패턴이 될 가능성도 생깁니다. 한마디로, 지구는 태양계에서 쫓겨나지는 않더라도 우리에게 익숙한 기후의 리듬은 더 이상 보장되지 않습니다.

이제 다음 질문이 남습니다. 두 번째 태양이 생겼는데, 지구는 더 뜨거워질까요?

두 번째 별의 빛과 열

여기서 우리가 문득 떠올릴 걱정이 있습니다. 태양이 2개면 지구가 지금보다 뜨거워지는 것은 아닐까요? 결론부터 말하면, 그렇지 않습니다. 오히려 이 부분이 '목성이 별이 된다'는 가정에서 가장 재미있는 반전입니다.

적색왜성이 된 목성은 태양보다 훨씬 어둡습니다. 질량이 태양의 8퍼센트 수준이면 밝기는 태양의 0.05~0.1퍼센트에 불과합니다. 그 별이 지구로부터 4.2 AU 거리에 있다면, 지구 표면에 도달하는 에너지는 태양에너지의 2만 7,000분의 1 수준입니다. 밤하늘을 환하게 할 만큼 눈에 띄게 밝아 보이지만, 지구를 데우는 열에너지로 따지면 지구 평균기온 상승은 섭씨 0.01도에도 미치지 못합니다. 현재 인류가 걱정하는 지구온난화 수준과는 비교조차 되지 않습니다. 빛은 밝은데, 지구는 뜨거워지지 않는 겁니다.

이 현상이 어떤 느낌인가 하면, '따뜻한 불빛'이 아니라 '차가운 조명'에 가깝습니다. 해가 지고 밤이 시작되었는데도, 동쪽 하늘에 붉은빛이 오래 남아 있는 것이지요. 예전에는 달이 떠도 어두웠던 골목이, 이제는 그림자가 또렷하게 생길 만큼 밝아질 수 있습니다. 차창 밖 풍경이 희미하게 보이고, 먼 건물 윤곽이 밤에도 남아 있는 정도예요. 낮이 길어진 것은 아닌데, 밤의 전체적인 색조와 밝기가 완전히 변하는 겁니다. 지구에 미치는 열은 미미하더라도, 밤을 밝힐 만큼의 빛은 충분합니다.

지구 생태계는 오랫동안 하루 중 일정 시간의 어둠을 기반으로 맞춰져왔습니다. 철새는 별빛으로 방향을 잡고, 곤충은 어둠의 길이로 계절을 읽고, 산호는 달빛으로 산란 시기를 맞춥니다. 13개월마다 찾아오는 환한 밤이 이 리듬을 흐트러뜨립니다. 멸종 위기에 처하는 것은 지구 전체가 아니라, 어둠에 정밀하게 적응해온 수많은 생물입니다. 특히 빛에 민감한 곤충들이 먼저 흔들릴 수 있고, 그게 먹이사슬 전체로 번질 수도 있지요.

여기서 한 가지 더. '밤인데도 밝으면 전기를 생산할 수 있을까?' 같은 생각이 들 수 있습니다. 태양광 패널을 떠올리면 그럴듯하지요. 그런데 들어오는 에너지 자체가 태양의 수만 분의 1 수준으로 너무 적습니다. 태양광 패널은 빛을 받아 전기를 만드는 장치인데, 변환 효율이 아무리 좋아도 애초에 들어오는 에너지가 이 정도라면 전기를 뽑아내는 것이 불가능합니다. 서울 한복판에 태양광 패널을 가득 깔더라도, 결국 촛불 하나로 도시 전체에 전기를 공급하려는 것과 비슷한 상황이지요. 빛이 '보인다'는 것과 그 빛에서 쓸 만한 에너지를 얻을 수 있다는 것은 전혀 다른 이야기입니다.

대신 사람은 영향을 받습니다. 창문에 친 커튼 사이로 붉은 빛이 새어 들어오면, 방이 완전히 깜깜해지지 않지요. 밤이 더 밝아지면 수면 리듬이 쉽게 깨질 수 있습니다. '어둠'이 줄어든다는 것은 생각보다 큰 신호거든요.

천문학자들도 사정이 어렵기는 마찬가지입니다. 지상 망원경으로 희미한 천체를 관측하려면 완전한 어둠이 필요합니다. 13개월마다 찾아오는 이 붉은 별은, 관측 가능한 완전한 어둠의 시간을 주기적으로 빼앗아 갑니다. 밤하늘이 조금만 밝아져도, 아주 희미한 은하나 외곽 성운은 배경에 묻혀버리니까요.

태양이 하나 더 생겼다고 해서 지구가 불타오르지는 않습니다. 하지만 수십억 년째 어둠과 빛을 반복하며 맞춰온 지구의 리듬은, 정교하게 균형을 잡고 있었습니다. 이번에는 뜨거워서가 아니라 밝아서 문제가 되는 겁니다.

실패한 별이 지켜온 것들

목성이 별이 된 태양계를 함께 따라가봤습니다. 밤하늘에 붉은 두 번째 빛이 뜨고, 갈릴레이 위성들은 흔적도 없이 사라지고, 소행성대가 들썩이고, 지구궤도는 서서히 모양이 달라집니다. 뜨거워서가 아니라 밝아서, 그리고 눈에 잘 안 보이는 중력 때문에 태양계의 균형이 조용히 바뀌어버렸지요.

그런데 이 상상을 함께하다 보니 자연스럽게 이런 생각이 듭니다. 목성이 별이 되지 않아서, 어쩌면 다행인 것이 아닐까요?

목성은 오랫동안 태양계 바깥쪽에서 가장 큰 중력의 변수였습니다. 별이 되기에는 질량이 부족했고, 그 덕분에 태양계는 지금의 모양을 유지해온 부분도 있습니다. 목성의 중력은 소행성대의 구조를 만들고, 바깥에서 들어오는 혜성이나 소행성의 길을 크게 바꿔왔습니다. 어떤 물체는 목성에 잡아먹히고, 어떤 물체는 진행 방향이 꺾여 다른 궤도로 빠져나가기도 했지요. 1994년 슈메이커-레비 9 혜성이 지구가 아니라 목성에 충돌했던 사건은, 그 장면을 우리 눈앞에 보여준 사례였습니다.

물론 이것만으로 '목성이 지구를 완벽하게 지켜주었다'고 단정할 수는 없습니다. 목성은 때로는 위험을 줄였고, 때로는 위험한 궤도를 만들기도 했을 겁니다. 태양계는 원래 그런 곳이니까요. 다만 하나는 분명합니다. 목성의 질량이 지금보다 훨씬 컸다면 또는 목성이 아예 별이 될 정도로 무거웠다면, 태양계는 지금과는 전혀 다른 모습이었을 겁니다. 지구가 오랫동안 지금의 궤도 근처에 머물고, 기후가 비교적 안정적인 시기에 문명이 싹틀 수 있었던 데는 여러 요인이 겹쳐 있습니다. 그중 목성은 없으면 안 되는 조연 같은 존재였고요.

천문학에는 '골디락스 존Goldilocks Zone'이라는 개념이 있습니다. 너무 뜨겁지도 차갑지도 않은, 딱 적당한 조건의 영역이지요. 보통은 지구가 태양으로부터 적당한 거리에 있다는 뜻으로 쓰이지만, 비유하자면 이런 생각도 할 수 있습니다. 목성의 질량 역시 어쩌면 딱 그 정도 범위에 있을지 모른다는 것. 별이 되기에는 부족하고, 태양계 전체의 판을 통째로 다시 짜버릴 만큼 크지도 않은, 그 자리에서 그 무게로 버티는 것 말입니다. 태양계가 지금의 모습을 유지한 건 태양 혼자만의 공이 아닐 수 있습니다. 무대 뒤에서 조용히 균형을 잡아온 거대한 행성이 있었기에 가능한 일도 분명히 있지요.

처음에 퇴근길 동쪽 하늘에서 붉은빛이 떠오르는 장면을 상상했던 것을 기억하시나요? 그 빛이 실제로는 존재하지 않는다는 사실이, 지금은 조금 다행스럽게 느껴지지는 않는지요?

쓸모없는 상상이었지만, 알면 재미있지 않나요?

빛으로
과거를
볼 수 있다면

　　　　　　　　세면대 앞 거울은 늘 지금 이 순간
을 비춥니다. 손을 들면 거울 속 나도 손을 들고, 고개를 돌리
면 거울 속 나도 고개를 돌립니다. 만약 거울 속 내가 0.5초 늦
게 나를 따라 한다면, 그것만큼 섬뜩한 일도 없겠지요. 그렇기
에 우리는 거울을 '현재를 보는 도구'라고 말합니다. 그런데 거
울을 아주 멀리, 상상도 못할 만큼 멀리 가져다 놓으면 이야기
가 달라집니다. 그 거울은 현재가 아닌 과거를 비추기 시작합
니다.

　　사실 우리는 이미 매일 과거를 보고 있습니다. 지금 여러분

이 보는 이 글자는 책에서 눈까지 빛이 날아오는 동안 이미 과거가 됩니다. 30센티미터 거리라면 정확히 1나노초, 10억 분의 1초 전 모습인 것이지요. 같은 방식으로 생각하면 밤하늘의 달은 1.3초 전 모습이고, 태양은 8분 20초 전 모습입니다. 저 멀리 안드로메다은하는 어떨까요? 250만 년 전 모습입니다. 빛이 여기까지 오는 데 그만큼 걸렸으니까요.

빛의 속도는 무한하지 않습니다. 초속 30만 킬로미터. 인간의 관점에서는 매우 빠르지만, 우주적 거리 안에서는 빠른 속도가 아닙니다. 예를 들어 지금 태양이 없어진다고 해도, 우리는 8분 20초 뒤에나 알 수 있게 됩니다. 그래서 멀리 있는 천체를 볼수록 더 오래된 시간을 들여다보게 되는 것이지요. 따라서 망원경은 일종의 타임머신이 될 수 있습니다. 직접 과거로 가는 게 아니라, 과거를 우리 눈앞으로 데려오는 방식으로요.

그렇다면 이런 생각을 해볼 수 있지 않을까요? 안드로메다은하 어딘가에 거대한 거울이 이미 놓여 있다고 가정해봅시다. 지구에서 떠난 빛이 250만 년을 날아가 그 거울에 부딪히고 반사됩니다. 그리고 다시 250만 년을 날아 지구로 돌아오겠지요. 왕복 500만 년, 그렇다면 우리는 500만 년 전 지구를 볼 수 있는 것일까요? 원하는 시점을 골라서 보는 건 아닙니다. 지금 이 순간 거울에서 돌아오는 빛이 곧 500만 년 전에 지구에서 떠난 빛입니다. 500만 년의 시차를 두고 실시간으로 흘러오는 것이지요.

500만 년 전 지구에는 현생 인류가 없었습니다. 대신 인간 계통의 아주 초기 호미닌^{Hominin}이 아프리카 어딘가를 걷고 있었을 것이고, 메갈로돈^{Otodus megalodon} 같은 거대 상어가 바다를 지배하던 때입니다. 북반구에 거대한 빙상이 본격적으로 자리 잡기 전이라, 지금 우리가 익숙하게 떠올리는 빙하기의 지구는 아직 아니었습니다. 아프리카는 숲과 비교적 넓은 초원이 뒤섞인 환경이었고, 이런 풍경 속에서 초기 호미닌이 살아갔습니다. 우리가 정말 이 시대를 볼 수 있다면, 고생물학자들이 평생 꿈꿔온 장면을 직접 확인하는 일이 되겠지요.

그럼 지금부터 어떤 일이 벌어질지 살펴보기 위해 알아야 할 원리는 간단합니다. 빛의 속도, 거리, 반사 등등은 초등학교나 중학교 과학 시간에 다 배운 내용이랍니다. 하지만 과학은 언제나 디테일에 악마가 살고 있는 법이지요. 이 아름답고 단순한 아이디어를 우리가 진지하게 따져보기 시작하면 어떤 일이 벌어질까요?

첫 번째 관문: 거리와 시간

안드로메다은하는 얼마나 멀까요? 지구에서 약 250만 광년 떨어져 있습니다. 빛이 1년 동안 갈 수 있는 거리를 1광년이라고 정의했으니, 250만 광년은 빛의 속도로 움직이면 250만 년 걸린다는 뜻입니다. 우리에게 익숙한 킬로미터로 바꾸면 대략 2,400경 킬로미터, 즉 2.4×10^{19}킬로미터입니다. 숫자가 너무 크면 머릿속으로 상상하기 힘들지요. 그래서 그냥 '엄청 멀리 있다'라고 해도 무방합니다.

지구에서 빛이 출발해 안드로메다은하까지 가는 데 250만 년, 거울에 반사되어 다시 지구로 오는 데 250만 년. 빛의 속도로 왕복 500만 년이 맞습니다. 계산은 간단하지만 정확하지요. 그래서 이상적인 거울이 이미 그곳에 있다고 가정하면, 원리로는 가능합니다. 지구에서 500만 년 전에 반사된 빛이 안드로메다은하에 있는 거울에 닿고, 그 빛이 다시 지구로 돌아오면 우리는 500만 년 전 지구의 모습이 담긴 빛을 볼 수 있습니다. 물리법칙을 어기는 일은 하나도 없습니다. 빛은 직진하고, 반사되고, 다시 직진해서 돌아오지요. 지금까지는 완벽한 계획입니다.

하지만 '원리적으로 가능하다'와 '실제로 볼 수 있다'는 완전히 다른 이야기입니다. 물리학은 원리만으로 끝나지 않습니다. 구체적으로 들여다보면, 생각지도 못한 곳에서 장애물이 등장합니다. 하나씩 살펴볼까요?

두 번째 관문: 거울의 크기

자, 빛이 왕복하는 데 걸리는 시간에는 문제가 없음을 확인했으니 거울 이야기를 해야 합니다. 앞서 가정했듯이 안드로메다은하에는 이미 거울이 있습니다. 그런데 그 거울은 얼마나 커야 할까요?

먼저 생각해볼 문제가 있습니다. 지구에서 출발한 빛이 안드로메다은하까지 가면 어떻게 될까요? 빛은 직진하지만, 동시에 모든 방향으로 퍼져 나갑니다. 손전등을 벽에 가까이 비추면 불빛이 작은 원이지만 멀리 떨어뜨리면 커다란 원이 되는 것처럼요. 빛은 광원에서 멀어질수록 점점 더 넓은 면적에 퍼집니다.

지구를 하나의 광원이라고 생각해볼까요? 물론 지구는 태양 빛을 반사하는 것이지만, 어쨌든 지구가 빛을 낸다고 가정할게요. 지구에서 나온 빛은 시간이 지날수록 더 멀리 퍼져 나갑니다. 그리고 같은 순간에 출발한 빛이 어느 시점에 어디까지 갔는지를 생각해보면, 그 빛은 중심이 지구인 둥근 껍질처럼 퍼져 있다고 볼 수 있습니다. 250만 년이 지나면 그 껍질의 반지름이 250만 광년이 되는 셈이지요. 그래서 구체적으로 말하면, 반지름 250만 광년짜리 구의 표면 전체에 빛이 퍼진다는 뜻입니다.

이건 얼마나 넓은 면적일까요? 솔직히 제 머릿속으로는 상상이 안 됩니다. 우리는 일단 '엄청나게 넓다' 정도로 타협하기로 합시다. 사실 중요한 것은 따로 있습니다. 안드로메다은하에 설치된 거울이 작으면, 지구에서 출발한 빛의 대부분은 거울에 닿지 못합니다. 대부분의 빛은 빈 공간으로 그대로 날아가버리지요.

그렇다면 거울 크기를 키우면 되지 않을까요? 맞습니다. 그럼 얼마나 키워야 할까요? 문제는 스케일입니다. 안드로메다은하에 설치된 거울이 지구에서 온 빛을 조금이라도 건지려면, 그 넓은 면적에서 무시할 수 없을 만큼 큰 비율을 차지해야 합니다. 지름 몇 킬로미터짜리 거울로는 물론 턱없이 부족합니다. 수백 킬로미터, 수천 킬로미터, 심지어 지구만 한 거울이라 해도 받아낼 수 있는 빛은 극히 일부뿐입니다.

하지만 어차피 상상이니까 지구만 한 거울을 안드로메다은하에 설치했다고 가정할게요. 게다가 완벽한 반사율 **✦ 들어온 빛을 하나도 잃지 않고 100퍼센트 그대로 되돌려 보내는 이상적인 상태. 실제 거울은 언제나 일부 빛을 흡수하거나 흩뜨립니다**을 가진 거울입니다. 무게나 재료, 이 모든 것에 대한 고려도 필요하지만, 일단 만들 수 있다고 한다면 과연 우리는 지구의 과거 모습을 볼 수 있을까요?

그런데 문제는 지금부터입니다.

세 번째 관문: 밝기의 재앙

이제 진짜 문제에 대해 이야기해봅시다. 바로 밝기입니다. 빛은 멀리 갈수록 어두워집니다. 빛이 사라져서가 아니라 빛이 퍼지기 때문이지요. 이건 누구나 경험으로 알고 있는 것입니다. 물리학에서는 이를 '역제곱 법칙'이라고 부릅니다. 거리가 2배가 되면 밝기는 2의 역제곱인 4분의 1이 되고, 거리가 10배가 되면 10의 역제곱인 100분의 1이 됩니다. 거리의 제곱에 반비례하는 것이지요.

안드로메다은하까지의 거리를 기억하시나요? 250만 광년입니다. 1광년이 약 9조 5,000억 킬로미터니까 250만 광년을 미터로 환산하면 대략 2.4×10^{22}미터입니다. 따라서 지구 표면으로부터 1미터 떨어진 곳에서 모든 빛이 나온다고 가정했을 때, 안드로메다은하에서 본 지구의 밝기는 이렇게 됩니다.

$$1 / (2.4 \times 10^{22})^2 \approx 1 / (6 \times 10^{44}) \approx 10^{-45}\text{배}$$

이미 상상을 초월하는 수준으로 밝기가 줄어듭니다. 하지만 여기서 끝이 아닙니다. 빛이 거울에 반사되어 다시 지구로 돌아와야 하기 때문이지요. 그렇습니다. 빛은 지구를 떠나 안드로메다은하에서 반사되어 다시 돌아와야 합니다. 역제곱의 법칙이 두 번 적용되어야 하는 것이지요. 그러니까 총 밝기 감소는 거리의 4제곱에 반비례하게 됩니다. 계산해볼게요.

$$1 / (2.4 \times 10^{22})^4 \approx 3 \times 10^{-90}$$

출발한 빛이 대략 10^{90}분의 1로 줄어든다는 뜻입니다.

얼마나 어두운지 감이 안 올 텐데, 예를 들어볼까요? 서울 한복판에 촛불 하나를 켜놓았다고 할게요. 이 촛불을 명왕성에서 본다면 얼마나 어둡게 보일까요? 아마 전혀 보이지 않을 겁니다. 그런데 안드로메다은하는 우리가 그토록 멀다고 느끼는 명왕성보다도 수십억 배나 더 먼 곳에 있고, 게다가 왕복이라면 그 아득한 거리를 왔다 갔다 해야 한다는 뜻입니다.

이론상으로는 빛이 완전히 사라지는 것은 아닙니다. 안드로메다까지 갔다가 다시 돌아오는 광자가 아주 조금은 있을 수 있다는 뜻이지요. 하지만 그 양이 너무 적어서, 실제로는 어떤 장비로도 검출하기 힘든 수준입니다. 문제는 빛이 오느냐가 아니라, 그 빛으로 무엇을 볼 수 있느냐입니다.

여기서 피할 수 없는 장벽이 하나 더 등장합니다. 바로 회절입니다.

네 번째 관문: 회절 한계, 최후의 장벽

광자가 먼 길을 돌아 도착했다고 가정해봅시다. 이제 우리는 그 모습을 보기만 하면 됩니다. 망원경을 꺼내서 하늘을 향하게 하면 되겠지요. 그런데 여기서 빛이 파동이라는 사실이 발목을 잡습니다.

망원경에는 한계가 있습니다. 아무리 좋은 망원경이라도 점처럼 작은 대상을 하나로 또렷하게 보여주지는 못합니다. 왜냐하면 빛은 파동이기 때문입니다. 파동은 좁은 틈이나 가장자리를 지날 때 조금 퍼지는데, 이를 회절이라고 하지요. 망원경도 결국 빛이 좁은 입구를 통과하는 장치이기 때문에, 점에서 온 빛조차 망원경 안에서는 완벽한 점으로 모이지 않고 작은 얼룩처럼 퍼져 맺힙니다. 그래서 서로 아주 가까운 두 점은 그 얼룩이 겹쳐 하나처럼 보이고, 결국 어느 한계 이하의 크기는 아예 구분이 불가능해집니다.

망원경이 구분할 수 있는 최소 각도를 각분해능이라고 합니다. 밤하늘에 나란히 붙어 있는 별 2개를 예로 들면, 눈으로는 하나처럼 보여도 망원경으로는 2개로 나뉘어 보이는 경우가 있습니다. 큰곰자리 북두칠성의 미자르**Mizar**와 알코르**Alcor**처럼 말이지요. 각분해능이 충분히 좋아야 이 두 별을 따로 구분할 수 있습니다. 각분해능의 숫자가 작을수록 더 가까이 붙어 있는 것까지 구분할 수 있다는 뜻입니다. 공식은 간단합니다.

$$\theta \approx \lambda / D$$

θ는 각분해능, λ는 빛의 파장, D는 망원경 지름입니다. 각분해능의 숫자가 작을수록 작은 걸 더 잘 구분할 수 있다는 뜻이지요. λ는 정해져 있는 것입니다. 따라서 망원경의 지름이 커질수록 각분해능은 좋아집니다.

우리가 눈으로 보기 위해서는 가시광선 영역의 파장이 필요합니다. 계산을 조금이라도 쉽게 하기 위해 가시광선 파장을 대략 500나노미터, 5×10^{-7}미터라고 해보겠습니다. 이제 실제로 우리가 허블 우주망원경을 통해 안드로메다은하에서 반사된 지구의 빛을 본다고 가정해보지요.

여기서 망원경의 크기라고 할 때는 몸통 길이가 아니라, 빛을 모으는 렌즈나 거울의 지름을 뜻합니다. 이 지름이 클수록 더 작은 각도까지 구분할 수 있습니다. 허블 우주망원경의 주경 지름은 2.4미터입니다. 그럼 각분해능은 다음과 같습니다.

$$\theta = 5 \times 10^{-7} / 2.4 \approx 2 \times 10^{-7} \text{라디안}$$

각분해능은 각도로 표현되지만, 우리에게 실제로 중요한

것은 '250만 광년 거리에서 얼마나 작은 것까지 구분할 수 있느냐'입니다. 각도를 거리로 바꾸면 망원경이 실제로 얼마나 작은 것을 볼 수 있는지 알게 되지요. 250만 광년 거리에서 이 각분해능은 얼마나 되는 크기일까요?

실제 크기 = $2.4×10^{22}$미터×$2×10^{-7}$ ≈ $5×10^{15}$미터

광년으로 바꾸면 대략 0.5광년입니다. 태양에서 가장 가까운 별까지의 거리가 4광년입니다. 허블 우주망원경으로는 태양계 전체가 하나의 점으로밖에 안 보인다는 뜻입니다. 지구? 당연히 보이지도 않겠지요.

그럼 더 큰 망원경을 만들면 되지 않을까요? 지상 최대급 망원경들 ✦ 대표적으로는 ESO의 ELT(39미터), GMT(24.5미터), TMT(30미터) 같은 계획이 있습니다을 생각해봅시다. 지름 30미터짜리 망원경이 곧 완성됩니다. 이 정보로 계산해볼게요.

θ = $5×10^{-7}$ / 30 ≈ $1.7×10^{-8}$라디안

250만 광년 거리에서 이 각도는 실제로 얼마나 되는 크기일까요?

실제 크기 = 2.4×10²²미터×1.7×10⁻⁸ ≈ 4×10¹⁴미터 ≈ 약 0.04
광년 = 4,000억 킬로미터

조금 나아졌습니다. 하지만 여전히 태양계 전체를 분해해 볼 수는 없습니다. 250만 광년 거리에서 이 망원경이 겨우 구분할 수 있는 최소 간격은 약 4,000억 킬로미터인데, 태양에서 명왕성 궤도까지의 거리는 약 60억 킬로미터에 불과하기 때문입니다. 즉 태양계 전체도 여전히 하나의 점처럼 뭉쳐 보인다는 뜻입니다.

그럼 지구 크기 망원경은 어떨까요? 지구의 지름을 1만 2,700킬로미터로 계산해보았을 때는 이렇습니다.

$$\theta = 5×10^{-7} / (1.2×10^7) \approx 4×10^{-14}\text{라디안}$$
250만 광년에서: 약 100만 킬로미터

드디어 태양계를 몇 픽셀로 나눠 볼 수 있게 되었습니다. 그렇다면 지구는 어떨까요? 지구 지름이 1만 2,700킬로미터입니다. 100만 킬로미터 분해능으로는 지구도 여전히 흐릿한 점으로 보입니다. 제대로 관측하려면 지구를 최소한 몇 픽셀로 나눠 봐야 합니다. 계산해보면 망원경 지름이 적어도 100만 킬로미터는 되어야 합니다. 지구 지름의 80배 정도 되는 크기지요. 달 궤도보다 큰 망원경이 필요합니다. 달은 지구에서 평균 약 38만 킬로미터 떨어져 있습니다. 그 궤도를 한 바퀴 두르면 지름이 약 76만 킬로미터가 됩니다. 우리에게 필요한 망원경은 그것보다도 큰 100만 킬로미터짜리입니다.

그런데 어떤 대륙에 어떤 생물이 살고 있었는지 구분하고 싶은 것이 애초 우리의 목적이었습니다. 그럼 수천만 킬로미터짜리 망원경이 필요하게 되지요. 500만 년 전 메갈로돈의 모습을 보려면? 상상할 수 없는 크기의 망원경이 필요합니다. 거울이 아무리 커도, 빛이 도달하더라도, 망원경이 충분히 크지 않으면 아무것도 볼 수 없습니다. 아쉽지만 이게 파동의 본질입니다.

그래서 우리는 무엇을 볼 수 있을까요? 자, 정리해봅시다.

안드로메다은하에 거울을 만들었습니다. 원래는 불가능하지만 그래도 어떻게든 만들었다고 가정합시다. 게다가 지구만한 크기의 완벽한 거울입니다. 500만 년 전 지구에서 출발한 빛이 그 거울에 닿고, 다시 지구로 돌아옵니다. 원리로는 완벽합니다. 빛은 도달합니다.

하지만 우리는 아무것도 볼 수 없습니다.

밝기는 10^{90}분의 1로 줄어들었습니다. 돌아오는 광자의 수는 어떤 검출기로도 포착할 수 없는 수준입니다. 그나마 돌아온 광자를 모으려면 망원경이 필요한데, 빛의 회절로 인한 한계가 모든 것을 불가능하게 만들었습니다.

지구를 한 점으로 보려면 달 궤도보다 큰 망원경이 필요합니다. 대륙을 구분하려면 달 궤도보다 큰 망원경보다 수백 배 더 큰 망원경이 필요합니다. 메갈로돈을 보기 위해서는? 상상조차 할 수 없습니다.

결론은 명확합니다. 우리는 사실상 아무것도 볼 수 없습니다.

흥미로운 건 이겁니다. 빛은 분명히 도달합니다. 물리법칙을 어긴 것은 하나도 없습니다. 하지만 '보는 것'이 성립하지 않습니다. 빛이 도착하는 것과 정보를 얻는 일은 다른 문제입니다.

우주는 우리에게 여러 겹의 장벽을 쌓아놓았습니다. 역제곱 법칙이 지구의 밝기를 상상할 수 없을 만큼 어둡게 만들었고, 지구를 떠난 빛은 회절하는 파동의 성질을 가지고 있습니다. 그렇기에 망원경의 크기가 곧 분해능을 결정하는데, 우리는 살고 있는 지구를 훌쩍 뛰어넘는 크기의 망원경이 필요하다는 결론에 도달했습니다. 이 세 가지 제약은 기술의 문제가 아닌(물론 기술의 문제는 여기서 모두 가정으로 극복했지만!) 근본적인 우주의 법칙입니다.

그래도 만약, 정말 만약 우리가 기적적으로 뭔가를 본다면 어떤 모습일까요? 아마도 흐릿한 푸른 점 하나일 겁니다. 1990년, 보이저 1호가 60억 킬로미터 떨어진 거리에서 찍은 지구 사진을 기억하시나요? 칼 세이건이 '창백한 푸른 점'이라고 부른 그 사진입니다. 사진 속 지구는 0.12픽셀이었습니다.

500만 년 전 지구도 그랬을 겁니다. 따뜻한 기후를 가진 아프리카를 걷던 초기 호미닌, 바다를 지배하던 메갈로돈. 모든 것이 하나의 흐릿한 푸른 점으로 압축됩니다. 우주의 거리는 과거를 보는 창입니다. 하지만 동시에, 영원히 닿을 수 없는 장벽이기도 합니다.

알면 재미있지 않나요?

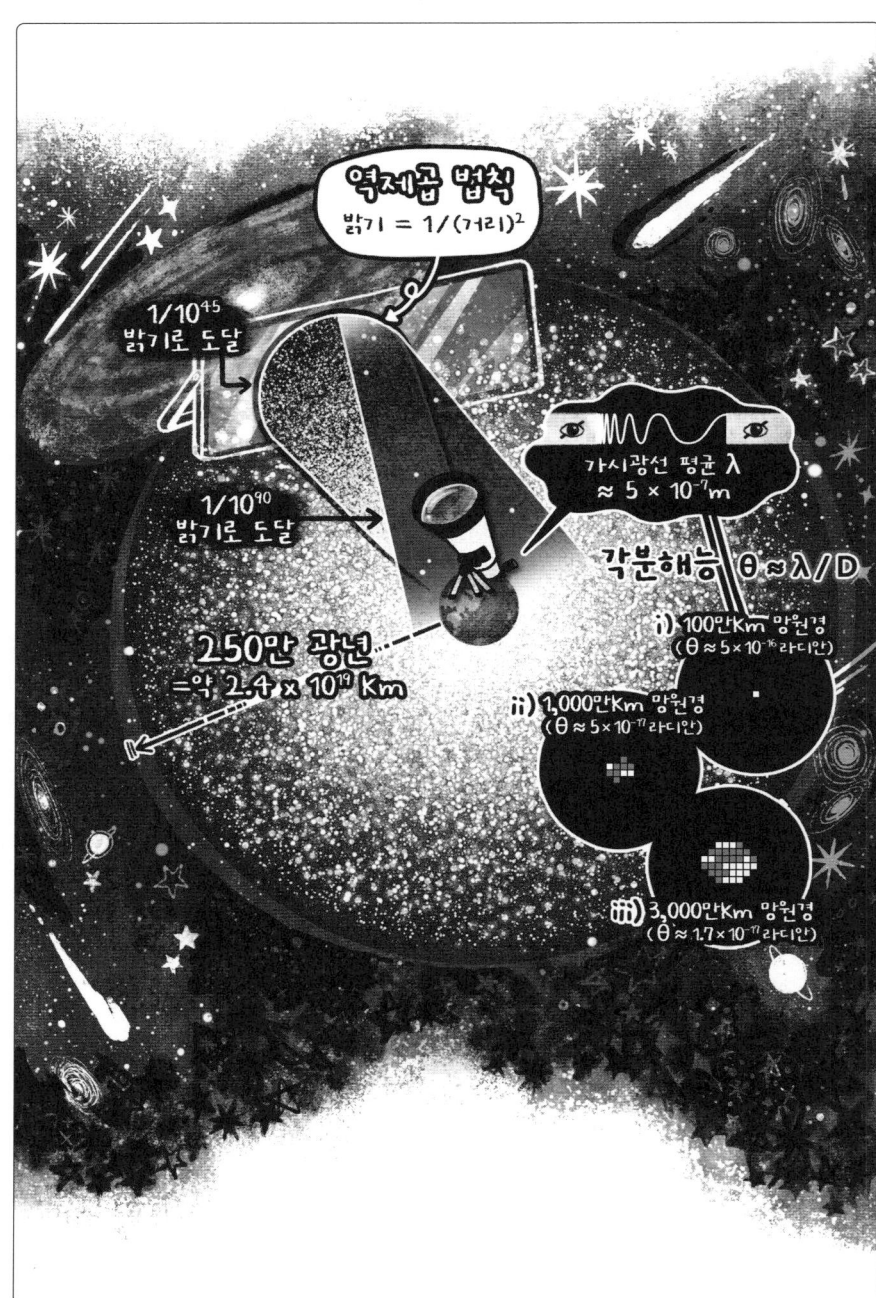

05

우주 엘리베이터가
갑자기
끊어진다면

엘리베이터에 탑니다. 버튼 대신 터치스크린이 있고, 가는 곳의 고도를 직접 입력하는 방식입니다. 0에서 35,786까지. 목적지는 우주입니다.

22세기에는 이런 엘리베이터가 있습니다. 지상에서 시작해 고도 약 3만 5,786킬로미터의 정지궤도 높이까지, 그리고 그보다 훨씬 위까지 뻗은 아주 긴 케이블에 승강기가 달려 있는 형태입니다. 하루에도 여러 번씩 수천 톤의 화물과 수백 명의 사람이 이 케이블을 타고 우주에 오르내립니다. 로켓 없이도 우주에 갈 수 있는 인류의 생명 줄이지요.

이 케이블은 지구의 자전과 함께 돌면서 팽팽하게 당겨져 있습니다. 마치 회전하는 팽이의 끈처럼요. 케이블 끝에 달린 무게 추가 바깥쪽으로 날아가려는 힘과 아래쪽이 지구로 떨어지려는 힘이 균형을 이루도록 하며 케이블을 곧게 유지하고 있습니다.

그런데 어느 날, 이 케이블이 끊어진다면 어떻게 될까요?

SF 소설과 영화에 자주 등장하는 장면입니다. 대개 끊어진 케이블이 지구로 떨어져 대재앙을 일으키는 것으로 그려지지요. 하지만 실제 물리학으로 계산해보면 이야기는 훨씬 복잡하고, 어쩌면 더 놀라울지도 모르겠습니다. 가장 중요한 질문은 이겁니다.

어디서 끊어지는가?

끊어지는 위치에 따라 완전히 다른 이야기가 펼쳐지거든요. 지상 근처에서 끊어질 때, 정지궤도 근처에서 끊어질 때, 그 중간 어디쯤에서 끊어질 때. 각각의 결과는 우리의 직관과 전혀 다른 방향으로 흘러갑니다. 우주 엘리베이터가 끊어지는 세 가지 시나리오, 그 안에서 물리학이 어떻게 작동하는지 하나씩 따라가볼까요? 생각보다 재미있는 여정이 될 겁니다.

균형의 비밀

우주 엘리베이터를 이해하는 핵심은 하나입니다. 바로 이 케이블은 위아래에서 서로 반대 방향으로 당겨지고 있다는 것이지요.

지상 근처를 생각해봅시다. 여기서는 지구의 중력이 압도적입니다. 지구 쪽으로 잡아당기지요. 만약 케이블이 정지궤도 높이에서 끝나버리면? 위쪽에서 아래를 잡아당겨줄 '추'가 없어집니다. 그러면 케이블은 스스로를 버티지 못하고 아래로 처지거나 무너질 수밖에 없지요.

그래서 케이블은 정지궤도보다 훨씬 위까지 뻗어 있습니다. 정지궤도는 적도 바로 위에 고정되어 있기 때문에, 케이블의 지상 기점도 반드시 적도 위에 있어야 합니다. 전체의 질량 중심을 정지궤도보다 위에 두는 겁니다. 그래야 전체적으로 바깥쪽으로 당기는 힘이 더 커져서 케이블을 팽팽하게 유지할 수 있거든요. 보통 10만 킬로미터 정도까지 올라갑니다. 그 끝에는 무게 추가 달려 있습니다. 무게 추의 역할을 하는 것은 거대한 우주정거장이나, 어쩌면 포획한 소행성일 수도 있겠지요.

이 무게 추는 지구와 함께 하루에 한 번 회전합니다. 문제는 10만 킬로미터 높이에서는 원래 훨씬 천천히 돌아야 정상이라는 겁니다. 중력만 받으면서 자연스럽게 공전하는 물체라면 며칠에 한 바퀴씩 돌 겁니다. 그런데 케이블에 묶여서 하루에 한 바퀴를 억지로 돌아야 하니, 무게 추는 계속 바깥쪽으로 날아가려고 합니다. 케이블이 그걸 붙잡고 있는 것이지요.

바로 이 힘이 케이블 전체를 팽팽하게 만듭니다. 무게 추가 바깥쪽으로 당기는 힘이 아래쪽이 지구로 떨어지려는 힘보다 강한 겁니다. 이렇게 두 힘이 케이블을 양쪽에서 잡아당기며 곧게 세우고 있습니다.

정지궤도 높이, 3만 5,786킬로미터. 이 지점이 경계선입니다. 이 아래에서는 중력이 더 크게 작용해 케이블이 지구 쪽으로 떨어지려 하고, 이 위에서는 무게 추가 바깥으로 당기는 효과가 더 커져 케이블이 바깥으로 날아가려 합니다. 양쪽에서 가장 세게 잡아당기는 지점이다 보니, 이곳에서 케이블의 긴장이 최고조에 달합니다. 가장 팽팽하게 당겨지는 곳이지요.

이제 중요한 질문입니다. 이 케이블이 끊어지면?

끊어진 순간부터 균형은 사라집니다. 아래쪽 조각은 지구로 떨어지려 하고, 위쪽 조각은 우주로 날아가려 할 겁니다. 하지만 여기에 함정이 하나 있습니다. 끊어진 조각 안에도 떨어지려는 부분과 날아가려는 부분이 섞여 있다는 겁니다. 끊어지는 위치에 따라 그 비율이 달라지고, 이에 따라 이야기는 완전히 다른 방향으로 흘러갑니다.

첫 번째 시나리오:
지상 근처에서 끊어진다면?

누구나 쉽게, 가장 먼저 떠올릴 일입니다. 사건이 가장 많이 벌어질 수 있는 상황이기도 하지요. 예를 들어 테러리스트가 지상 근처의 케이블을 폭파했다고 상상해봅시다. 높이 1킬로미터 지점 또는 그 아래에서 케이블이 끊어집니다. 직관적으로는 이렇게 생각하기 쉽습니다. 엄청난 길이의 케이블이 하늘에서 떨어져 내린다고요. 하지만 실제일 때 그런 단순한 낙하와는 거리가 멉니다.

끊어진 순간, 위쪽 케이블은 더 이상 지상에 묶여 있지 않습니다. 그럼 무슨 일이 벌어질까요? 정지궤도보다 위쪽 부분은 바깥으로 날아가려 합니다. 그런데 함정이 하나 있습니다. 끊어진 위쪽 부분에도 정지궤도 아랫부분이 길게 존재한다는 것이지요. 즉 '날아가려는 부분'과 '떨어지려는 부분'이 한 몸으로 묶인 채 풀려나는 겁니다.

날아가려는 힘과 떨어지려는 힘이 충돌합니다. 케이블은 한 덩어리로 깔끔하게 떠오르지 못합니다. 거대한 채찍처럼 휘고 비틀립니다. 위쪽은 바깥으로 당겨지고, 중간 부분은 지구 쪽으로 처지면서 케이블 전체가 크게 휘기 시작합니다.

끊어진 지점으로부터 아래쪽 1킬로미터 남짓의 케이블은

비교적 곧바로 떨어집니다. 하지만 진짜 문제는 그 나머지입니다. 수만 킬로미터에 달하는 케이블이 지구 쪽으로 크게 휘면서, 적도를 따라 길게 늘어집니다. 지구는 계속 자전하고 있고, 케이블은 그 위를 스치듯 지나가며 지면에 닿습니다.

긴 밧줄을 한쪽 끝만 잡고 원을 그리며 돌리면, 밧줄이 땅을 한 점이 아니라 넓은 범위를 훑고 지나가는 것처럼요. 우주 엘리베이터 케이블도 마찬가지입니다. 한 곳에 떨어지지 않고 적도를 따라 길게 펼쳐지며 지면을 긁습니다. 케이블이 적도 위에 설치되어 있고 지구가 자전하면서 케이블을 동쪽으로 끌고 가기 때문입니다.

이 과정에서 케이블의 일부 구간은 점점 빨라집니다. 끝부분이 채찍처럼 휘면서 케이블의 장력 ✦ 줄이나 케이블이 팽팽하게 당겨질 때, 그 내부에 걸리는 힘. 장력이 너무 커지면 재료가 버티지 못하고 끊어질 수 있습니다 이 순간적으로 치솟습니다. 그 충격 때문에 케이블이 추가로 끊어집니다. 대기권에 진입한 부분은 마찰열로 타들어가고, 끊어진 일부 조각은 장력을 이기지 못해 우주로 튕겨 나가기도 합니다.

결국 적도를 따라 수백 킬로미터, 경우에 따라 수천 킬로미터 범위에 걸쳐, 끊어진 케이블 조각이 흩어집니다. 어떤 부분은 타버리고, 어떤 부분은 지상에 떨어지고, 어떤 부분은 우주로 날아갑니다.

낮은 곳에서 케이블을 끊는다고 자동으로 안전해지지는 않습니다. 다만 어떤 형태로 재앙이 펼쳐지느냐가 달라질 뿐입니다. 그럼 더 높은 곳에서 끊어지면 어떨까요? 이야기는 훨씬 더 복잡해집니다.

두 번째 시나리오: 정지궤도 근처에서 끊어진다면?

이제 한 단계 올라가봅시다. 정지궤도 근처, 그러니까 고도 3만 5,786킬로미터 부근에서 케이블이 끊어진다면 어떻게 될까요? 우주 쓰레기와 충돌했거나 재료 결함으로, 케이블이 가장 팽팽하게 당겨지는 지점인 정지궤도 높이에서 케이블이 끊어졌다고 상상해봅시다.

이번에는 상황이 완전히 달라집니다.

끊어진 순간, 케이블은 두 조각으로 나뉩니다. 위쪽 조각은 무게 추와 함께 우주 바깥쪽으로 튕겨 나가려 합니다. 정지궤도보다 위에 있던 구간이니 원래도 바깥으로 가려는 성질이 있었지요. 이제 아래쪽의 제약이 사라지면 더 높은 궤도로 올라갑니다. 무게 추가 충분히 무겁다면 지구를 완전히 벗어날 수도 있습니다.

문제는 아래쪽입니다. 지상에서 정지궤도 높이까지, 수만 킬로미터에 달하는 케이블이 한꺼번에 지구 쪽으로 무너지기 시작합니다.

이 케이블은 엄청나게 깁니다. 동시에 매우 얇고 긴 띠 모양일 가능성이 큽니다. 물론 전체 질량과 구간별 두께는 설계에 따라 달라지겠지만, 구간당 질량은 우리가 생각하는 것보다 크지 않을 겁니다. 하지만 여기서 중요한 건, 이렇게 길고 얇은 구조가 대기권에 들어오면 '한 덩어리'로 떨어지지 않는다는 점입니다.

케이블이 고도 100킬로미터 아래로 들어오는 순간부터 공기와의 마찰이 시작됩니다. 얇은 띠 형태의 케이블은 표면적이 넓어서 빠르게 달아오르고, 상당 부분은 타들어가며 작은 조각으로 찢어질 겁니다. 하늘에는 길고 빛나는 줄기들이 나타나겠지요. 마치 수천 개의 유성이 한꺼번에 쏟아지는 것처럼 보일 겁니다. 밤하늘을 가득 채우는 장관이겠지만, 동시에 끔찍한 광경입니다.

다만 모든 것이 연기처럼 사라지는 건 아닙니다. 케이블에는 얇고 긴 띠만 있는 게 아니거든요. 중간중간 엘리베이터 차량이 매달려 있고, 케이블을 고정하는 연결 장치들도 있습니다. 이런 무거운 덩어리들은 띠처럼 금방 타버리지 않습니다. 크기가 크고 밀도가 높아서 대기권을 뚫고 지표까지 떨어질 수 있지요.

문제는 이 잔해가 한곳에 떨어지지 않는다는 겁니다. 케이블이 떨어지는 몇 시간 동안 지구는 계속 자전하니까요. 적도 지역은 시속 1,670킬로미터로 움직입니다. 결과적으로 잔해는 적도를 따라 수천 킬로미터에 걸쳐 떨어집니다. 동남아시아에서 시작해 인도, 아프리카, 남아메리카까지. 한 번의 사고로 서로 다른 대륙의 여러 나라가 동시에 피해를 입는 겁니다.

이것이 정지궤도 근처에서 끊어졌을 때의 시나리오입니다. 하지만 최악은 아직 아닙니다. 진짜 악몽은 정지궤도와 지상, 그 중간 어디쯤이 끊어질 때 시작됩니다.

최악의 시나리오:
중간 지점에서 끊어진다면?

이제 가장 복잡한 상황입니다. 정지궤도와 지상의 중간 어디쯤, 예를 들어 고도 2만 킬로미터 지점에서 케이블이 끊어진다면 어떻게 될까요?

이번에는 어느 쪽도 깔끔하게 정리되지 않습니다.

끊어진 순간, 케이블 아래쪽 2만 킬로미터는 지구로 떨어집니다. 중력이 이기는 구간이니까요. 앞선 시나리오처럼 적도 부근 지역을 포함해 더 넓은 영역에 걸쳐 떨어질 겁니다. 수천 킬로미터에 걸쳐 피해가 발생하겠지요.

문제는 위쪽입니다. 정지궤도부터 무게 추까지, 수만 킬로미터가 넘는 케이블이 남아 있습니다. 이 부분은 바깥으로 날아가려는 성질이 있습니다. 하지만 여기에 함정이 존재합니다.

끊어진 지점을 생각해봅시다. 높이는 약 2만 킬로미터입니다. 이곳의 케이블도 지구와 함께 하루에 한 바퀴 돕니다. 그런데 높이가 높을수록 도는 원의 크기도 커집니다. 지표에 붙어 있는 케이블은 하루 동안 지구 둘레인 약 4만 킬로미터를 돌지만, 2만 킬로미터 높이에 있는 케이블은 약 16만 6,000킬로미터를 돌아야 합니다. 같은 시간에 훨씬 긴 거리를 도는 셈이니 속도도 더 빠릅니다. 시속으로는 약 6,900킬로미터입니다.

빠른 것처럼 들리지만, 문제가 있습니다. 2만 킬로미터 높이에서 혼자 궤도를 도는 위성, 즉 지구 주위를 원을 그리며 도는 물체라면 얼마나 빨라야 할까요? 약 시속 1만 4,000킬로미터는 되어야 합니다. 그래야 중력과 균형을 맞추며 떨어지지 않고 계속 돌 수 있거든요. 케이블은 시속 6,900킬로미터로 돌고 있지만, 이 케이블이 지구로 떨어지지 않고 혼자 궤도를 돌려면 시속 1만 4,000킬로미터가 필요합니다. 이 말은 케이블이 끊어지는 순간, 위쪽 조각이 그 자리에서 궤도를 유지할 수 없다는 뜻입니다.

그래서 이 긴 케이블 조각은 복잡한 상황에 빠집니다. 완전히 지구를 벗어나지도 못하고, 그렇다고 깔끔하게 떨어지지도 않습니다. 케이블은 하나의 단단한 막대가 아닙니다. 수만 킬로미터에 달하는 유연한 구조물이지요. 끊어진 순간부터 이 긴 케이블은 휘기 시작합니다. 위쪽은 바깥으로 당겨지고, 끊어진 지점 부근은 속도가 부족해서 처지려 합니다. 거대한 채찍처럼 휘어지며 비틀립니다.

이 과정에서 케이블은 여러 조각으로 찢어질 가능성이 큽니다. 케이블을 당기는 힘이 급격히 변하는 지점들에서 추가로 끊어지는 것이지요. 각각의 조각은 서로 다른 높이에서, 서로 다른 속도로 분리됩니다. 그 말은 각각의 조각이 서로 다른 궤도에 진입한다는 뜻입니다.

여기서 진짜 문제가 시작됩니다. 이 조각들 중 일부는 매우 찌그러진 타원궤도에 들어갈 수 있습니다. 지구에서 멀리, 우주 바깥쪽까지 올라갔다가 다시 지구 가까이 내려오는 궤도지요. 그리고 그중 일부 조각은 궤도의 가장 낮은 지점, 근지점 ✦ **타원궤도를 도는 물체가 지구에 가장 가까워지는 지점**이 대기권 안쪽으로 들어올 수 있습니다.

대기권은 고도 100킬로미터부터 시작합니다. 근지점이 그보다 낮은 조각이 있다면? 몇 시간에서 며칠 후, 그 조각이 궤도를 한 바퀴 돌아 다시 지구로 접근합니다. 대기를 뚫고 들어오며 타기 시작합니다. 일부는 떨어지고, 일부는 속도를 잃으며 다시 올라갑니다.

그리고 또다시 돌아옵니다.

조각들은 각자의 궤도주기에 따라 몇 시간에서 며칠 간격으로 지구에 접근합니다. 어떤 조각은 한두 번 지구에 다시 접근하는 과정에서 완전히 떨어지거나 타버립니다. 어떤 조각은 대기를 스치며 속도만 조금 잃고 다시 올라가 몇 번 더 돌아옵니다. 조건이 맞으면 같은 조각이 서너 번, 어쩌면 그보다 여러 번 대기권을 오갈 수도 있습니다.

매번 적도의 다른 지역을 강타합니다. 지구는 계속 자전하니까요. 첫 번째는 동남아시아, 며칠 후 두 번째는 아프리카, 또 며칠 후 세 번째는 남아메리카. 언제 어디에 다음 조각이 떨어질지 정확히 예측하기 어렵습니다. 케이블이 대기를 스칠 때마다 궤도가 조금씩 바뀌고, 조각들끼리 부딪히거나 더 쪼개질 수도 있으니까요. 한 번의 사고가 몇 주에 걸쳐 여러 차례의 재난으로 이어지는 겁니다. 첫 번째 낙하가 끝나도 안심할 수 없는 이유입니다.

2차 재난: 우주 쓰레기의 폭증

우주 엘리베이터가 끊어지면서, 케이블 조각들 가운데 일부는 지구 쪽으로 떨어지고 일부는 궤도에 남게 됩니다. 하지만 여기서 끝이 아닙니다.

수많은 케이블 파편의 일부가 저궤도에서 중궤도까지, 다양한 높이의 궤도에 흩어진 채 지구 주위를 돌기 시작합니다. 크기도 제각각이지요. 길이 수 킬로미터짜리 긴 조각도 있고, 손톱만 한 파편도 있습니다. 모두 다른 속도로, 다른 궤도에서 움직입니다. 그리고 이 파편들은 이미 궤도에 있던 다른 물체와 필연적으로 부딪힙니다.

현재 지구궤도에는 1만 개가 넘는 인공위성이 있습니다. 지구 저궤도와 정지궤도 사이에는 GPS 위성, 통신위성, 기상위성 등이 다양하게 지구 주위를 돌고 있습니다. 우리가 스마트폰으로 지도를 보고, 날씨를 확인하고, 인터넷을 쓸 수 있는 이유지요. 이 위성들이 조각난 파편과 충돌하는 속도는 시속 수만 킬로미터입니다. 총알보다 몇 배는 빠릅니다. 1킬로그램짜리 파편이라도 1톤짜리 위성을 완전히 박살낼 수 있습니다.

한 번의 충돌로 수백 개의 새 파편이 생깁니다. 이 파편들이 또 다른 위성과 부딪히고, 더 많은 파편을 만들어냅니다. 연쇄반응입니다. 바로 '케슬러 신드롬'이지요. 지구의 인공위성 궤도가 쓰레기장이 되는 겁니다. 새 위성을 올려도 금방 파괴됩니다. 우주정거장도 위험해집니다. 몇 년, 몇십 년이 지나면 어떤 궤도는 아예 사용할 수 없게 될 수도 있지요.

GPS가 먹통이 됩니다. 비행기 운항에 차질이 생기고, 선박 항해도 어려워집니다. 통신위성이 사라지면 일부 지역의 인터넷과 전화가 끊깁니다. 기상위성 없이는 태풍이 어디로 올지 예측하기 힘듭니다.

우주 엘리베이터 하나가 끊어지는 사고였지만, 그게 전부가 아니었던 겁니다. 케이블 파편이 다른 위성들을 파괴하고, 그 파편들이 또 다른 충돌을 일으킵니다. 연쇄반응이 멈추지 않으면 결국 인류의 우주 활동 전체가 멈출 수 있습니다. 지상의 사고가 우주 전체를 위험에 빠뜨리게 되는 것입니다.

그래서 어디가 가장 위험한가요?

답은 간단합니다. 어디든 위험합니다.

지상 근처에서 끊어지면 케이블이 채찍처럼 휘면서 적도 부근을 중심으로 훑고 지나갑니다. 정지궤도에서 끊어지면 3만 6,000킬로미터 케이블이 떨어지면서 여러 대륙이 동시에 피해를 입습니다. 중간 높이에서 끊어지면 몇 주에 걸쳐 예측 불가능하게 반복해서 떨어지지요. 그리고 어디서 끊어지든, 수만 개의 파편이 궤도에 남아 다른 위성들을 위협합니다.

하지만 정작 중요한 건 따로 있습니다. 우주 엘리베이터가 실제로 만들어질 수 있느냐는 것이지요.

케이블 재료부터 문제입니다. 자기 무게를 견디면서 3만 6,000킬로미터 길이가 끊어지지 않고 버텨야 합니다. 탄소나노 튜브 ✦ 탄소 원자를 육각형 그물 구조로 엮어 만든 원통 형태의 물질. 같은 무게 기준으로 강철보다 수십 배 강하고 가벼워, 우주 엘리베이터 케이블의 핵심 후보 재료로 꼽힙니다가 후보로 거론되지만, 아직 몇 센티미터 길이로 만드는 것도 어렵습니다. 수천 킬로미터를 만들려면 갈 길이 멉니다. 무게 추를 어떻게 우주로 보낼 것인지도 과제입니다. 수만 톤짜리 구조물을 정지궤도 너머까지 올려야 하니까요. ✦ 설계에 따라 정지궤도 바깥으로 케이블을 더 길게 연장해 무게 추 역할을 대신하게 하거나, 별도의 큰 질량체를 붙이는 구상도 있습니다. 일부 제안에서는 소행성이나 소행성 물질을 무게 추로 활용하는 방안도 언급됩니다.

그럼에도 과학자들은 계속 연구합니다. 불가능해 보이는 질문에 답하는 과정에서 예상 못한 것을 발견하거든요. 우주 엘리베이터를 만들려다 새로운 재료를 개발할 수도 있고, 전혀 다른 방식의 우주 운송 수단을 떠올릴 수도 있습니다.

'만약 끊어진다면?' 이 질문은 사실 이런 뜻입니다. '어떻게 하면 끊어지지 않게 만들 수 있을까?' 위험을 먼저 상상하는 것이 더 안전한 설계로 이어지니까요.

언젠가 정말로 우주 엘리베이터를 타게 될까요? 저는 솔직히 잘 모르겠습니다. 하지만 그 가능성을 진지하게 따져보는 건, 충분히 재미있지 않나요?

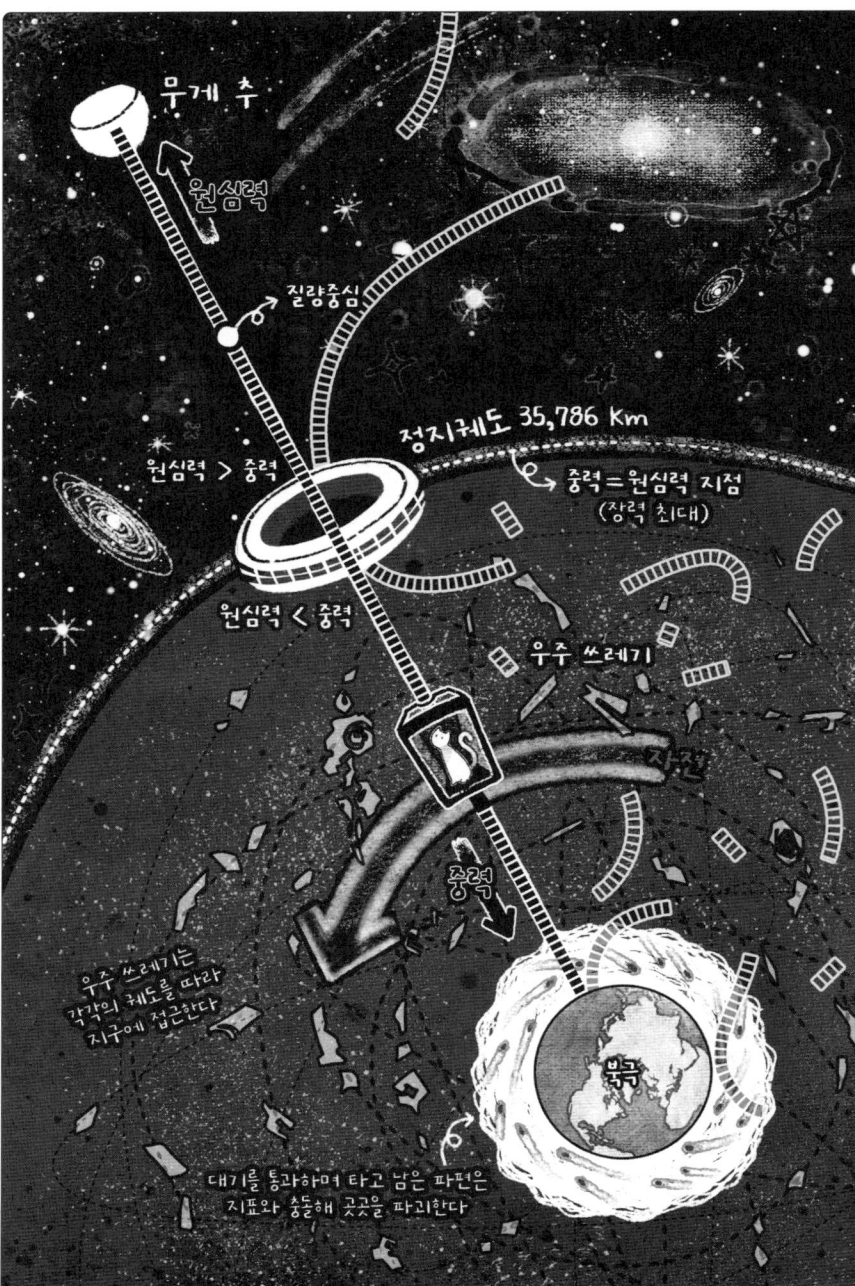

무게 추

원심력

질량중심

정지궤도 35,786 Km

중력＝원심력 지점
(장력 최대)

원심력 ＞ 중력

원심력 ＜ 중력

우주 쓰레기

지전

중력

우주 쓰레기는
각각의 궤도를 따라
지구에 접근한다

북극

대기를 통과하며 타고 남은 파편은
지표와 충돌해 곳곳을 파괴한다

06

우주가
공기로 가득 차
있다면

영화 〈스타워즈〉 오프닝 장면을
기억하시나요? 거대한 우주선이 화면을 가득 채우며 지나가고,
엔진 굉음이 울리고, 레이저 포가 번쩍이며, 폭발음이 연달아
납니다. 정말 우주에서 벌어지는 전투처럼 보이지요.

문제는, 저 소리를 실제 우주에서는 들을 수 없다는 겁니다.

우주는 거의 완전한 침묵에 가깝습니다. 소리는 공기나 물,
금속처럼 진동을 전달해줄 매질이 있어야 움직일 수 있습니다.
분자들이 흔들림을 서로 옆으로 넘겨야, 그때 비로소 소리가
전달되는 것이지요. 그런데 우주에는 이러한 매질이 거의 없습

니다. 그래서 아무리 거대한 폭발이 일어나도, 별 하나가 통째로 터져도, 그 소리가 우주 공간을 건너 우리 귀까지 닿지는 않습니다. 〈스타워즈〉도, 〈스타트렉〉도, 대부분의 SF 영화에서 이 순간만큼은 과학보다 생동감 있는 연출을 택한 셈입니다.

우주가 얼마나 비어 있느냐면, 평균적으로 보면 1세제곱미터 안에 수소 원자 하나가 있을까 말까 한 수준입니다. 그런데 우리가 숨 쉬는 공기에는 같은 부피 안에 약 2.7×10^{25}개의 분자가 들어 있습니다. 숫자로 놓고 보면 우주는 지구 대기보다 10^{25}배쯤 더 비어 있는 셈입니다. '텅 비어 있다'는 말조차 우주 앞에서는 순한 표현처럼 느껴집니다.

그렇다면 이 빈자리를 전부 공기로 채워 넣으면 어떻게 될까요? 지금 우리가 숨 쉬는 해수면 밀도의 공기를 관측 가능한 우주 끝까지 가득 채운다고 상상해봅시다.

일단 우주에서 소리는 들을 수 있게 됩니다. 영화 속 우주 전투가 처음으로 현실에 가까워지는 셈이지요. 하지만 거기서 끝나지 않습니다. 공기가 들어가는 순간, 우주에는 소리보다 훨씬 더 거대한 변화가 한꺼번에 시작됩니다. 그리고 그 결과는, 아마 우리가 처음 기대한 것과는 꽤 다를 겁니다.

같은 공기, 다른 우주

앞서 우주를 공기로 채운다고 했지만, 어떤 공기인지에 따라 결과는 완전히 달라집니다. 우주가 완전히 텅 빈 공간은 아닙니다. 별과 별 사이, 은하와 은하 사이에 아주 옅은 기체가 퍼져 있습니다. 대부분은 수소와 헬륨입니다. 다만 너무 희박해서, 평소라면 없는 것이나 다름없을 정도지요. 여기에 공기를 조금 더하는 정도로는 우주가 지금과 크게 달라지지 않습니다. 반대로 물처럼 빽빽하게 채워버리면 빛과 소리를 따지기도 전에 모든 것이 곧바로 무너지기 시작할 겁니다. 그래서 우리가 상상해볼 조건은 그 중간입니다. 공기가 너무 옅지도, 너무 빽빽하지도 않은, 우주가 가장 극적으로 달라지는 지점 말이지요.

그래서 이 질문에서는 기준을 바로 지금 우리가 숨 쉬는 지구의 공기로 정하겠습니다. 해수면에서의 공기, 밀도 1.225 kg/m³, 질소 약 78퍼센트, 산소 약 21퍼센트로 이루어진 바로 그 공기입니다. 이 밀도에서 빛은 멀리 가지 못하고 산란합니다. 흐린 날 안개 속에서 손전등 불빛이 뿌옇게 번지는 것처럼요. 소리는 매질이 있어야 퍼지는데, 이 정도 밀도라면 소리는 충분히 전달됩니다. 안개 속에서도 소리를 들을 수 있는 이유지요. 그리고 규모가 커지는 순간 중력도 본격적으로 문제를 일으킵니다. 공기덩어리가 행성만큼 커지면 자기 무게를 이기지 못하고 중심부터 뭉치기 시작하거든요. 너무 옅지도 않고, 너무 빽빽하지도 않아서 여러 변화가 한꺼번에 발생하는 조건인 셈이지요.

온도도 정해야 합니다. 우주마이크로파 배경 온도인 2.7 K 를 그대로 가져오면 질소와 산소는 우리가 익숙하게 아는 공기 상태로 남아 있기 어렵습니다. 그래서 여기서는 해수면 표준대기 조건에 맞춰 약 섭씨 15도를 기준으로 두겠습니다. 이때 공기의 밀도는 1.225 kg/m³, 음속은 초속 약 340미터입니다. 뒤에 나오는 계산도 모두 이 값을 기준으로 따라가겠습니다.

공간도 정할 겁니다. 우주의 끝이 어디인지 알 수 없으니, 여기서는 우리가 관측할 수 있는 범위만 생각하겠습니다. 그 안을 해수면 공기로 빈틈없이 가득 채운다고 가정하는 것이지요. 물론 이런 설정은 현실에서는 불가능합니다. 하지만 불가능한 전제를 하나 세운 뒤, 그다음부터는 끝까지 물리법칙만 따라가보는 겁니다.

사라지는 별빛

우주에 공기가 채워졌습니다. 가장 먼저 달라지는 건 눈에 보이는 것들입니다.

하늘은 왜 파란색일까요? 태양 빛은 사실 여러 색이 섞인

흰빛입니다. 그런데 이 빛이 지구 대기를 지나올 때, 공기 분자들은 파장이 짧은 빛을 더 잘 흩뜨립니다. 그중에서도 파란빛이 특히 더 많이 사방으로 퍼지지요. 그래서 우리는 하늘 전체에 퍼진 그 파란빛을 보게 됩니다. 이것을 레일리 산란Rayleigh scattering이라고 합니다.

지구에서는 이 효과가 하늘색을 조금 바꿔놓는 정도에서 그칩니다. 그런데 공기가 우주 전체를 가득 채우면 상황이 달라집니다. 빛은 더 이상 곧게 나아가지 못하고, 가는 길마다 공기 분자에 부딪히며 계속 방향을 잃습니다.

해수면 밀도의 공기에서는 가시광선이 약 85킬로미터를 지날 때마다 밝기가 원래의 37퍼센트 수준으로 줄어듭니다. 한 번으로 끝나지 않고, 85킬로미터를 더 갈 때마다 같은 일이 일어납니다. 다섯 번만 반복되어도 원래 밝기의 1퍼센트도 남지 않습니다. 게다가 파장이 짧은 파란빛이 먼저, 더 많이 흩어지기 때문에 빛이 멀리서 올수록 색이 달라집니다. 해 질 무렵 태양이 붉어지는 것과 같은 원리지요. 멀리서 오는 빛은 먼저 탁해지고 점점 붉은 기운만 남기다가, 마지막에는 모양마저 흐려지며 사라집니다.

태양과 지구는 약 1억 5,000만 킬로미터 떨어져 있습니다. 그런데 해수면 밀도의 공기 속에서는 가시광선이 85킬로미터만 지나도 눈에 띄게 약해지기 시작합니다. 그러니 태양 빛이 그 엄청난 거리를 버티고 지구까지 도달한다는 건 거의 불가능한 일입니다. 가장 가까운 별인 프록시마 센타우리도 마찬가지입니다. 4.2광년, 약 40조 킬로미터 떨어져 있으니 그 빛 역시 우리 근처에 오기 훨씬 전에 흩어져버립니다.

그러면 하늘은 어떻게 보일까요? 별은 보이지 않고, 태양도 지금처럼 선명하게 남아 있지 못합니다. 그렇다고 완전히 어두워지는 것도 아닙니다. 여기저기서 흩어진 빛이 하늘 전체에 퍼져 있기 때문입니다. 어디를 봐도 뿌옇고, 어느 쪽이 특별히 밝은지도 분명하지 않습니다. 황사가 아주 심한 날, 태양이 흐릿하게 가려지고 하늘 전체가 탁하게 밝아지는 날이 있지요. 그 모습이 잠깐의 날씨가 아니라, 하늘의 기본 모습이 되어버리는 겁니다. 낮과 밤의 구분도 지금처럼 또렷하지 않고, 하늘을 보고 동쪽과 서쪽을 짐작하는 일도 어려워집니다. 별빛만 사라지는 게 아니라, 하늘이라는 감각 자체가 달라지는 것이지요.

들을 수 없는 소리

빛이 사라진 자리에는 소리가 생깁니다. 소리는 공기나 물처럼 진동을 전달할 매질이 있어야 퍼질 수 있습니다. 우주 전체에 공기가 채워졌다면, 이제는 소리도 우주 공간을 건널 수 있게 됩니다. 우주 어딘가에서 큰 폭발이 일어나면 그 진동이 퍼져 나갈 수 있고, 태양에서 생기는 흔들림도 바깥으로 전해질 수 있습니다. 태양은 가만히 빛나는 가스 덩어리가 아닙니다. 내부와 표면에서는 압력파가 끊임없이 생기고, 태양 전체가 아주 미세하게 진동합니다.

그렇다면 태양의 소리는 언제쯤 들을 수 있을까요? 공기 속에서 소리는 초속 약 340미터로 퍼져 나갑니다. 태양과 지구는 약 1억 5,000만 킬로미터 떨어져 있으니, 계산해보면 소리가 이 거리를 건너오는 데는 약 14년이 걸립니다. 지금 태양에서 출발한 소리를 우리가 듣게 되는 것은 14년 뒤라는 뜻입니다. 다시 말해 지금 우리가 태양의 소리를 들었다면 그 소리는 14년 전에 출발한 셈이지요. 우주가 빛 대신 소리로 가득한 곳이라면, 우리는 늘 현재가 아니라 과거의 진동을 듣게 됩니다.

그런데 여기서 문제가 생깁니다. 공기가 채워진 우주는 그 14년을 버티지 못합니다. 우주 전체를 가득 채운 공기는 엄청난 질량을 가지게 되고, 질량은 서로를 중력으로 끌어당깁니다. 이렇게 거대한 기체 덩어리가 자기 무게를 버티지 못하고 안쪽으로 무너지기 시작하는 대표적인 시간 척도를 자유낙하 시간이라고 합니다. 여기에 해수면 공기 밀도를 넣어보면 답은 약 17시간입니다.

이것은 17시간 뒤에 우주가 완전히 끝난다는 의미가 아닙니다. 그 정도 시간이 지나면, 우주를 채운 공기가 더는 지금 모습으로 버티지 못한다는 뜻입니다. 중력이 압력을 이기기 시작하고, 조금 더 빽빽한 곳은 주변을 더 강하게 끌어당깁니다. 태양 소리가 지구에 닿으려면 14년이 걸리지만, 우주는 그보다 훨씬 먼저 형태를 잃게 되는 것이지요.

버티지 못하는 규모

공기가 우주를 채웠다는 말은, 사실 공기만 생긴 것이 아니라 엄청난 질량이 한꺼번에 추가되었다는 뜻입니다. 관측 가능한 우주의 부피는 약 4×10^{80}세제곱미터입니다. 여기에 해수면 공기 밀도 1.225 kg/m^3를 곱하면 총 질량은 약 5×10^{80}킬로그램이 나옵니다. 지금 우주에 있는 별과 행성, 가스와 먼지를 전부 다 합쳤을 때 질량이 대략 10^{53}킬로그램인데, 공기로 가득찬 우주는 그보다 10^{27}배나 더 무겁습니다. 이건 공기가 좀 늘었다는 정도가 아니라, 우주 자체가 완전히 다른 존재가 되어버린 셈이지요.

질량이 있는 모든 것은 서로를 중력으로 끌어당깁니다. 그러면 왜 지구 대기는 저절로 무너지지 않을까요? 이유는 두 가지가 전혀 다른 상황이기 때문입니다. 지구 대기는 지구라는 행성에 붙어 있는 얇은 공기층입니다. 지구의 중력이 아래로 잡아당기고, 공기 압력은 그에 맞서 버티며 균형을 이루고 있지요. 그런데 지금 우리가 이야기하는 것은 이러한 대기층이 아닙니다. 우주 전체를 끝도 없이 채운 거대한 기체 덩어리입니다. 바닥도 없고, 붙어 있을 행성도 없습니다.

기체가 압력으로 중력을 버틸 수 있는 한계가 있습니다. 어떤 기체 구름이 이 크기보다 작으면 압력이 중력을 이기고, 이보다 크면 중력이 이겨 수축이 시작됩니다. 이 임계 크기를 진스 길이Jeans length라고 합니다. 이보다 작은 규모에서는 압력이 중력을 어느 정도 버틸 수 있지만, 더 큰 규모에서는 스스로의 중력이 우세해집니다. 해수면 공기 밀도와 음속을 넣어 계산하면 그 길이는 약 6만 7,000킬로미터입니다. 지구 지름의 5배 남짓한 크기지요. 지구 근처에서는 커 보이지만, 우주 규모로 보면 사실상 점에 가깝습니다.

관측 가능한 우주의 반지름은 약 465억 광년입니다. 우리가 공기를 채워 넣은 우주는 이 한계 규모를 조금 넘는 정도가 아니라, 비교 자체가 무의미할 만큼 압도적으로 넘어섭니다. 그래서 한 곳만 무너지지 않고, 밀도가 조금이라도 높은 곳은 주변을 더 강하게 끌어당기고 물질이 모이면 그곳의 중력은 더 강해집니다. 더 강해진 중력은 다시 더 많은 물질을 끌어당기 겠지요. 이 연쇄가 우주 곳곳에서 동시에 시작됩니다.

그다음부터는 압력이 문제를 일으킵니다. 공기가 한 곳으로 모이면 모일수록 빽빽해지고, 더 빽빽해질수록 안쪽에서 버텨야 하는 압력도 점점 커집니다. 지구 중심부의 압력만 해도 약 360만 기압에 이릅니다. 그런데 그것은 어디까지나 지구 하나의 무게가 만들어내는 압력입니다. 지금 우리가 상상하는 우주에서는 비교할 수 없을 만큼 더 많은 물질이 곳곳의 수축 중심으로 몰려듭니다. 그러니 그 중심에서 만들어지는 압력은 우리가 지구에서 떠올릴 수 있는 어떤 압력과도 견주기 어려운 수준까지 올라갑니다.

이쯤 되면 공기는 더 이상 우리가 익숙하게 아는 공기일 수 없습니다. 우리가 숨 쉬는 공기는 질소와 산소 분자가 비교적 느슨하게 떠다니는 차가운 기체입니다. 그런데 이렇게 강하게 눌리고 뜨거워지면, 먼저 그 분자 상태부터 버티지 못합니다. 질소 분자와 산소 분자가 깨지고, 원자들이 따로 떨어져 나옵니다. 거기서 압력과 온도가 더 올라가면, 원자에 붙어 있던 전자도 떨어져 나가기 시작합니다. 그러면 이제 남는 것은 더 이상 숨 쉴 수 있는 공기가 아닙니다. 뜨거운 이온과 전자가 뒤섞인 플라스마에 가까운 물질입니다.

균형을 잃는 별들

이 모든 붕괴가 진행되는 동안에도, 우주 안에는 이미 제자리를 지키던 것들이 있습니다. 바로 별과 행성이지요.

먼저 별은 그저 뜨거운 공 덩어리가 아닙니다. 중력이 안쪽으로 계속 잡아당기고, 안에서는 핵융합이 에너지를 만들어 바깥으로 밀어내는 압력이 생깁니다. 별은 바로 이 두 힘이 팽팽하게 맞선 상태로 존재하는 것이지요. 태양이 46억 년 동안 지금과 비슷한 모습을 유지해온 것도 그 균형 덕분입니다.

그런데 여기에 외부에서 전혀 예상하지 못한 힘이 더해집니다. 사방에서 공기가 몰려들면서 별을 바깥에서 눌러버리는 겁니다. 그러면 별의 균형은 더 이상 원래대로 남아 있기 어렵습니다. 중심부는 더 강하게 압축되고, 압축되면서 온도와 밀도도 달라집니다. 별 내부에서 일어나던 핵융합반응 역시 그 영향을 받을 수밖에 없습니다. 결국 별은 자기 원래 수명대로 천천히 살아가지 못합니다. 수십억 년에 걸쳐 조금씩 변해야 할 별이, 전혀 다른 조건 속에서 급격한 변화를 겪게 되는 것이지요.

지구 같은 행성도 다르지 않습니다. 물론 지구는 별이 아니니 핵융합으로 버티고 있지는 않습니다. 그렇다고 해서 안전한 건 아닙니다. 사방에서 엄청난 압력이 밀려들기 시작하면, 우리가 평소 말하는 대기압 같은 것은 금세 의미를 잃습니다. 지표면은 훨씬 더 큰 압력을 받게 되고, 지각과 맨틀, 핵까지 모두 강하게 눌리지요. 결국 행성도 원래 모습을 유지하지 못합니다.

그럼 새로운 별이 태어날 환경이 될 수는 있을까요? 별은 원래 거대한 기체 구름이 오랜 시간에 걸쳐 천천히 수축하면서 만들어집니다. 그 과정에는 보통 수백만 년이 걸립니다. 그런데 지금 우리가 만든 우주는 17시간이라는 시간의 척도로 전체가 무너지기 시작했습니다. 더 이상 별이 태어날 시간을 기다려줄 만큼 느긋한 우주가 아닌 것이지요.

그래서 이 우주에서 빛나는 것들은 오래 남지 못하게 됩니다. 이미 있던 별은 원래의 균형을 잃고, 행성은 버티지 못하고, 새로운 별이 태어날 시간적 여유도 없습니다. 공기로 가득 찬 우주는 더 풍성한 곳이 아니라, 오히려 별과 행성이 자기 모습을 유지할 수 없는 형태에 가깝습니다.

진공이라는 조건

처음 질문으로 돌아가보겠습니다. 우주 전체가 공기로 가득 차 있다면 어떻게 될까요?

언뜻 낭만적일 것 같습니다. 이제 우주에서도 소리가 들리고, 영화 속 우주 전투가 현실이 될 수 있겠구나, 하는 생각이

들지요. 하지만 계산을 따라가다 보면 이야기는 전혀 다른 방향으로 흘러갑니다. 빛은 멀리 가지 못하고, 하늘의 빛나는 천체는 그 모습을 잃습니다. 소리는 생기지만 도착하기 전에 우주가 먼저 무너지기 시작합니다. 공기는 우주를 더 풍성하게 만들지 않습니다. 오히려 별과 행성, 그리고 하늘 자체가 지금 모습으로 존재할 수 없게 하지요.

우주가 텅 비어 있다는 사실은 처음 들으면 어딘가 허전하게 느껴집니다. 왜 이렇게 아무것도 없을까 싶지요. 그런데 이번 질문을 끝까지 따라오면서 생각이 조금 달라지셨을 겁니다. 우주의 빈 공간은 결함이 아니라 조건에 가깝습니다. 빛이 수십억 년을 달려 우리 눈에 닿으려면, 별이 오랜 시간 자기 균형을 유지하려면, 행성이 제 궤도를 따라 안정적으로 돌려면, 우주는 지금처럼 거의 비어 있어야 합니다. 그 적막하고 성긴 공간 덕분에, 우리는 별을 보고 우주를 이해할 수 있는 겁니다.

그러니 영화 속 시끄러운 우주가 멋지기는 해도 실제 우주가 조용하다는 사실이 나쁘지 않아 보입니다. 이 침묵은 비어서 생긴 결핍이 아니라 별과 행성과 빛이 오래 살아남기 위해 필요한 배경이었던 셈이니까요.

소리 없는 우주가, 어쩌면 우리 생각보다 훨씬 살기 좋은 우주였던 것 같습니다.

알면 재미있지 않나요?

소행성을
지구로
가져온다면

인터넷에 꽤 오랫동안 돌아다닌 기사가 있습니다.

소행성 하나의 가치, 1,000경 달러.

댓글은 대부분 비슷했습니다. "저거 캐 오면 다 같이 부자 되는 것 아님?" 그렇게 퍼지다 보니 어느 순간 유튜브 섬네일에, 커뮤니티 게시판에 올랐고, 주식 관련 채널에서도 한번씩 등장했습니다. 1,000경이라는 숫자 자체가 너무 커서 감이 오지 않으니, 오히려 더 신나게 퍼진 것 같기도 합니다. 그런데 이 가격은 기사마다 조금씩 달랐습니다. 어떤 곳은 1,000경, 어떤 곳은 그보다 훨씬 크거나 적은 가격을 제시했습니다. 현실감이 없으면 꿈처럼 느껴지기도 하니까요.

이 소행성의 이름은 16 프시케16 Psyche (이하 프시케)입니다. 화성과 목성 사이 소행성대에서 태양을 돌고 있는 실제로 존재하는 천체입니다. 가장 넓은 곳이 280킬로미터쯤 되니, 서울에서 대구까지 거리만 한 울퉁불퉁한 감자 모양 천체 하나가 우주를 떠다닌다고 생각하면 됩니다. 당시에는 거의 금속으로만 이루어진 소행성일 것이라고 생각했기에 기사들의 제목도 비슷비슷했습니다.

"철, 니켈, 귀금속이 가득하다. 저걸 캐 오면 인류가 다 같이 부자가 된다. 우주 최고의 광산이다."

프시케를 소개하는 기사에는 이러한 문구가 단 한 번도 빠지지 않았지요.

좋습니다. 정말 그렇게 해볼까요? 지구에서 몇억 킬로미터 떨어진 곳에 있는 거대한 천체 하나를, 어떻게든 우리 쪽으로 끌고 와봅시다. 바다 위 유조선도 아니고, 산속 광산도 아닙니다. 행성과 행성 사이를 도는 소행성입니다. 그런데 우리는 이상하게도 이 질문에 대해 경제적 가치, 즉 돈 이야기부터 하기 시작합니다. 저 안에 금속이 얼마나 들어 있을까? 지금 시세로 바꾸면 얼마일까? 가져오기만 하면 얼마나 벌 수 있을까?

그런데 가격표가 붙어 있다는 것과 실제로 그만한 값어치가 있다는 말은 같은 뜻이 아닙니다. 더 단순하게 이야기하면 비싸 보이는 것과 돈이 되는 것은 다를 수 있다는 말이지요. 프시케가 바로 그런 경우입니다. 그럼 1,000경 달러라는 이 값어치는 애초에 어떻게 매겨진 가격일까요?

값의 근거

이제 1,000경 달러라는 숫자가 어디서 나왔는지 한번 볼까요? 생각보다 계산법은 단순합니다. 소행성의 질량을 대충 추정하고, 그 안에 금속이 얼마나 들어 있을지 가정한 다음, 철이나 니켈 같은 금속의 현재 시세를 곱하는 겁니다. 큰 돌멩이 하나를 거대한 광산으로 보는 셈이니까요. 그런데 이 계산에는 처음부터 여러 가정이 겹쳐 있습니다. 질량도 조성도 추정치이고, 무엇보다 그 금속을 지금 지구 시장 가격으로 계산해도 되는지조차 불분명합니다.

프시케는 한때 '거의 금속으로만 이루어진 소행성', 또는 초기 행성의 금속 핵 ✦ 행성이 형성되는 초기 단계에 무거운 금속 성분이 중심부로 가라앉아 만들어지는 핵. 지구도 철과 니켈로 이루어진 금속 핵을 가지고 있습니다 이 겉으로 드러난 천체로 자주 소개되었습니다. NASA 역시 프시케가 초기 미행성微行星 ✦ 태양계 초기에 먼지와 가스가 뭉쳐서 만들어진 작은 천체의 철이 풍부한 핵 일부일 수 있다고 설명합니다. 하지만 2020년대 들어 나온 분석은 더 조심스럽습니다. 지금까지의 자료를 종합하면 프시케는 금속만으로 이루어진 덩어리라기보다, 암석과 금속이 섞인 천체일 가능성이 큽니다. NASA는 현재 금속이 부피의 30~60퍼센트를 차지할 수 있다고 설명합니다. 아직도 데이터 사이에는 확인이 필요한 부분이 남아 있고, 정확한 조성은 탐사선이 가까이 가서 직접 봐야 더 분명해집니다.

그러니까 인터넷에 돌아다니는 가격표는 관측 결과라기보다, 여러 가정을 가장 후하게 잡았을 때 나오는 숫자에 가깝습니다. 프시케가 거의 전부 금속으로 이루어졌을 것이라고 놓고, 그 금속을 지금 지구에서 팔리는 값으로 따지면 숫자는 쉽게 커집니다. 반대로 금속 비율을 낮춰 잡으면 숫자는 바로 달라지게 되지요. 질량 추정이 바뀌어도 달라지고, 금속 가격이 바뀌어도 달라집니다. 같은 소행성을 두고도 기사마다 자릿수가 들쑥날쑥한 이유가 여기에 있습니다.

결국 우리가 처음 본 1,000경 달러는 소행성에 붙어 있는 자연의 가격표가 아닙니다. 인간이 몇 가지 가정을 골라 붙인

희망 소비자 가격에 지나지 않지요. 가격은 프시케 표면에 새겨진 것이 아니라서, 계산식 안에서 얼마든지 바뀔 수 있습니다. 그래도 좋습니다. 가격을 아주 후하게 매겨도 된다고 쳐보지요. 그래 봐야 가져오는 것은 전혀 다른 문제입니다. 그리고 어떻게 가져올지에 대한 이야기는 아직 시작도 하지 못했습니다.

운반 비용

그럼 소행성을 대체 어떻게 가져올 수 있을까요? 프시케는 화성과 목성 사이의 주 소행성대에 있습니다. NASA가 보낸 프시케 탐사선이 2023년 10월에 지구를 출발했고, 2029년에야 프시케에 도착할 예정입니다. 그것도 소행성을 끌고 오는 임무가 아닙니다. 가까이 가서 궤도를 돌며 사진을 찍고, 표면을 지도처럼 정리하고, 조성과 중력장을 조사하는 임무지요. 가는데만 거의 6년이 걸립니다. 탐사선은 태양 전기로 이온 추진을 하며 천천히 속도를 바꾸고, 중간에 화성의 중력을 이용해 궤도를 다시 조정합니다. 작은 우주선 한 대 보내는 데도 이렇게 오래 걸리는데, 지름 수백 킬로미터짜리 천체 전체를 옮긴다는 것은 처음부터 같은 종류의 문제가 아닙니다.

이쯤에서 우리는 자꾸 배나 트럭 같은 것을 떠올립니다. 무거우면 엔진을 키우고, 멀면 연료를 더 실으면 된다고요. 그런데 우주에서는 그러한 상식이 잘 통하지 않습니다. 프시케는 그 자리에 가만히 떠 있는 바위가 아닙니다. 태양 주위를 자기속도로 돌고 있는 천체입니다. 그러니 지구로 가져온다는 것은줄을 걸어 끌어당기는 일이 아니라, 이미 움직이고 있는 거대한 물체의 궤도를 바꾸는 일에 가깝습니다. 운반이라는 말 자체가 너무 가볍게 느껴질 정도지요.

실제로 제안되는 방법은 여러 가지가 있습니다. 현실적인방법 중 하나는 중력 트랙터gravity tractor입니다. 거대한 우주선을소행성 옆에 나란히 띄워두고, 그 우주선의 중력으로 소행성을아주 조금씩 끌어당기는 방식입니다. 밀거나 폭파하는 것이 아니라, 옆에서 조용히 당기며 궤도를 서서히 바꾸는 것이지요.소행성 표면에 이온 엔진을 직접 부착해 지속적으로 추진력을가하는 방법도 있고, 거대한 반사 필름을 덮어 태양 빛의 압력을 추진력으로 쓰는 방법도 연구되고 있습니다. 소행성이 태양열을 흡수하고 방출하는 과정에서 생기는 아주 미세한 힘, 야르콥스키 효과Yarkovsky effect ✦ 소행성이 낮 동안 태양열을 흡수했다가 밤에 열을 방출할 때 생기는 아주 미세한 추진력를 수십 년에 걸쳐 축적하는 방식도 있습니다. 어느 방법이든 공통점은 시간이 엄청나게 오래 걸리고,아직 연구 단계라는 점입니다.

우주 비행에서는 이러한 궤도 변경을 보통 델타-v∆v라고 부릅니다. 쉽게 말하면 얼마나 속도를 바꿔야 하는가라는 뜻입니다. 작은 탐사선이라면 시간이 오래 걸려도 조금씩 밀어서 궤도를 바꿀 수 있습니다. 하지만 프시케처럼 질량이 엄청난 천체는 이야기가 완전히 달라집니다. 프시케의 속도를 아주 조금만 바꿔도 필요한 에너지가 바로 상상을 넘는 크기로 늘어납니다. 운송비가 비싸다는 말로는 감당이 안 됩니다. 문제의 단위 자체가 달라지는 것이지요.

구체적으로 상상해봅시다. 프시케를 지구 근처 궤도로 옮기려면 수십 년, 어쩌면 수백 년에 걸쳐 끊임없이 힘을 가해야 합니다. 그동안 엔진 역할을 할 장치를 소행성에 붙여두고, 그 장치에 에너지를 계속 공급해야 합니다. 그 에너지원이 무엇이든 지금 인류가 1년 동안 쓰는 에너지를 훌쩍 넘는 규모가 필요할 수 있습니다. 광산을 운영할 돈이 아니라, 천체 하나의 궤도를 수백 년에 걸쳐 조금씩 틀어가며 지구 곁으로 유도할 만큼의 에너지와 시간을 먼저 준비해야 하는 것이지요. 말하자면 이 단계에서 필요한 것은 단순한 채굴 기술이 아닌, 행성 규모의 에너지를 다루고 천체의 운동을 설계할 만큼 발달한 문명의 과학기술입니다.

그래도 좋습니다. 미래의 인류가 그 문제를 어떻게든 해결했다고 치지요. 엄청난 시간과 에너지를 써서, 프시케를 정말 지구 쪽으로 끌고 오는 데 성공했다고 해봅시다. 그런데 그 순간에도 가장 큰 문제는 여전히 남아 있습니다. 소행성을 지구로 가져오는 것과 안전하게 세워두는 것은 전혀 다른 일이니까요.

주차의 문제

우리는 프시케를 지구 쪽으로 끌고 오는 데 성공했습니다. 그렇다면 이제 또 다른 질문이 생깁니다.

이 거대한 소행성을 어디에 둘 것인가?

먼저 지구 표면에 내린다는 선택지는 사실상 없습니다. 지름 280킬로미터짜리 천체가 지구 대기권에 진입하는 순간, 대기 마찰로 표면이 불타오르고 충격파가 퍼져 나갑니다. 설령 속도를 극도로 줄였다 해도, 그 질량이 지표면에 닿는 순간 발생하는 충격은 역대 가장 큰 소행성 충돌과는 비교조차 되지 않습니다. 프시케는 탐사선처럼 제어해서 내려놓을 수 있는 물체가 아닙니다. 지름 수백 킬로미터짜리 천체를 지구까지 끌고 와 멈춘다는 발상 자체가 이미 재난을 전제로 깔고 있습니다. 그러니 현실적인 선택지는 지구에서 충분히 떨어진 곳에 두고 오가며 금속을 캐거나, 지구 근처 궤도 어딘가에 붙잡아두고 우주에서 바로 채굴하는 방법 정도입니다.

그런데 두 방법 모두 만만하지 않습니다. 너무 멀리 두면 안전해 보이지만, 채굴한 물질을 옮기는 비용과 시간이 커집니다. 그러면 애써 프시케를 끌고 온 이유가 약해집니다. 반대로 너무 가까이 두면 지구에 끼치는 문제가 심각해질 수 있습니다. 지구 근처 우주는 텅 빈 공간이 아닙니다. 달이 돌고, 수많은 인공위성이 돌고, 그 사이에서 천체들은 서로의 중력을 미세하게 주고받으며 궤도를 유지하고 있습니다.

프시케 같은 거대한 천체를 지구 궤도권 안으로 들여놓는 순간, 먼저 해야 할 일은 광산 운영과 채굴이 아니라 궤도 관리가 됩니다. 얼마나 가까이 둘 것인지, 어떤 궤도에 올릴 것인지, 궤도가 조금씩 틀어지면 어떤 추진 장치로 다시 잡을 것인지, 이러한 계산을 끝없이 해야 합니다. 프시케를 한번 들여놓고 끝나는 문제가 아니라 계속 지켜보고 지속적으로 계산을 수정해야 하는 문제라는 뜻입니다.

달은 지금도 지구에서 평균 약 38만 킬로미터 떨어진 곳을 돌며 밀물과 썰물을 만듭니다. 달의 지름은 약 3,500킬로미터이고, 프시케는 가장 넓은 폭이 약 280킬로미터인 울퉁불퉁한 소행성입니다. 크기만 놓고 보면 달보다 훨씬 작지만, 비교적 밀도가 높은 천체로 추정되기 때문에 이러한 덩어리를 지구권 안에 오래 붙잡아두는 일은 생각보다 쉽지 않습니다. 현실적인 후보지는 지구 바로 근처보다는 달 거리 부근이나 그보다 조금 바깥의 시스루나 안정 궤도cislunar stable orbit ✦ 지구와 달이 함께 만드는 중력권에서, 비교적 적은 보정으로 오래 유지할 수 있는 궤도일 가능성이 큽니다. 그래야 달 궤도를 교란하지 않고, 그렇다고 너무 멀면 채굴한 금속을 지구로 운반하는 비용이 다시 문제가 됩니다.

하지만 소행성이 위치할 자리를 정했다고 끝이 아닙니다. 프시케는 질량이 고르게 퍼진 매끈한 구체가 아니라, 울퉁불퉁한 모양에 조성과 밀도도 곳곳이 다를 가능성이 있습니다. 이런 천체는 자세를 안정적으로 유지하는 일부터 쉽지 않습니다. 게다가 채굴이 진행되면 질량중심과 회전 상태가 조금씩 바뀔 수 있어서, 궤도와 자세를 계속 다시 계산하고 보정해야 합니다. 채굴하기 좋은 자리, 즉 금속이 많이 드러난 표면 구역이 장기적으로 운영하기 좋은 자리와 꼭 일치하는 것도 아닙니다. 가장 캐기 쉬운 곳을 먼저 파는 순간, 우리가 붙잡아두고 있는 천체 자체의 균형이 달라질 수 있기 때문입니다. 겉으로는 우주 광산 문제 같지만, 실제로는 거대한 인공위성을 하나 새로 들여놓고 계속 관리하는 문제에 가깝습니다. 어렵게 안전한 자리를 겨우 찾았다 해도, 처음 소행성에 매겨진 가치는 여전히 유효할까요?

가격의 붕괴

힘들게 프시케를 끌고 와서, 어렵게 안전한 자리까지 찾았다고 해보지요. 이제부터는 돈을 벌 차례 같지만 오히려 바로 그 순간, 처음 매겨져 있던 프시케의 가치가 무너지기 시작합니다.

이유는 단순합니다. 금속 가격은 현재 공급량을 전제로 만들어진 숫자이기 때문입니다. 미국 지질조사국 자료를 보면 2024년 전 세계 철광석 생산량은 약 26억 톤, 그 안에 들어 있는 철 함량은 약 16억 톤 수준이었습니다. 같은 해 전 세계 니켈 광산 생산량은 약 390만 톤이었고, 전 세계 니켈 자원도 3억 5,000만 톤이 넘는 수준으로 추정됩니다. 숫자가 이미 엄청나 보입니다. 그런데 이는 어디까지나 지금 지구 산업이 감당하고 있는 규모입니다. 제철소도, 배터리 공장도, 운송망도, 가격도 모두 이 속도에 맞추어 돌아갑니다. 지구 시장에 프시케에서 나온 금속이 본격적으로 유입되기 시작하면 이야기는 완전히 달라집니다. 몇 퍼센트만 추가되어도 감당하기 어려운 시장에, 소행성급 광산이 들어오는 셈이니까요. 그리고 그 충격을 시장 가격이 그대로 흡수할 수는 없습니다.

핵심은 프시케가 얼마나 큰가가 아니라, 지금 지구 시장이 금속의 추가 공급을 얼마나 감당할 수 있는가입니다. 프시케 전체를 한꺼번에 고려하지 않아도 됩니다. 아주 일부만 꾸준히 가져와도 지금 시장에는 큰 충격이 됩니다. 공급이 늘어나면 가격이 내려갑니다. 이는 경제학 교과서에만 있는 문장이 아니라, 우리가 이미 너무 익숙하게 아는 상식이지요. 금이 갑자기 길바닥의 자갈만큼 흔해지면 귀금속이 아니라 장식용 돌이 되는 것과 비슷합니다. 철과 니켈도 다르지 않습니다. 지금의 가격은 희소하기 때문에 붙어 있는 겁니다. 시장에서 비싼 금속이라는 말은, 절대적인 귀함을 뜻하는 것이 아니라 현재의 생산량과 수요 안에서 상대적으로 드물다는 뜻에 가깝습니다.

그러니 프시케의 값을 현재 시세로 곱해서 계산하는 순간, 가장 중요한 조건 하나를 빼먹게 됩니다. 해당 금속이 들어오는 순간 시장 자체가 바뀐다는 사실 말입니다. 많이 가져올수록 부자가 되는 것이 아니라, 많이 가져올수록 단가가 먼저 내려갑니다. 처음에는 천문학적 부처럼 보였던 소행성이, 정작 지구에 도착하는 순간 값어치를 잃기 시작하는 셈이지요. 현재 소행성에 매겨진 가치는 지구 경제가 그 물질을 얼마나 드물게 취급하느냐에 따라 잠시 매겨진 값이었던 겁니다.

결국 프시케는 '엄청나게 비싼 물건'이라기보다 값이라는 것이 어디서 생기는지를 보여주는 사례에 가깝습니다. 가치는 물질 안에 든 고정된 성질이 아닙니다. 얼마나 드문지, 얼마나 필요한지, 얼마나 천천히 공급되는지 같은 조건이 모여 만들어집니다. 안전한 궤도도 찾았고 채굴 기술도 준비되었다고 칩시다. 그래도 아직 끝이 아닙니다. 이제 남는 질문은 하나입니다. 그렇다면 프시케의 진짜 가치는 도대체 어디에 있는 걸까요?

프시케가 중요한 이유는?

지금까지 우리는 이 소행성을 지구로 가져와 팔 수 있는 물건처럼 다루었습니다. 그런데 NASA가 프시케에 탐사선을 보낸 이유는 금속을 캐 오기 위해서가 아닙니다. 프시케 탐사선의 임무는 금속이 풍부한 소행성을 처음으로 직접 조사하는 것이고, 과학자들은 이 천체가 초기 행성 재료의 일부, 또는 미행성 핵의 흔적일 가능성에 주목하고 있습니다. 앞서 이야기했듯 탐사선은 2029년 프시케 중력에 포획된 뒤, 약 2년 동안 궤도를 돌며 사진을 찍고 표면을 지도처럼 정리하고 조성과 중력장을 측정할 예정입니다.

이것이 왜 중요할까요? 지구도 철과 니켈이 많은 핵을 가지고 있지만, 우리는 그 핵을 직접 본 적이 없습니다. 지구 깊은 곳을 어떤 방법으로도 열어볼 수는 없으니까요. 그런데 프시케가 정말 초기 행성체의 금속성 내부를 보여주는 천체라면, 우리는 지구 안쪽 깊은 곳에서만 일어났을 과정을 우주에서, 바깥쪽으로 들여다보는 셈이 됩니다. 말하자면 프시케의 값은 금속 시세표에 있는 것이 아니라, 행성이 어떻게 만들어졌는지에 대한 단서에 있는 겁니다.

프시케의 금속은 지구로 가져오는 순간 값어치를 잃기 시작하지만, 우주에서 바로 쓴다면 이야기가 달라질 수 있습니다. 지구에서는 너무 많아지면 가격이 떨어지는 자원이, 우주에서는 오히려 귀한 구조재나 차폐재가 될 수 있기 때문입니다. 결국 같은 금속이라도 어디에 있느냐에 따라 가치가 달라집니다. NASA가 프시케 임무에 약 12억 달러를 들인 것도, 그 천체가 당장 캐서 팔 수 있는 광석으로 이루어져서가 아니라 과학적으로 그만큼 드문 세계이기 때문입니다.

그러니 프시케의 진짜 값은 처음부터 지구의 금속 시장 안에 있지 않았는지도 모릅니다. 그것은 행성의 기원을 보여주는 표본이자, 더 멀게 보면 우주에서 써야 비로소 의미가 생기는 자원에 가깝습니다. 처음 붙었던 프시케의 가치는 여기서 완전히 다른 뜻으로 바뀝니다. 프시케는 가치가 장소에 따라 달라진다는 사실을 보여주는 천체인 것이지요.

프시케 소행성을 다룬 영상에는 언제나 같은 댓글이 달렸습니다. '1,000경 달러짜리 소행성이 있다면, 어떻게든 가져오면 되는 것 아닌가?' 그 질문 안에는 사실 가정이 여러 겹 깔려 있었습니다. 처음 프시케에 붙은 가치는 소행성 자체에 매겨진 숫자가 아니었습니다. 프시케가 거의 전부 금속일 것이라는 가정, 그 금속을 현재 지구 시세로 계산해도 된다는 가정, 그리고 무엇보다 그렇게 거대한 천체를 실제로 우리 곁까지 옮길 수 있다는 가정이 겹쳐 있었지요.

설령 이 모든 문제를 해결한다고 해도 끝이 아닙니다. 지구 가까이에 두는 일 자체가 또 다른 관리 문제를 만들고 채굴을 시작하는 순간, 처음의 가치가 무너지기 시작합니다. 앞서 언급했듯 프시케는 '엄청난 부'의 상징이라기보다, 가치가 어디서 생기는지를 보여주는 예에 더 가깝습니다. 소행성의 가치는 소행성에 포함된 물질 안에 존재하는 것이 아니라 그것이 얼마나 드문지, 어디에 있는지, 어떤 체계 안에서 쓰이는지에 따라 달라집니다.

비싸 보이는 것과 정말 가치 있는 것은 다를 수 있습니다. 프시케는 그 사실을 아주 거대한 규모로 보여주는 천체라고 할 수 있고요.

알면 재미있지 않나요?

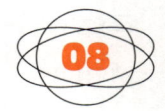

태양이
8분 20초 동안
사라진다면

　　　　　맑은 날 오후에 길을 걷다 보면 발
밑에 그림자가 생깁니다. 태양 빛이 몸에 닿아 만들어지는 그
림자지요. 너무 당연해서 별생각 없이 지나가게 됩니다. 그런
데 이 빛은 지금 막 태양을 떠난 것이 아닙니다. 태양에서 지구
까지의 평균 거리는 약 1억 5,000만 킬로미터입니다. 빛도 그
거리를 건너오는 데 약 500초가 걸립니다. 지구궤도가 원에 가
까운 타원이기 때문에 이 시간은 조금씩 달라집니다. 태양에
가장 가까울 때는 약 8분 10초, 가장 멀 때는 약 8분 27초입니
다. 평균을 내면 약 8분 20초입니다. 지금 여러분 발밑에 놓인

그림자는, 평균적으로 8분 20초 전에 태양을 떠난 빛이 만든 셈입니다.

이 사실은 그저 흥미로운 상식처럼 생각될 수 있습니다. 태양은 늘 거기 있고, 햇빛도 늘 오니까요. 그럼 이쯤에서 상상을 해봅시다. 태양 빛이 지구에 도달하는 시간, 그 8분 20초 전에 태양이 사라졌다면 어떻게 될까요?

하늘은 바로 어두워질까요? 지구는 곧바로 얼어붙을까요? 아니면 우리가 아직 모르는 방식으로, 전혀 다른 일이 벌어질까요?

과거에서 오는 빛

우리는 빛이 너무 빠르기 때문에 거의 순간적으로 이동한다고 느낍니다. 전등 스위치를 누르면 즉시 방이 밝아지고, 랜턴을 켜면 바로 앞이 보이니까요. 그래서 빛도 움직이는 데 시간이 걸린다는 사실은, 머리로 알아도 일상에서는 체감되지 않습니다.

그런데 우주에서는 이야기가 달라집니다. 달빛이 지구에 오는 데도 1초가 조금 넘게 걸립니다. 화성에서 오는 빛은 더 오래 걸리지요. 지구와 가까울 때는 몇 분이면 되지만, 멀어지면 20분 넘게 걸립니다. 빛이 느려서가 아닙니다. 우주가 너무 커서 각 천체와 지구가 엄청나게 멀리 떨어져 있기 때문입니다.

이 사실을 처음 관측으로 보여준 사람은 17세기 덴마크 천문학자 올레 뢰머Ole Christensen Rømer였습니다. 그는 목성을 도는 위성 이오를 오랫동안 관측했습니다. 이오는 일정한 주기로 목성의 그림자 안으로 들어갔다가 나옵니다. 그래서 사라졌다가 다시 나타나는 시각을 계속 기록하면, 하늘에 떠 있는 시계처럼 꽤 정확한 기준으로 삼을 수 있었습니다. 그런데 그 시각이 늘 똑같지는 않았습니다. 지구가 목성 쪽으로 다가갈 때는 이오가 예상보다 조금 일찍 나타났고, 지구가 목성에서 멀어질 때는 조금 늦게 나타났습니다.

처음에는 이오의 운동이 변한 것인가 생각할 수 있습니다. 하지만 원인은 이오가 아니었습니다. 지구의 위치가 바뀌면서, 이오의 빛이 지구까지 오는 데 걸리는 시간도 함께 달라지고 있었던 겁니다. 가까워질 때는 조금 빨리 도착했고, 멀어질 때는 조금 늦게 도착한 것이지요.

우리가 어떤 천체를 본다는 건, 그 천체의 현재 모습을 본다는 뜻이 아닙니다. 빛이 어떤 천체로부터 출발해 우리 눈에 들어오기까지 걸린 시간만큼, 항상 과거의 모습을 보고 있는 셈이지요. 태양은 약 8분 20초 전의 모습이고, 안드로메다은하는 약 250만 년 전의 모습입니다. 멀리 있는 천체일수록 더 오래된 빛이 보입니다. 우주를 본다는 건, 결국 과거를 본다는 뜻이기도 합니다.

그렇다면 처음 질문도 다시 생각해볼 수 있습니다. 태양이 사라졌다면, 그 사실이 곧바로 지구에 전달되지는 않을 겁니다. 빛만 놓고 봐도 그렇지요. 그런데 정말 중요한 건 그다음입니다. 태양이 보내는 것이 빛만은 아니라면, 다른 변화는 언제쯤 알 수 있을까요?

태양이 보내는 두 번째 정보

태양은 지구를 붙잡아두고 있습니다. 지구가 해마다 태양 주위를 한 바퀴 공전하는 것도, 그대로 태양계 바깥을 향해 직선으로 날아가지 않고 궤도를 따라 움직이는 것도 중력이라는 힘 때문입니다. 그렇다면 질문은 하나 더 생깁니다. 태양이 사라진다면, 그 힘도 바로 사라질까요?

뉴턴의 만유인력 법칙은 두 물체 사이의 힘이 질량과 거리에 따라 어떻게 달라지는지는 잘 설명합니다. 하지만 그 변화가 얼마 만에 서로에게 전달되는지는 말해주지 못합니다. 그래서 뉴턴의 틀 안에서는 중력이 사실상 곧바로 작용하는 것처럼 다루어집니다. 태양이 사라지면 지구에서도 바로 그 순간 태양의 힘이 없어지는 셈이지요. 뉴턴도 이 점을 쉽게 넘기지는 못했습니다. 아무런 매개 없이 힘이 먼 곳까지 곧바로 미친다는 생각이 스스로도 선뜻 받아들이기 어려웠기 때문입니다. 하지만 그 이상을 설명할 답까지는 내놓지 못했습니다.

이 문제에 답을 준 것은 아인슈타인이었습니다. 일반상대성이론에서 중력은 질량이 시공간을 휘게 만들면서 생기는 효과입니다. 지구가 태양 주위를 도는 것도 태양이 멀리서 지구를 잡아당긴다기보다, 태양이 휘어놓은 시공간을 따라 움직인다고 보는 쪽에 더 가깝습니다. 그리고 중요한 것은 이 변화도 바로 전달되지 않는다는 점입니다. 태양에 무슨 일이 생기면 그 영향은 빛의 속도로 퍼져 나갑니다. 지구까지 오는 데도 약 500초가 걸린다는 의미지요.

이것은 오랫동안 이론적 예측으로만 남아 있었습니다. 중력의 변화가 정말 파동처럼 퍼져 나간다면, 그 흔적이 직접 잡혀야 했기 때문입니다. 이를 처음 해낸 것이 2015년의 LIGO^{Laser Interferometer Gravitational-Wave Observatory} ✦ 레이저 빛을 두 방향으로 나눠 보낸 뒤 돌아오는 빛의 차이를 측정하는 장치를 이용해 중력파를 검출하는 천문대. 미국 워싱턴주 핸퍼드와 루이지애나주 리빙스턴 두 곳에 설치되어 있습니다. 2015년 블랙홀 2개가 충돌하면서 발생한 중력파를 인류 최초로 직접 검출했습니다였습니다. 약 13억 광년 떨어진 곳에서 블랙홀 2개가 합쳐질 때 생긴 중력파가 지구에 도착했고, LIGO가 이 신호를 포착했습니다. 시공간의 변화가 파동처럼 전해진다는 사실을 처음 직접 보여준 순간이었습니다.

2017년에는 여기서 한 걸음 더 나아갔습니다. 중성자별✦ 무거운 별이 일생을 마치고 폭발한 뒤 남는 천체로, 태양 질량의 1~2배 정도 물질이 반지름 약 10킬로미터 안에 압축되어 있습니다. 밀도가 극단적으로 높아서 각설탕 1개 크기의 중성자별 물질이 지구에서는 수억 톤에 달합니다 2개가 합쳐지는 사건에서 중력파와 감마선 폭발✦ 중력파는 블랙홀이나 중성자별 같은 무거운 천체가 합쳐질 때 시공간에 생기는 파동이고, 감마선 폭발은 중성자별 충돌이나 거대한 별의 붕괴 때 생길 수 있는 강력한 고에너지 폭발입니다이 거의 동시에 관측된 것입니다. 두 신호의 도착 시각 차이는 겨우 1.74초였습니다. 수억 광년을 달려온 신호가 그 정도 차이밖에 나지 않았다는 뜻입니다. 중력의 변화도 빛과 거의 같은 속도로 전해진다는 강력한 증거였지요.

그럼 처음 던졌던 질문으로 돌아가보겠습니다. 태양이 사라졌다면, 지구는 그 사실을 빛으로도 바로 알 수 없고 중력의 변화로도 바로 알 수 없습니다. 지구에서 보면, 태양 빛이 끊기는 순간과 태양 중력의 변화가 도착하는 순간은 거의 같습니다. 태양에서는 이미 끝난 일이, 지구에서는 아직 시작도 되지 않은 셈이라고 볼 수 있습니다.

그리고 약 500초 뒤, 그 두 가지가 함께 도착합니다.

빛이 사라지고, 궤도가 바뀌는 순간

태양을 보고 있던 반구에서 하늘이 갑자기 어두워집니다. 마지막 빛이 대기를 지나가고 나면 더 이상 태양 빛은 오지 않습니다. 대낮이던 하늘이 순식간에 밤하늘처럼 바뀌는 것이지요. 별도 보이기 시작할 겁니다. 반대편 반구는 하늘만 놓고 보면 큰 차이가 없습니다. 원래부터 밤이었으니까요. 다만 중요한 변화는 낮과 밤을 가리지 않고 지구 전체에서 거의 동시에 일어납니다.

같은 순간, 태양이 지구를 잡아당기던 중력의 변화도 도착합니다. 먼저 한 가지는 분명히 해둘 필요가 있습니다. 사라지는 것은 태양의 중력이지, 지구 자체의 중력이 아닙니다. 사람도, 바다도, 대기도 그대로 지구에 붙어 있습니다. 땅이 갑자기 무중력상태가 되는 일은 없습니다. 달라지는 것은 단 하나, 지구를 궤도에 붙잡아두던 태양의 중력이 사라진다는 점입니다.

지구는 원래 초속 약 29.8킬로미터로 태양 둘레를 돌고 있습니다. 운동하는 물체는 아무 힘이 없으면 직선으로 날아가려는 성질이 있습니다. 태양의 중력이 그 빠른 운동을 계속 안쪽으로 꺾어주어서 지구는 우주 공간으로 튕겨 나가지 않고 태양 둘레를 돌 수 있었던 겁니다. 그러니 그 힘이 사라지면 지구가 하는 일은 하나뿐입니다. 더 이상 휘지 않고, 그 순간까지 가던 방향으로 그대로 나아가는 것이지요.

곡선 도로를 달리던 자동차에서 핸들을 놓았다고 생각하면 쉽습니다. 차는 그 순간부터 더는 커브를 따라가지 못하고, 원래 가던 방향으로 밀려나려 하지요. 지구도 비슷합니다. 태양이 사라진 뒤의 지구는 멈추는 것이 아니라, 오히려 그동안 하던 대로 계속 움직입니다. 달라지는 것은 그 길이 더 이상 휘어지지 않는다는 점이고요.

태양이 다시 돌아오기까지 걸리는 시간은 약 500초입니다. 그동안 지구가 움직이는 거리는 약 1만 4,900킬로미터입니다. 숫자만 보면 지구가 원래 궤도에서 한참 벗어나는 것처럼 느껴집니다. 여기서 많은 사람이 '이제 지구가 태양계를 이탈하는 건가?' 하고 상상하게 됩니다. 하지만 이것은 500초 동안 지구가 간 전체 거리일 뿐입니다. 원래 공전을 계속했어도 지구는 그 시간 동안 앞으로 꽤 움직였을 겁니다. 차이는 얼마나 멀리 갔느냐가 아니라, 휘어야 할 궤도 대신 다른 방향으로 갔다는 데 있습니다. 결국 지구가 궤도에서 실제로 어긋나는 거리는 대략 740미터에 불과합니다. 멀리 날아가버리는 것이 아니라, 생각보다 아주 조금 비껴나는 셈이지요.

이 말을 들으면 또 다른 질문이 생깁니다. 지구가 그렇게 움직이기 시작하면, 우리는 몸으로 뭔가 느끼지 않을까요? 갑자기 엄청난 바람이 불거나, 땅이 흔들리거나, 공기가 뒤로 밀려나지는 않을까요? 그런데 이 또한 그렇지 않습니다. 대기와 바다와 사람까지, 모두 원래부터 지구와 함께 같은 속도로 움직이고 있었기 때문입니다. 일정한 속도로 부드럽게 날아가는 비행기 안에서 물컵이 가만히 놓여 있는 것과 비슷합니다. 지구의 운동이 바뀐다고 해도, 그 변화가 사람에게 '충격'으로 느껴지는 건 아니라는 뜻입니다.

놀랍게도, 태양이 사라졌지만 지구는 당장 날아가버리지 않습니다. 대륙이 갈라지지도 않고, 바다가 하늘로 솟지도 않습니다. 우리가 상상했던 즉각적인 대재앙은 벌어지지 않습니다. 물론 태양이 8분 20초 동안 사라지는 것은 큰일이지요. 지구의 낮이 사라졌고, 지구의 운동도 분명히 바뀌었습니다. 다만 그 변화가 우리가 상상한 방식으로 나타나지 않을 뿐입니다.

바다에서도 바로 문제가 생기지는 않습니다. 태양이 바다의 밀물과 썰물을 만드는 조석력에 관여하지만, 그 힘은 달이 만드는 조석력의 절반 정도입니다. 게다가 조석은 단순히 당기는 힘이 바뀐다고 물이 즉시 크게 출렁이는 방식으로 움직이지 않습니다. 바닷물은 관성이 있고, 해안선의 모양과 수심, 마찰의 영향도 받습니다. 그래서 태양 중력의 변화가 도착한다고 해서 해변에 거대한 파도가 곧장 솟아오르지는 않습니다. 조수의 변화는 있겠지만, 하늘이 어두워지는 것보다 훨씬 느리게 나타납니다.

온도도 마찬가지입니다. 500초 동안 햇빛이 끊기더라도 지표가 곧바로 얼어붙지는 않습니다. 대기와 바다는 열을 많이 품고 있어서 쉽게 식지 않습니다. 낮이던 지역은 서서히 식기 시작하겠지만, 8분 남짓한 시간 동안 사람이 뚜렷하게 느낄 정도로 차가워지지는 않을 겁니다. 태양이 다시 돌아온다면, 온도 변화는 거의 흔적도 남기지 못한 채 금방 원래대로 돌아오게 될 것입니다.

하늘은 먼저 어두워지고, 지구의 운동도 바로 그 순간 달라집니다. 하지만 바다와 공기는 그렇게 빨리 반응하지 않습니다. 모든 변화가 한꺼번에 일어나지 않고 먼저 바뀌는 것이 있고, 조금 늦게 따라오는 것이 있습니다. 우리가 무너질 거라고 생각한 세상은, 의외로 순서를 지키며 변합니다.

돌아온 태양

500초가 지난 뒤 태양이 다시 돌아옵니다. 하지만 지구는 그 사실을 바로 알지 못합니다. 돌아온 빛도, 다시 생긴 태양 중력의 변화도 지구까지 도달하는 데 다시 약 500초가 걸리기 때문입니다. 그래서 지구에서 실제로 하늘이 어두운 시간은 약 8분 20초입니다. 다만 태양에서 처음 사건이 일어난 순간부터 지구가 다시 태양을 보게 될 때까지는 총 16분 40초의 시간차가 생깁니다.

여기까지만 보면 모든 게 원래대로 돌아갈 것 같습니다. 하늘은 다시 밝아지고, 세상은 다시 원래 낮의 모습을 찾습니다. 빛이 돌아왔으니 끝난 일처럼 느껴지지요. 그런데 바로 여기서 또 하나의 차이가 생깁니다. 태양이 돌아와도 지구가 정확히 원래 자리로 되돌아가는 것은 아니라는 점입니다.

그동안 지구는 태양 둘레를 따라 휘어 돌지 않고, 잠깐 다른 길로 움직였습니다. 그 차이는 아주 작습니다. 하지만 작다고 해서 없던 일이 되지는 않습니다. 태양의 중력이 다시 지구에 도달하는 순간, 지구는 예전과 완전히 같은 궤도로 돌아가는 것이 아니라 아주 조금 달라진 궤도를 따라 돌게 됩니다.

물론 그 변화가 크지는 않습니다. 지구는 원래도 완전한 원이 아니라, 약간 찌그러진 타원궤도를 돌고 있습니다. 이번에 새로 생기는 어긋남은 원래의 타원궤도에 비하면 훨씬 더 작습니다. 그래서 계절이 갑자기 달라지거나 기후가 눈에 띄게 변할 정도는 아닙니다. 사람의 일상에서는 거의 느끼지 못할 가능성이 큽니다.

하늘은 다시 밝아지고, 온도도 거의 원래대로 돌아옵니다. 바다도 평소 흐름을 이어가겠지요. 겉으로는 아무 일도 없었던 것처럼 보일 수 있습니다. 하지만 지구의 궤도에는 아주 작은 차이가 남습니다. 태양이 다시 돌아오는 순간, 지구는 원래 궤도보다 약 740미터 바깥에 있게 됩니다. 숫자만 보면 거의 차이가 없는 것 같습니다. 그런데 우주에서는 이런 작은 어긋남도 그냥 사라지지 않습니다.

그 결과 지구는 완전히 같은 궤도로 돌아가는 대신, 이심률 0.0001 정도 ✦ 궤도가 원에서 얼마나 벗어나 있는지를 나타내는 값. 0이면 완전한 원이고, 값이 커질수록 길쭉한 타원이 됩니다의 아주 약한 타원궤도를 따라 다시 돌게 됩니다. 지구는 원래도 태양과의 거리가 평균에서 약 250만 킬로미터씩 달라지는데, 이번 변화는 그에 비하면 훨씬 작습니다. 그래도 흔적은 남습니다. 8분 20초는 짧은 시간이지만, 우주에서는 그 작은 어긋남조차 완전히 지워지지 않습니다.

아주 약간, 달라진 세상

처음 이 질문을 떠올리면 누구나 비슷한 장면을 상상합니다. 태양이 사라지면 하늘이 꺼지고, 지구가 얼어붙고, 세상이 순식간에 무너질 것 같지요. 그런데 끝까지 따라가보니 이상한 점은 다른 데 있었습니다. 이토록 큰일이 벌어졌는데도, 지구에서는 곧바로 아무것도 알아차릴 수 없습니다. 태양에서는 이미 사건이 시작되었는데, 지구는 한참 뒤에야 그 사실을 알게 됩니다.

그다음도 예상과는 다릅니다. 하늘은 분명 어두워지지만, 바다가 바로 요동치지 않습니다. 지구의 운동은 달라지지만, 사람은 그 변화를 몸으로 느끼지 못합니다. 온도도 갑자기 크게 내려가지는 않습니다. 세상은 놀랄 만큼 태연해 보입니다.

마지막도 마찬가지입니다. 태양이 돌아오면 모든 것이 원래대로 복구될 것 같지만, 실제로는 그렇지 않습니다. 하늘은 다시 밝아지고, 바다도 공기도 평소 흐름을 이어갑니다. 겉으로는 아무 일도 없었던 것처럼 보일 겁니다. 그런데 지구의 궤도에는 아주 작은 흔적이 남습니다. 눈으로는 보이지 않을 만큼 작지만, 분명히 남습니다.

핵심은 세 가지입니다. 큰일은 바로 닥치지 않습니다. 변화는 생각보다 작게 나타납니다. 하지만 한 번 생긴 일은 완전히 지워지지 않습니다. 우리가 상상했던 재앙이 생각한 방식으로 오지 않았을 뿐, 세상은 분명 달라졌습니다.

여기서 드러나는 것은 단순한 파국이 아닙니다. 우주가 정보를 전달하는 방법이고, 원인과 결과가 이어지는 방식입니다. 어떤 소식도 곧바로 도착하지 않고, 어떤 영향도 순서를 건너뛰지 않습니다. 태양에서는 이미 끝난 일이 지구에서는 아직 시작도 하지 않았을 수 있습니다. 우리가 너무 쉽게 쓰는 '지금'이라는 말이, 우주에서는 그렇게 단순하지 않다는 뜻입니다.

결국 우리가 보고 있는 것은 늘 조금 늦게 도착한 세상입니다. 태양이 8분 20초 동안 사라지는 일이 현실에서는 일어나지 않겠지만, 이 상상 하나만으로도 분명해지는 사실이 있습니다. 세상은 생각보다 갑자기 무너지지 않고, 우주는 생각보다 조용하게 흔적을 남긴다는 점입니다.

알면 재미있지 않나요?

PART 2

기묘한
지구에서
살아남기

빛이 느려진
하루

출근길, 비가 요란하게 쏟아집니다. 그런데 뭔가 이상합니다. 번개가 번쩍이고 거의 바로 '우르르릉' 하는 천둥소리가 들립니다. 번개가 이렇게 가까우면 위험할 정도인데, 하늘은 그렇게까지 낮아 보이지 않습니다. 번개와 천둥 사이의 간격이 이상하게 짧아졌습니다. 처음에는 착각인 줄 알았지요. 비 오는 날에는 감각도 헷갈리니까요.

하지만 사무실에 도착해 벽이 유리로 된 로비를 지나가다가 더 놀라운 일을 목격했습니다. 꽤 멀리 있는 유리 벽을 보며 무의식적으로 오늘도 수고하자며 손을 한번 흔들어 인사했는데, 유리 속 제가 아주 미세하지만 늦게 손을 흔듭니다. 정말 찰나인데, 분명히 늦습니다. 영상통화를 할 때 화면이 잠깐 지체될 때처럼요. 그 순간, 무언가 현실이 흔들리는 기분이 듭니다.

왜 이런 일이 벌어진 걸까요?

오전 11시, 긴급 기자회견이 열립니다. 화면 아래에는 속보를 알리는 빨간색 자막이 떠 있습니다.

"전 세계 물리학계 긴급 발표, 광속 변화 확인."

뉴스를 전하는 아나운서의 목소리가 떨립니다. 오늘 새벽부터 빛의 속도가 급격히 느려지기 시작했다고 물리학자들이 발표했습니다. 몇 시간 동안 극심하게 요동치다가 지금은 시속 2,000킬로미터 안팎에서 겨우 진정되는 듯 보인다고 합니다.

원래 빛은 초속 30만 킬로미터로 날아갑니다. 1초에 지구를 일곱 바퀴 반 도는 속도지요. 상상하기 어려울 만큼 빠릅니다. 우주의 절대속도, 물리학의 기본상수, 변하지 않는다고 믿었던 그 수 중 하나가 빛의 속도였습니다. 하지만 오늘 아침부터 빛의 속도는 시속 2,000킬로미터가 되어버렸습니다. 초속이 아니라 시속입니다. KTX의 6배쯤 되는 속도지요. 초속으로 따지면 약 556미터, 소리의 속도는 초속 340미터 정도니까 빛은 소리보다 빠르기는 합니다.

핸드폰이 울립니다. 재난 문자가 왔습니다.

광속 변화로 인한 통신 지연 발생. 당황하지 마시고 추가 조치가 있을 때까지 대기하십시오.

어찌어찌 정신없던 하루가 지나갔습니다. 밤에 달을 올려다봅니다. 오늘은 음력 15일, 마침 슈퍼문이라고 하는 가장 큰 보름달이 떠야 하는 날입니다. 곧 달이 크게 떠오릅니다. 그런데 이상하게 시간이 지나도 달이 좀처럼 바뀌지 않습니다. 뉴스에서는 벌써 이렇게 말합니다. 당분간 보름달이 지속될 수 있다고요. 아직 모든 것이 혼란스럽습니다. 보름달이 당분간 지속될 거라니, 이건 또 무슨 일일까요?

핸드폰으로 전화를 걸어봅니다. 오전 오후 내내 불통이던 전화가 이제는 조금씩 연결되고 있습니다. 마치 1970~1980년대 국제전화처럼 '여보세요?' 하고 한참 기다려야 대답이 들립니다. 전화와 문자, 무선통신에 쓰이는 전파도 결국 빛과 같은 전자기파이기 때문에, 신호가 오가는 시간도 함께 느려진 것이지요.

불편하기는 합니다. 하지만 적응하면 살 만하지 않을까요? 실시간 소통은 포기하고, 문자메시지 위주로 연락하면 됩니다. 천문학자들은 좀 힘들겠지만요. 우주는 결국 빛으로 관측하고,

멀리 있는 천체일수록 빛이 도달하는 데 오래 걸리니, 지금 보이는 우주의 모습이 얼마나 오래된 것인지조차 다시 계산해야 합니다. 태양 빛이 지구까지 도착하는 데, 계산해보니 대략 8년 반이 걸립니다. 그러니 오늘부터 우리가 보는 태양은 점점 과거로 밀려나는 게 아니라, 어느 순간부터 오늘 아침의 태양이 정지 화면처럼 계속 보일 겁니다. 새로 출발한 태양 빛이 도착하는 데 그만큼 걸릴 테니까요. 그래도 태양이 갑자기 폭발하지만 않으면 큰 문제는 없을 것 같습니다.

정말 그럴까요?

시작된 재난

다음 날 아침, 출근길 뉴스에서 이상한 소식이 들립니다. KTX에 문제가 생겼다고요. 서울에서 부산까지 가는 데 평소보다 시간이 더 걸린다고 합니다. 고속도로도 마찬가지입니다. 다들 평소처럼 달리고 있는데, 예전처럼 속도를 올리는 게 쉽지 않다고 합니다. 엔진 출력은 정상인데 말이지요.

무슨 일이 벌어지고 있는 것일까요? 당연히 짐작하셨을 겁니다. 바로 상대성이론입니다. 원래 빛의 속도가 초속 30만 킬로미터였을 때는 상대성이론이 일상과 무관했습니다. 광속에 가까운 속도로 움직여야 시간이 느려지고 질량이 증가하는데, 이러한 속도는 우주선이나 입자가속기에서나 가능했으니까요. 하지만 지금은 다릅니다. 빛의 속도가 시속 2,000킬로미터입니다. KTX가 시속 300킬로미터로 달리면 광속의 15퍼센트입니다. 자동차가 시속 100킬로미터로 달리면 광속의 5퍼센트고요.

상대성이론에 따르면, 속도가 빨라질수록 시간이 느려지고 질량이 증가합니다. 광속의 15퍼센트로 달리는 KTX는 어떻게 될까요? 계산해보니 질량이 약 1퍼센트 증가합니다. KTX 한 대가 400톤이라면 404톤이 되는 겁니다. 4톤 차이, 작아 보이지만 고속으로 달리는 열차에는 무시할 수 없는 변화입니다. 같은 출력이라도 속도를 올리는 게 점점 힘들어집니다. 최고 속도를 찍지 못하고, 가속과 감속을 하는 데도 오래 걸려서 결국 KTX의 일정은 늘어질 수밖에 없습니다.

자동차는 어떨까요? 시속 100킬로미터는 광속의 5퍼센트입니다. 질량 증가는 0.1퍼센트 정도로 미미합니다. 운전자가 느끼기 어려운 수준이지요. 하지만 시속 150킬로미터로 달리는 차는? 광속의 7.5퍼센트, 질량 증가가 0.3퍼센트로 늘어납니다. 속도를 올릴수록 점점 더 무거워지는 것이 체감됩니다.

문제는 비행기입니다. 여객기는 시속 900킬로미터로 날아갑니다. 광속의 45퍼센트입니다. 계산해보니 질량이 약 12퍼센트 증가합니다. 400톤짜리 비행기가 448톤이 됩니다. 48톤이 늘어난 겁니다. 이륙할 때는 문제가 없지만 순항속도를 지금처럼 유지하기가 어렵습니다. 연료 계획이 꼬이고, 운항 거리가 줄어들고, 모든 비행 규정도 재정비가 필요합니다. 항공사들이 긴급 회의를 엽니다. 항공편 대부분이 감축됩니다. 속도를 줄여야 하는 상황이 발생한 겁니다.

더 빨리 가려고 하면 어떻게 될까요? 속도가 빨라질수록 질량이 더 빠르게 증가합니다. 광속의 70퍼센트에 다가가면 질량이 40퍼센트 이상 늘어납니다. 광속의 90퍼센트라면? 질량이 2배 이상이 됩니다. 어느 순간부터는 아무리 엔진을 돌려도 더 빨라지지 않습니다. 시속 2,000킬로미터, 그것이 이 우주의 절대적 한계입니다. 우주선과 로켓이 광속을 향해 날아가려던 모든 시도가 무의미해졌습니다. 빛의 속도는 여전히 우주의 제한속도입니다. 다만 그 한계가 시속 2,000킬로미터로 낮아진 것뿐입니다.

이제는 법칙으로만 존재하던 물리학이 일상으로 들어왔습니다. 상대성이론이 어려운 대학 수업이 아닌, 누구나 알아야하는 상식이 되어버렸습니다. 하지만 이것은 시작에 불과합니다. 상대성이론이 우리의 생활에 들어오면서, 교통과 통신이 불편해졌습니다. 하지만 물리학자들의 표정은 이와는 상관없이 더욱 어두워지고 있습니다. 진짜 문제는 따로 있기 때문입니다.

빛의 속도는 단순히 '빛이 움직이는 속도'가 아닙니다. 19세기 물리학자 제임스 클러크 맥스웰James Clerk Maxwell은 전기와 자기는 서로 연결되어 있고, 그것이 파동으로 퍼져 나간다는 것을 발견했습니다. 그 파동이 바로 빛입니다. 맥스웰의 방정식에 따르면, 빛의 속도 c는 진공의 전기적 성질(유전율, ε_0)과 자기적 성질(투자율, μ_0)로 결정됩니다. 공식으로 쓰면 다음과 같습니다.

$$c = 1/\sqrt{(\varepsilon_0\mu_0)}$$

이게 무슨 뜻일까요? 빛의 속도가 바뀌었다는 것은, 우주의 전기적 성질이 바뀌었다는 의미입니다. 더 정확히 말하면, 전하들이 서로를 잡아당기고 밀어내는 방식, 즉 전자기력의 세기가 바뀐 겁니다. 쿨롱의 법칙을 기억하시나요? 전하 사이에 작용하는 힘입니다.

$$F = k \times (q_1 q_2/r^2)$$

이때 쿨롱 상수 k는 빛의 속도와 관련이 있습니다. $k = 1/(4\pi\varepsilon_0)$입니다. 그러니 앞서 말한 진공의 전기적 성질, 즉 유전율 ε_0가 커지면 쿨롱 상수 k는 작아집니다. 빛의 속도가 느려지면 쿨롱 상수도 작아집니다. 그리고 $c=1/\sqrt{(\varepsilon_0\mu_0)}$ 이라는 관계 때문에, c가 느려졌다면 ε_0와 μ_0의 조합도 그만큼 바뀌어야 합니다. 얼마나 바뀌었을까요?

계산해봅시다. 원래 빛의 속도는 초속 30만 킬로미터, 지금은 초속 556미터입니다. 비율로 따지면 약 54만 분의 1입니다. 쿨롱 상수는 속도의 제곱에 비례하니까(위에 설명한 식을 잘 조합해보세요!) 약 2,900억 분의 1로 작아집니다.

즉, 전자기력이 2,900억 분의 1로 약해진 겁니다.

원자를 생각해볼게요. 원자핵 주위를 전자가 돌고 있는데, 이 전자를 붙잡고 있는 힘이 바로 전자기력입니다. 그 힘이 2,900억 분의 1로 약해졌습니다. 전자는 원자핵에서 훨씬 먼 거리를 돌게 됩니다. 보어의 반지름이라는 계산식이 있습니다. 수소 원자의 크기를 정하는 식이지요. 보어의 반지름은 전자기력에 반비례하기 때문에, 전자기력이 원래의 2,900억 분의 1이 되면, 원자의 크기는 2,900억 배가 됩니다.

수소 원자의 크기는 약 0.1나노미터입니다. 2,900억 배가 되면? 약 30미터입니다. 원자 하나가 건물만 해집니다.

화학결합은 어떨까요? 원자들이 전자를 공유하면서 분자를 만드는 힘도 전자기력입니다. 그 힘이 2,900억 분의 1이 되면 결합에너지는 단순히 2,900억 분의 1 정도로만 작아지는 게 아닙니다. 결합에너지는 힘의 세기뿐 아니라 원자 크기에도 함께 영향을 받기 때문에, 힘이 줄어드는 것보다 훨씬 가파르게 떨어집니다. 대략 10^{23}분의 1 수준까지 줄어드는 것이지요. 사실상 0에 가깝습니다.

모든 원자와 분자는 절대영도가 아닌 이상 끊임없이 진동하고 움직입니다. 이것을 열운동이라고 합니다. 온도가 높을수록 이 진동이 격렬해지고, 온도가 낮을수록 잦아듭니다. 평소 상온에서 이 열운동은 화학결합을 끊을 만큼 강하지 않습니다. 그래서 우리 몸의 단백질도, 유리잔의 분자도 멀쩡하게 유지되는 것이지요. 그런데 전자기력이 줄어든 지금, 상온의 열운동만으로도 물 분자, 단백질, DNA, 우리가 물질이라고 부르는 것들이 죄다 결합이 깨지기 시작합니다.

물리학자들이 긴급 회의를 엽니다. 화면에 수식이 가득 찹니다. 결론은 하나입니다.

"물질이 붕괴되고 있습니다."

원자가 무너진다

원자의 크기가 건물만 해지는 데 물질이 붕괴된다는 것은 무슨 의미일까요?

물질의 밀도를 생각해봅시다. 우리 주위에서 가장 흔하게 볼 수 있는 금속인 철 1세제곱센티미터의 질량은 약 8그램입니다. 철 원자 하나의 크기가 2,900억 배 커지면, 부피는 얼마나 커질까요? 부피는 크기의 세제곱에 비례합니다. $(2,900억)^3$입니다. 계산하면 약 10^{34}배입니다. 1 뒤에 0이 34개 붙는 숫자입니다.

질량은 그대로인데 부피가 10^{34}배 커지면, 밀도는 10^{34}분의 1이 됩니다. 철 1세제곱센티미터가 8그램이었다면, 이제는 3×10^{-34}그램입니다. 거의 없는 것이나 마찬가지입니다.

공기의 밀도와 비교해봅시다. 공기는 1세제곱센티미터당 약 0.0012그램입니다. 원자가 커진 철은 그것보다 10^{30}배 이상 더 가볍습니다. 지금 우주의 진공보다 더 진공에 가깝습니다. 철이 기체보다 더 희박해집니다. 고체가 사라집니다. 원자들 사이의 거리가 너무 멀어져서 서로를 붙잡을 수 없습니다. 책상, 의자, 건물, 모든 것이 흩어집니다. 마치 안개처럼 퍼져 나갑니다. 아니, 안개보다 훨씬 더 옅게 흩어집니다.

뉴스 화면이 바뀝니다. 저명한 물리학자가 말합니다.

"우리가 아는 모든 물질은 존재할 수 없습니다. 원자는 있지만, 원자들이 모여 물질을 만들 수가 없습니다. 지금 우리가 여기 있다는 것 자체가… 불가능합니다."

마치 영화처럼, 카메라가 흔들리고 방송이 끊깁니다.

우주도 버티지 못하는 한계

별은 우주 공간에 떠도는 차가운 가스와 먼지 구름이 중력으로 서서히 뭉치면서 태어납니다. 뭉치는 과정에서 중심부의 온도와 압력이 올라가고, 어느 임계점을 넘으면 수소 핵융합이 시작됩니다. 그 순간부터 별은 스스로 빛을 냅니다. 핵융합 연료가 다 떨어지면 별은 죽음을 맞이합니다. 태양 정도 크기의 별은 서서히 부풀어 적색거성이 되었다가 바깥층을 날려보내고 식어갑니다. 태양보다 훨씬 무거운 별은 격렬하게 폭발하며 초신성이 됩니다.

그럼 물질이 무너진다면, 별은 어떻게 될까요? 태양 중심에서는 매초 수억 톤의 수소가 헬륨으로 바뀌고, 그 핵융합 과정에서 빛과 열이 나옵니다. 하지만 이것은 '우리 우주'에서 우리가 익숙하게 아는 이야기입니다. 지금은 빛의 속도부터 바뀐 세계이고요. 전자기력, 원자, 화학이 전부 흔들린 세계지요. 그러면 별도 그대로일 수가 없습니다.

문제는 간단합니다. 별은 중력과 압력이 균형을 이루면서 버팁니다. 중력은 안으로 누르고, 뜨거운 기체의 압력과 복사

압 ✦ 빛이 물질에 부딪힐 때 전달하는 압력. 별 내부에서 핵융합으로 생성된 빛이 바깥쪽으로 퍼져 나가면서 별이 안쪽으로 무너지지 않도록 버티는 역할을 합니다은 밖으로 밀어냅니다. 그런데 전자기력이 2,900억 분의 1로 약해진 순간, 이 균형을 떠받치던 것들이 통째로 달라집니다. 원자와 분자가 무너졌듯, 별의 내부도 '그대로'일 수 없습니다.

그럼 핵융합은 어떻게 될까요? 얼핏 보면 핵융합도 절대 일어날 수 없을 것 같습니다. 원자가 건물만 해졌으니, 원자핵들이 가까워질 수 없을 듯하니까요. 하지만 여기서 하나 더 생각해볼 문제가 있습니다. 핵융합을 막는 가장 큰 장벽은 원자핵끼리의 전기적 반발 ✦ 같은 종류의 전하끼리 서로 밀어내는 힘. 원자핵은 모두 양전하를 띠고 있어서 가까워질수록 강하게 밀어냅니다. 핵융합이 일어나려면 이 반발을 뚫고 두 원자핵이 극도로 가까워져야 하므로, 태양 중심부처럼 수천만 도에 달하는 온도가 필요합니다입니다. 전자기력이 약해지면, 그 반발도 함께 약해집니다. 즉 핵융합의 조건 자체가 완전히 바뀝니다. 어떤 핵반응은 훨씬 쉽게 일어날 수도 있고, 어떤 경우에는 우리가 상상하지 못한 방식으로 폭주할 수도 있습니다.

예를 들어 전기적 반발이 극도로 약해지면, 원래라면 수천만 도가 필요했던 핵융합이 훨씬 낮은 온도에서도 일어날 수 있습니다. 별 내부 전체에서 동시에 핵반응이 폭발적으로 시작되는 상황이 올 수 있지요. 마치 천천히 타야 할 연료가 한꺼번에 점화되는 것처럼, 별 전체가 순식간에 에너지를 쏟아내며 폭발할 수 있습니다.

중요한 결론은 하나입니다. 우리가 가정한 세계에서는 태양 같은 별이 '그 모습 그대로' 안정적으로 빛나지 않을 수 있습니다.

별이 만들어지는 과정도 마찬가지입니다. 별은 차가운 분자 구름이 중력으로 뭉치면서 태어납니다. 하지만 지금은 화학결합이 사실상 불가능합니다. 분자가 버티지 못하고, 물질이 구조를 만들지 못합니다. 기체 구름이 중력으로 수축하면서 열을 내보내려면, 분자가 에너지를 흡수하고 방출하는 과정이 필요합니다. 그런데 화학결합이 무너지면 그 분자 자체가 존재하지 못합니다. 열을 버릴 통로가 사라지니 기체는 쉽게 식지 못합니다. 중력으로 뭉치려 해도, 식지 못한 기체의 내부 압력이 버티면서 수축이 진행되지 않거나 전혀 다른 방식으로만 진행될 겁니다. 우리가 아는 '별의 탄생'은 여기서부터 성립하지 않습니다.

기존의 별들은 어떨까요? 태양은 이미 중심에서 핵융합을 하고 있습니다. 하지만 태양이 버티는 이유도 결국 미세한 균형 때문입니다. 압력과 복사, 에너지 전달 방식이 일정하게 유지되어서 수십억 년 동안 안정적으로 빛났지요. 그런데 전자기 상수가 바뀌면, 빛이 물질과 상호작용을 하는 방식도, 에너지가 내부를 빠져나오는 방식도, 압력이 생기는 방식도 동시에 흔들립니다. 그러면 별은 더 이상 지금의 구조를 유지할 수 없 겠지요. '그냥 조금 흔들린다'가 아니라 급격히 팽창하거나, 중 심이 무너지거나, 핵반응이 통제되지 않는 방향으로 치달을 수 있습니다. 어느 쪽이든, 우리가 아는 태양은 끝입니다.

그럼 애초부터 빛의 속도가 이 정도로 느렸다면 어떤 일이 발생했을까요? 우주의 역사로 거슬러 올라가봅시다. 빅뱅 직후 우주는 뜨거운 플라스마였습니다. 식으면서 전자와 양성자가 결합해 수소 원자를 만들었고, 그 순간 우리가 알고 있는 우주 는 투명해졌습니다. 재결합 Recombination ✦ 빅뱅 후 우주가 식으면서 자유롭게 돌아다니던 전자와 양성자가 결합해 처음으로 중성 수소 원자를 만든 사건이 일어나기 전까지 우주는 빽빽한 플라스마 안개 속이었습니다. 빛은 자유 롭게 나아가지 못하고 계속 전자에 부딪혔지요. 재결합이 일어 나 중성 원자가 만들어지던 순간, 빛은 처음으로 자유롭게 퍼 져 나갈 수 있게 되었습니다. 이때 우주가 투명해진 것입니다. 그 이후 빛이 모여 별이 되고, 별이 모여 은하가 되는, 지금 우 리가 보는 우주의 역사가 시작됩니다. 이 당시 탈출한 빛이 지 금도 우주마이크로파 배경 Cosmic Microwave Background, CMB ✦ 우주가 처음 투 명해졌을 때 방출된 빛이 오늘날 마이크로파 형태로 남아 있는 복사에너지으로 관측됩 니다.

하지만 지금 같은 세계에서는 이 과정부터 흔들립니다. 결 합에너지가 사실상 0에 가까워졌다면, 전자와 양성자는 좀처럼 안정적으로 결합하지 못합니다. 우주는 오래도록 이온화된 플라스마 상태로 남아 있을 겁니다. 빛은 계속 전자에 부딪히고, 우주는 오랫동안 안개처럼 뿌연 상태를 벗어나지 못합니다. '재결합'이 늦어진다는 것은, 단지 원자가 늦게 생긴다는 뜻이 아닙니다. 우주가 투명해지는 순간 자체가 사라질 수 있다는 의미입니다. 그러면 우주마이크로파 배경의 성질도, 그 이후 우주의 구조가 진화하는 과정도 완전히 달라집니다. 은하, 별, 행성, 모든 역사가 다른 우주가 됩니다.

물리학자가 지지직거리던 화면에 다시 나타납니다.

"빛의 속도가 이렇다면, 우주는 처음부터 이런 식으로 진화하지 못했을 거예요. 별도, 행성도, 우리도 존재할 수 없었을 겁니다."

우주의 설계도

빛의 속도가 느려지면서 우리가 처음 느끼는 것은 단순한 불편함이었습니다. 전화 통화가 지체되고, KTX가 느려지고, 달이 정지 화면처럼 보였습니다. 적응하면 살 만할 것 같았지요.

하지만 그게 아니었습니다.

빛의 속도가 바뀌는 순간 전자기력도 바뀌고, 따라서 원자도 커집니다. 원자가 커지면 물질의 밀도가 무너지고 화학도 함께 무너집니다. 화학이 무너지면 별이 태어나지 못하면서 우리가 아는 우주는 우리가 아는 방식으로 진화할 수 없게 되는 것이지요.

변해버린 빛의 속도 시속 2,000킬로미터. 우리에게는 빠르게 느껴지지만 빛에는 터무니없이 느린 속도입니다. 초속 556미터밖에 안 되고, 원래보다 54만 배 느려졌습니다. 이 느려진 속도가 물질을 건드리고, 별을 건드리고, 우주의 역사를 건드립니다.

이제 자연스럽게 질문 하나를 던질 수밖에 없습니다. 중력상수, 전자의 질량, 빛의 속도. 우주의 기본상수들은 왜 하필 지금 우리가 알고 있는 값일까요? 이런 물음을 미세 조정 문제라고 부릅니다. 왜 이런 값인지 아직 모릅니다. 하지만 이 값들이 바뀌면 어떤 일이 벌어지는지는, 적어도 방향만큼은 상상해볼 수 있습니다.

우리가 상상한 것은 조금 다른 우주가 아니었습니다. 54만 배 느려진 빛의 세계였습니다. 그 정도로 균형이 무너지면 원자는 건물만 해지고, 밀도는 바닥으로 떨어지고, 분자는 버티지 못합니다. 물은 물로 남지 못하고, 단백질과 DNA는 형태를 만들지 못합니다. 생명은 진화할 시간이 없는 것이 아니라, 시작할 발판 자체가 사라지게 됩니다.

우주는 무엇으로 남을까요? 적어도 우리가 아는 우주는 확실히 아닙니다. 원자라는 결합 자체가 버티기 힘든 상황이지요. 실제에 더 가까운 우주의 모습은 전하들이 흩어진 플라스마의 바다일 겁니다. 빛과 물질이 끝없이 부딪히는 탁한 우주 말이지요.

아침에 거울을 보는 시간이 0.1초 늦어지는 불편함. 그게 전부가 아니었습니다. 빛의 속도가 시속 2,000킬로미터라면, 우리는 존재하지 않습니다. 지구도, 태양도, 은하도 없습니다. 우주는 시작부터 다른 길을 갔을 겁니다. 빛의 속도는 단순히 빛이 날아가는 속도가 아닙니다. 우주의 설계도입니다. 물질의 크기를, 화학의 가능성을, 별의 탄생을, 생명의 존재를 결정하는 숫자입니다.

초속 30만 킬로미터. 그 값 덕분에 우리는 지금 여기 있습니다. 알면 재미있지 않나요?

지구를
꿰뚫는 시간,
42분

         천문학자들은 관측을 위해 칠레 산티아고에 가야 할 때가 있습니다. 서울에서 출발하면 경유 포함 30시간이 훌쩍 넘게 걸립니다. 천문 관측에 좋은 하늘이란, 대기가 건조하고 고도가 높아 별빛이 흔들리지 않는 환경을 말합니다. 그 하늘을 보러 가는 길이, 지구가 너무 커서 꼬박 하루가 넘게 걸리는 것이지요. 로켓이라면 어떨까요? 스페이스엑스SpaceX의 스타십Starship처럼 빠른 우주선도 텍사스 스타베이스starbase에서 출발해 지구 바깥을 크게 돌아 인도양 쪽으로 내려온다면 1시간 정도 걸립니다.

그럼 가장 빨리 지구 반대편까지 도달하는 방법은 무엇일까요? 아무래도 가장 짧은 경로를 따라 움직이는 것이겠지요. 사실 지구 반대편에 이르는 가장 짧은 경로는 존재합니다. 다만 그 길이 지구 안에 있을 뿐입니다.

한낮에 서울 한복판에서 시작해 드릴을 꽂아 지구 중심을 통과해 그대로 내려가면, 이론상 아르헨티나 동쪽 대서양 어딘가로 나오게 됩니다. 발아래로는 지각과 맨틀, 그리고 섭씨 6,000도에 달하는 핵이 차례로 놓여 있고, 그 너머인 서울 반대편 끝은 지금 한밤중입니다. 이 터널에 몸을 맡기면 중력이 끌어당기고, 연료도 엔진도 없이 반대편까지 도달할 수 있습니다.

그럼 이 터널을 이용하면 지구 반대편까지 얼마나 걸릴까요?

자유낙하가 아닌 이유

지구 반대편까지 터널을 이용해 이동할 때 얼마나 걸리는지 알아보려면, 먼저 터널 안에서 어떤 일이 일어나는지 확인해야 합니다. 얼핏 중력이 끌어당기는 방향으로 계속 가속하다가 반대편에서 나오면 되는 것 아닌가 싶지만, 지하로 내려가면서 지구 중력의 크기 자체가 달라지기에 그렇게 단순하지 않습니다.

중력은 지구 전체 질량이 만들어내는 힘으로, 지구 표면에서 우리를 끌어당깁니다. 그런데 터널을 타고 지구 속으로 내려갈수록 내 주변 상황이 달라지지요. 지표면에서는 지구 전체가 내 발아래에 있으니 중력이 가장 강합니다. 그런데 지하로 내려가면, 나보다 더 깊은 곳에 있는 질량만 나를 아래로 끌어당기고, 내 주변과 위쪽에 있는 질량은 앞에서도 당기고, 뒤에서도 당기고, 왼쪽에서도 당기고, 오른쪽에서도 당깁니다. 방향이 반대인 힘들이 크기가 같으니 서로 정확히 상쇄되어 사라집니다. 마치 줄다리기를 할 때 양쪽에서 똑같은 힘으로 당기면 아무도 움직이지 못하는 것처럼, 나를 둘러싼 질량들의 힘은 균형을 이루며 효과가 없어지지요. 결국 깊이 내려갈수록 나를 끌어당기는 질량이 줄어들고, 중력도 함께 약해집니다.

지구 밀도가 균일하다고 가정하면, 중력은 중심까지의 거리에 정확히 비례해 감소합니다. 지표면에서 출발해 약 3,200킬로미터, 지구 반지름의 절반 깊이까지 내려가면 중력도 절반이 됩니다. 그리고 지구 중심에서는 합력이 정확히 0이 됩니다. 모든 방향의 중력이 정확히 상쇄되어서, 어느 방향으로도 끌리지 않는 상태가 되는 것이지요.

중심을 지나 반대쪽으로 올라가면 방향이 뒤집힙니다. 중력은 다시 중심 쪽으로 작용하고, 중심에서 멀어질수록 그 크기는 점점 커집니다. 결국 터널 안에서의 운동은 이런 리듬을 가지게 됩니다. 중력에 끌려 점점 빨라지다가 중심에 가까워질 수록 가속은 줄어들고, 중심을 지나는 순간 속도는 최대가 되는 것이지요. 그다음에는 반대편으로 가면서 점점 느려집니다. 그네를 한쪽으로 당겼다 놓으면 반대편까지 갔다가 다시 돌아오는 것처럼, 터널 안의 운동도 중심을 기준으로 같은 리듬을 반복합니다. 물리학에서는 이것을 단순조화운동이라고 부르는데, 용수철에 매달린 추가 위아래로 진동하는 운동과 수학적으로 완전히 동일한 구조입니다.

42분의 비밀

지금까지는 계산을 단순하게 하기 위해 세 가지를 가정했습니다. 터널 안이 진공이고, 지구는 완벽한 구형이며, 밀도가 균일하다는 것입니다. 이 가정 위에서 터널 통과 시간을 먼저 구해보겠습니다. 단순조화운동의 가장 중요한 특징은 주기, 즉 한 번 왕복하는 데 걸리는 시간이 일정하다는 것입니다. 용수철에 매단 추는 조금 당기든 많이 당기든, 이상적으로는 한 번 왕복하는 시간이 같습니다. 터널 안에서의 운동도 마찬가지입니다. 이 주기를 계산하면 터널을 통과하는 데 걸리는 시간을 구할 수 있습니다.

놀랍게도 주기를 구하는 데 필요한 정보는 딱 두 가지입니다. 지구 반지름과 지표면 중력가속도입니다. 지구 반지름은 약 6,371킬로미터이고, 지표면 중력가속도는 초당 $9.8 \text{ m}/s^2$, 즉 물체의 가속도는 매초 시속 약 35킬로미터씩 빨라진다고 볼 수 있습니다. 이 두 숫자를 공식 ✦ 왕복 주기(T)는 $T=2\pi\sqrt{\frac{R}{g}}$로 구할 수 있습니다. 여기서 T는 왕복에 걸리는 시간, R은 지구 반지름(약 6,371킬로미터), g는 지표면 중력가속도(9.8 m/s²)입니다. 이 공식은 단순조화운동의 주기 공식과 동일한 구조입니다에 넣으면 왕복 주기가 약 84분으로 나옵니다. 편도, 즉 한쪽 끝에서 반대쪽 끝까지 가는 시간은 그 절반인 42분이 되는 것이지요.

서울에서 부산까지 KTX로 2시간 20분이 걸리고, 서울에서 도쿄까지 비행기로 2시간 30분이 걸립니다. 서울에서 칠레 산티아고까지는 30시간 넘게 비행합니다. 하지만 지구 중심을 통과하는 터널을 이용하면 지구 반대편까지 고작 42분입니다. 터널 안에서 속도가 가장 빨라지는 순간은 당연히 지구 중심을 지날 때입니다. 이때의 속도는 약 시속 2만 8,000킬로미터로, 지구 저궤도를 도는 인공위성과 비슷하고요.

그런데 이 공식에서 한 가지 흥미로운 점이 있습니다. 앞서 언급했듯 주기를 계산하는 데 필요한 것이 지구 반지름과 중력 가속도뿐이라는 사실입니다. 터널이 얼마나 긴지, 어느 방향으로 뚫려 있는지는 공식 어디에도 등장하지 않습니다. 서울에서 지구 반대편까지 1만 2,742킬로미터짜리 터널을 통해 42분이 걸렸다면, 서울에서 부산까지 직선으로 연결한 325킬로미터 터널은 얼마나 걸릴까요?

경로의 역설

앞서 계산한 42분은 사실 지구가 완전히 균일한 밀도라고 가정했을 때의 이야기입니다. 물론 실제 지구는 다르지만, 일단 이 가정을 받아들이면 꽤 이상한 일이 벌어집니다.

서울에서 지구 반대편까지 터널을 뚫으면 길이가 1만 2,742 킬로미터입니다. 서울에서 부산까지 직선으로 뚫으면 약 325 킬로미터입니다. 거리가 40배 가까이 차이 나니, 서울-부산 터널을 통과하는 시간은 42분보다 훨씬 짧아야겠지요. 그런데 밀도가 균일한 이상적인 지구에서는 두 터널 모두 통과하는 데 42분이 걸립니다. 심지어 서울에서 도쿄까지도, 서울에서 뉴욕까지도 마찬가지예요. 어느 방향으로 뚫든, 얼마나 길든, 걸리는 시간은 항상 42분입니다.

왜 그럴까요? 서울에서 부산까지의 짧은 터널은 지표면과 수직이 아닌 지표면을 따라서 경사가 완만하게 만들어야 합니다. 중력은 항상 지구 중심을 향해 작용합니다. 터널이 지구 중심을 향해 수직으로 뚫려 있다면 중력이 진행 방향으로 온전히 작용하지만, 지표면과의 경사가 완만할수록 지구 중심 방향으로 작용하는 중력과 터널이 이루는 각도가 커지고, 진행 방향으로 작용하는 중력의 성분이 작아집니다.

서울-부산처럼 짧은 터널은 거의 수평에 가깝기 때문에 가속이 느릴 수밖에 없습니다. 이와 달리 지구를 관통하는 긴 터널은 거의 수직에 가까워 중력이 진행 방향으로 강하게 작용합니다. 짧은 터널은 느리게 가속하는 대신 거리가 짧고, 긴 터널은 빠르게 가속하는 대신 거리가 깁니다. 이 두 효과가 정확히 맞아떨어져 어느 터널이든 걸리는 시간이 같아지게 되는 것이지요.

이 42분은 또 다른 곳에서도 등장합니다. 궤도를 도는 위성의 공전주기는 높이 올라갈수록 길어집니다. 높을수록 중력이 약해지고, 도는 원의 둘레도 커지기 때문입니다. 국제우주정거장은 고도 약 400킬로미터에서 돌기 때문에 공전주기가 약 92분입니다. 하지만 만약 대기도 없고 지구 표면에 산도 없다면, 지표면을 스치듯 도는 위성의 공전주기는 84분이 되는데 터널의 왕복 시간과 정확히 일치합니다.

이것은 우연이 아닙니다. 터널 안에서 중력에 이끌려 진동하는 운동과 지구 주위를 궤도로 도는 운동은 수학적으로 같은 문제입니다. 두 운동이 수학적으로 같은 이유는 작용하는 힘의 구조가 동일하기 때문입니다. 터널 안에서는 중력이 항상 지구 중심을 향해, 중심까지의 거리에 비례하는 크기로 작용합니다. 궤도운동에서도 중력이 항상 지구 중심을 향해, 거리에 따라 달라지는 크기로 작용합니다. 힘이 항상 중심을 향하고, 그 크기가 거리에 따라 결정된다는 구조가 같으니, 운동을 기술하는 방정식도 같아집니다. 물리학에서는 방정식이 같으면 운동도 같다고 봅니다. 터널을 뚫고 지구를 통과하는 것과 지구 주위를 빙 도는 것이 결국 같은 운동이라는 뜻입니다.

물론 실제 지구에서 42분은 성립하지 않습니다. 지구는 밀도가 균일하지 않아서, 지각은 비교적 가볍고 핵으로 갈수록 밀도가 급격히 높아집니다. 지구 중심부의 밀도는 지각의 10배에 달합니다. 중심부 밀도가 높다는 것은, 지구 안쪽으로 들어갈수록 끌어당기는 질량이 균일한 상태보다 집중되어 있다는 뜻입니다. 그만큼 중심 근처에서 중력이 더 강하게 작용하고, 터널을 통과하는 물체가 더 빠르게 가속됩니다. 가속이 강해지면 통과 시간이 줄어듭니다. 이 때문에 지구에서 터널을 통과하는 시간은 38분 정도로 줄어들 것으로 예측하고 있습니다. 42분보다 조금은 짧아지지만, 놀라울 만큼 비슷한 숫자로 볼 수 있지요.

회전하는 지구에서는

지금까지는 지구가 멈춰 있다고 가정했습니다. 실제 지구는 하루에 한 바퀴씩 자전합니다. 적도✦ **이곳은 지구 자전축으로부터 가장 멀리 떨어진 지점입니다. 따라서 같은 시간에 가장 긴 원둘레를 돌아야 하므로 자전 속도가 가장 빠릅니다.**에서 지구 표면의 자전 속도는 시속 약 1,670킬로미터로 총알보다 빠릅니다. 그럼에도 우리가 이 엄청난 속도를 전혀 느끼지 못하는 이유는, 우리 몸만 움직이는 것이 아니기 때문입니다. 발밑의 땅도, 건물도, 공기도 모두 똑같이 지구와 함께 돌고 있습니다. 그래서 가만히 서 있을 때는 서로의 속도 차이가 거의 없고, 특별히 옆으로 휘거나 밀리는 것도 느끼지 못합니다. 그런데 터널 안으로 들어가면 이야기가 달라집니다.

터널에 뛰어드는 순간, 우리 몸은 그 지점의 자전 속도를 그대로 가지고 들어갑니다. 여기서 문제가 생깁니다. 지하로 내려갈수록 지구 자전축으로부터의 거리는 줄어드는데, 우리 몸은 지표면에서 가지고 들어온 동쪽 방향 속도를 그대로 유지하려 하기 때문입니다.

회전하는 놀이 기구 위에서 정면에 있는 사람에게 공을 던진다고 생각해봅시다. 던지는 순간에는 똑바로 보냈다고 느끼지만, 공은 정면의 사람에게 가지 않고 옆으로 비껴가 다른 사람이 받게 됩니다. 공의 경로가 갑자기 옆으로 꺾인 것이 아니라, 바닥이 계속 회전하고 있어서 그렇게 보이는 것이지요.

터널 안에서도 비슷한 일이 벌어집니다. 지구 중심을 향해 내려갈수록 우리 몸은 터널 축에서 옆으로 조금씩 빗나갑니다. 회전하는 지구 위에서 보면 이것이 코리올리효과로 나타납니다. 총알이나 미사일처럼 먼 거리를 이동하는 물체의 경로가 휘는 것도 같은 이유입니다.

코리올리효과는 물체가 갑자기 옆으로 밀리는 힘이라기보다, 회전하는 지구 표면에 서 있는 관측자의 눈에 직선운동이 휘어 보이는 현상에 가깝습니다. 우주 밖에서 지구를 내려다보는 관측자에게는 물체가 직선으로 움직이는 것처럼 보이지만, 지구와 함께 돌고 있는 우리 눈에는 경로가 옆으로 틀어진 듯 보이는 것이지요.

이 효과는 생각보다 큽니다. 서울에서 출발해 지구 반대편까지 42분 동안 이동한다고 하면, 진행 경로는 터널 폭을 훨씬 넘을 정도로 크게 빗나가게 됩니다. 터널이 비정상적으로 넓지 않은 이상, 벽에 부딪히는 것을 피하기 어렵습니다.

그렇다면 어떤 방향의 터널이 이 문제를 피할 수 있을까요? 흔히 적도를 관통하는 터널이라면 괜찮지 않을까 생각하기 쉽지만, 오히려 반대입니다. 적도에서는 자전 속도가 가장 빠르기 때문에 처음부터 옆으로 빗나가는 효과도 가장 크게 나타납니다. 자전의 영향을 가장 적게 받는 경우는 자전축과 나란한 방향, 즉 북극에서 남극을 관통하는 터널입니다. 이 방향에서는 자전축으로부터의 거리가 처음부터 거의 변하지 않기 때문에 자전에 따른 빗나감이 가장 작습니다. 그 외 대부분의 터널에서는 진행 방향이 조금씩 틀어지고, 결국 터널 벽에 부딪히지 않고 통과하는 것이 사실상 불가능합니다.

현실의 지구라면

지금까지는 편의상, 그리고 현실적인 상황상 몇 가지를 가정할 수밖에 없었습니다. 터널 안이 진공이고, 지구는 완벽한 구형이며, 밀도도 균일하다고 전제를 했지요. 그런데 실제 지구는 이와 전혀 다릅니다.

지구 내부는 깊이 들어갈수록 온도와 압력이 급격히 높아집니다. 지각을 뚫고 맨틀로 들어가면 온도가 수백에서 수천 도에 달하고, 지구 중심부는 약 섭씨 6,000도로 태양 표면과 비슷한 수준입니다. 압력은 약 360만 기압으로, 내핵의 철이 그렇게 뜨거운데도 고체로 존재하는 이유가 바로 이 어마어마한 압력에 있습니다. 외핵은 액체 상태의 철과 니켈로 이루어져, 터널을 뚫는 순간 그 구조 자체가 유지되지 않습니다. 인류가 현재까지 지구 내부를 뚫은 가장 깊은 구멍은 러시아의 콜라

초심층 시추공Kola Superdeep Borehole으로, 깊이가 약 12킬로미터입니다. 지구 반지름의 0.2퍼센트도 채 되지 않는 깊이에서 이미 온도와 압력이 너무 높아져 더 이상 뚫지 못하고 1994년에 작업을 중단했습니다. 지구 중심까지는 아직 6,359킬로미터가 남은 것이지요.

이제 가정을 하나 바꿔봅시다. 터널 안이 진공이 아니라 공기로 가득 차 있다면 어떻게 될까요? 처음에는 진공 터널과 마찬가지로 중력에 이끌려 빠르게 가속됩니다. 그런데 속도가 빨라질수록 공기저항이 커지고, 어느 순간 중력과 공기저항이 균형을 이루면서 더 이상 가속이 이루어지지 않는 상태에 도달합니다. 빗방울이 아무리 높은 곳에서 떨어져도 일정 속도 이상으로 빨라지지 않는 것과 같은 원리라고 할 수 있지요. 물리학에서는 이를 종단속도라고 부릅니다.

지구 중심을 지나 반대편으로 올라가면 이번에는 중력이 반대로 작용하는데, 공기저항은 여전히 운동을 방해합니다. 결국 반대편까지 도달하지 못하고 중심 근처에서 진폭이 점점 줄어들며 멈추게 되겠지요. 마치 그네를 힘껏 밀었을 때 처음에는 크게 흔들리다가 시간이 지날수록 점점 작게 흔들리며 결국 멈추는 것처럼, 공기저항이 있는 터널 안에서도 운동이 점점 약해지며 지구 중심에서 멈춥니다.

그렇게 지구 중심에 멈춰 서면 그 자리에서 꼼짝도 할 수 없습니다. 사방에서 중력이 똑같이 당기고 있어 합력이 0이기 때문에, 가만히 있으면 그 자리에 떠 있는 상태가 됩니다. 문제는 이 상태에서 스스로 빠져나올 방법이 없다는 것입니다. 올라가려 해도 어느 방향이든 중력이 다시 중심으로 끌어당깁니다. 공기가 있다면 숨을 쉬며 버틸 수 있고, 발로 바닥을 디디며 다리 힘으로 걸어 올라갈 수 있겠지만, 그것은 터널을 도보로 통과하는 것과 다를 바 없습니다. 결국 공기저항이 있는 터널은 지구 중심까지 빠르게 데려다주는 편도 통로에 가깝습니다.

반대로 터널 안이 완전한 진공이라면, 공기저항 없이 중력만 작용하기 때문에 에너지 손실이 없습니다. 그러면 물체는 아무런 동력 없이 지구 이쪽 끝에서 저쪽 끝으로, 다시 저쪽 끝에서 이쪽 끝으로 끝없이 왕복하게 됩니다. 이상적인 균일 지구라면 편도 42분, 왕복 84분의 리듬이 영원히 반복되는 셈입니다. 터널 안이 진공이 아니라면 결국 지구 중심 근처에 멈추고, 진공이면 계속 오갑니다.

결말은 이렇게 극적으로 갈리지만, 오히려 그 차이가 더 또렷하게 보여주는 것이 있습니다. 우리가 계산한 42분은 현실의 지구가 아니라, 마찰도 없고 자전도 무시한 이상적인 세계에서만 드러나는 숫자라는 점입니다. 황당한 질문에서 출발했지만, 그 안에는 중력과 운동이 얼마나 질서 정연하게 맞물려 있는지가 숨어 있습니다.

용수철과 위성과 터널

42분이라는 숫자가 인상적인 이유는 빨라서만이 아닙니다. 이상적인 지구에서는 터널을 어느 방향으로 뚫든, 얼마나 길든 같은 시간이 나온다는 점 때문입니다. 거리와 가속도의 차이가 정확히 서로를 상쇄하면서, 자연은 놀라울 만큼 일정한 답을 내놓습니다. 서울에서 부산까지도, 서울에서 지구 반대편까지도 같은 시간이 걸린다는 것은 단순한 우연이 아닙니다. 깊이 내려갈수록 중력이 줄어드는 방식과 터널의 기하학이 어느 방향에서든 정확히 맞물리기 때문입니다.

그리고 이 42분은 지구 터널에서만 나타나는 숫자가 아닙니다. 지구 표면을 스치듯 도는 가상의 위성이 있다면 공전주기가 84분이 되고, 우리가 이상적으로 가정한 터널의 왕복 시간과 정확히 일치합니다. 용수철에 매달린 추의 진동, 지구 주위를 도는 위성의 궤도, 지구를 관통하는 터널 안에서의 운동이 모두 같은 수식으로 연결됩니다. 겉으로는 전혀 달라 보이는 현상들이 깊은 곳에서 하나의 언어로 이어져 있는 것이지요. 물리학에서는 이런 순간이 종종 있습니다. 전혀 다른 곳에서 출발한 문제들이 예상치 못한 곳에서 만나게 됩니다.

물론 현실의 지구에서 이 터널은 존재할 수 없습니다. 섭씨 6,000도의 핵도, 360만 기압의 압력도, 액체 상태의 외핵도 터널이 버틸 수 없게 만듭니다. 인류가 가장 깊이 뚫은 구멍이 12킬로미터에 불과하다는 사실이 그 현실을 잘 보여줍니다. 하지만 이 불가능한 터널을 상상하는 것만으로 중력이 공간을 어떻게 채우는지, 운동이 어떤 리듬을 가지는지가 드러납니다. 쓸모없어 보이는 질문이 자연의 가장 기본적인 질서를 가리키고 있었던 것입니다.

알면 재미있지 않나요?

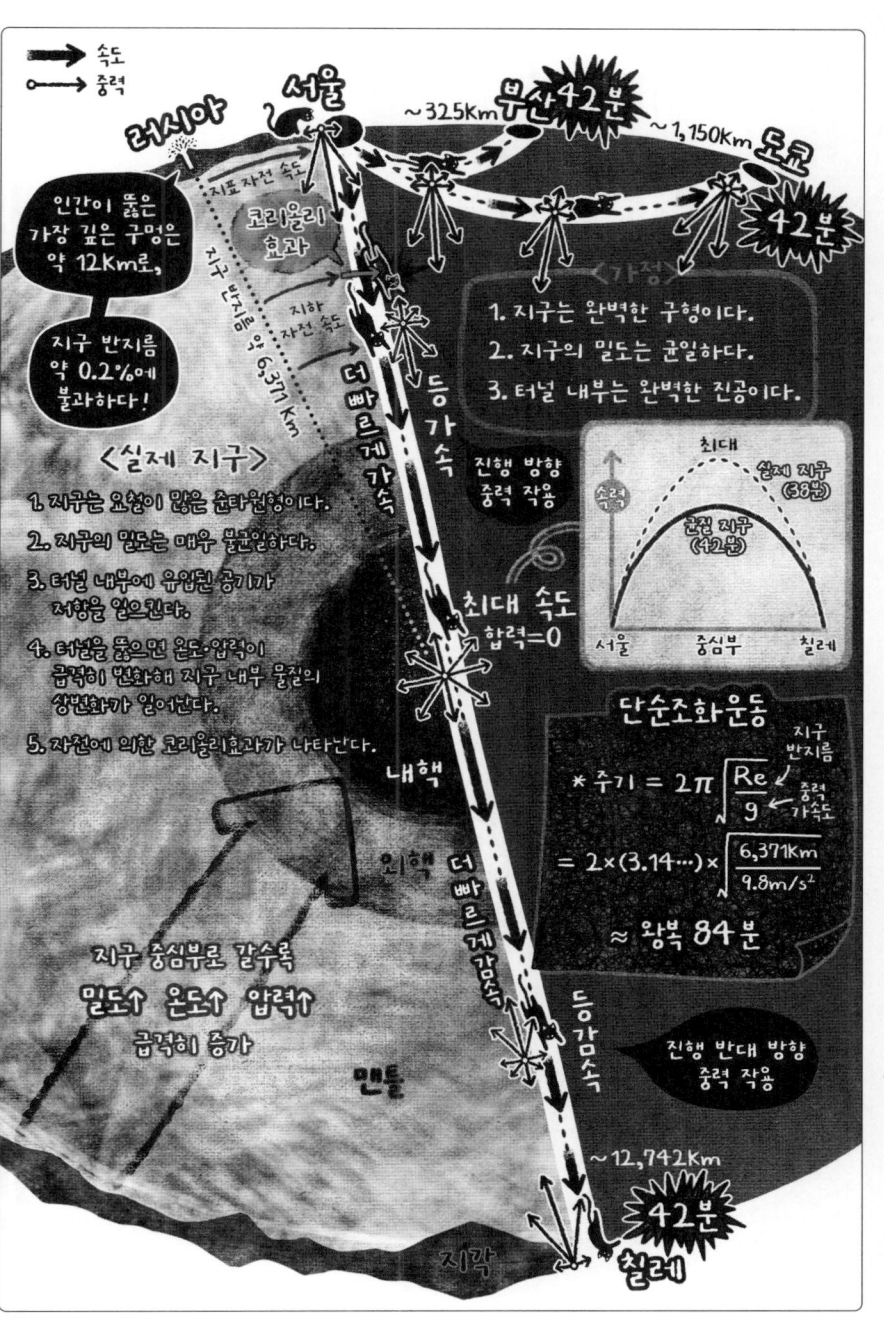

03

얼음이
물에
가라앉는다면

       겨울철, 호수 위에서 얼음낚시를 하는 사람들이 보입니다. 두꺼운 얼음에 구멍을 뚫고, 낚싯대를 드리운 뒤 물속에서 헤엄치는 물고기를 기다리는 것이지요. 생각해보면 꽤 이상한 장면입니다. 호수 표면은 단단한 얼음인데, 아래는 아직 액체 상태의 물이 남아 있고 그 안에서 물고기가 살아갑니다.

    우리는 이 풍경을 너무 익숙하게 봐서 별일 아니라고 생각합니다. 하지만 조금만 파고들면 질문이 생깁니다. 같은 호수, 같은 추위인데 위는 고체이고 아래는 액체입니다. 왜 호수는 위만 얼고, 바닥까지 완전히 얼어버리지는 않는 것일까요?

대부분의 물질은 차가워질수록 수축합니다. 액체는 고체가 되면 부피가 줄어들고 밀도는 높아지지요. 그러니까 상식대로라면 호수 표면에 막 생긴 얼음도 아래로 가라앉아야 합니다. 그러면 새로운 수면이 드러나고, 그것도 얼고, 또 가라앉아야 하지 않을까요? 그렇게 겨울은 표면에서 멈추지 않고 조금씩 아래로 내려가야 할 것 같습니다.

그런데 물은 이 상식에서 벗어납니다. 바로 그 예외 때문에 겨울철 호수는 지금 우리가 익숙하게 보는 모습을 갖게 됩니다. 표면은 얼어도 아래에는 물이 남고, 그 안에서 생물은 겨울을 보내지요.

그렇다면 물은 왜 다른 액체들과 다르게, 얼었을 때 오히려 물 위에 뜨는 걸까요?

얼음이 뜨는 이유

겨울철 호수가 왜 위에서부터 얼고 아래에는 물이 남는지 이해하려면 먼저 물 자체를 봐야 합니다. 물은 처음 식어갈 때는 보통의 액체들과 크게 다르지 않지만, 섭씨 4도 아래로 내려가면 다른 특성을 보입니다.

대부분의 물질은 액체에서 고체로 바뀌면 분자 사이 거리가 가까워집니다. 같은 부피 안에 더 많은 질량이 들어가니 밀도는 높아지지요. 물도 처음 온도가 내려갈 때는 다르지 않습니다. 높은 온도에서 내려올수록 부피는 줄어들고 밀도는 점점 커지며, 이 변화는 섭씨 4도까지 이어집니다. 물의 밀도가 가장 높아지는 온도가 바로 섭씨 4도입니다.

하지만 그 아래로 온도가 내려가면 상황이 달라집니다. 물은 다른 물질들처럼 계속 부피가 줄어들지 않습니다. 이때부터는 분자들이 놓이는 방식이 달라지기 때문입니다. 물 분자는 산소 원자 하나에 수소 원자 2개가 붙어 있는 구조인데, 온도가 더 낮아지면 분자 사이에 수소결합이 형성되면서 일정한 각도를 이루는 배열이 만들어집니다. 그런데 이 배열은 빈틈없이 들어찬 형태가 아닙니다. 각도를 유지한 채 자리를 잡다 보니 사이사이에 빈 공간이 남습니다. 얼음 결정이 여섯 갈래 대칭을 보이는 것도 이런 구조와 연결되어 있습니다.

이 배열 때문에 물은 액체일 때보다 얼었을 때 더 큰 부피를 차지합니다. 물은 섭씨 0도에서 얼면서 부피가 약 9퍼센트 늘어나고, 같은 양이라도 차지하는 공간이 커지면서 밀도는 낮아집니다. 그래서 얼음은 물 위에 뜹니다.

이 성질은 겨울철 호수에서 그대로 드러납니다. 가을이 깊어지면 호수 표면의 물이 먼저 식고, 표면수가 섭씨 4도까지 내려가면 밀도가 높아져 아래로 가라앉습니다. 그러면 아래에 있던 물이 위로 올라오고, 이런 순환이 반복되면서 호수 전체의 물은 서서히 섭씨 4도에 가까워집니다.

그다음부터는 흐름이 달라집니다. 표면의 물이 섭씨 4도 아래로 식으면 밀도는 오히려 낮아집니다. 그래서 그 물은 아래로 내려가지 않고 표면에 남게 됩니다. 이 얇은 표면층이 먼저 섭씨 0도에 도달하면 얼음이 생기고, 밀도가 더 낮기 때문에 수면에 뜬 채 남습니다. 그 결과 호수는 위에서부터 얼고, 아래에는 액체 상태의 물이 남습니다.

그래서 겨울철 호수는 바닥까지 한꺼번에 얼어붙지 않습니다. 물고기와 미생물은 그 아래 물속에서 겨울을 나고, 얼음낚시도 바로 그 조건 때문에 가능합니다.

얼음이 가라앉는 호수

지금의 호수에서 겨울이 바닥까지 곧바로 내려가지 않는 이유는 표면에 뜬 얼음이 한 번 생기고 나면 그 아래 구조가 달라지기 때문입니다. 겨울철 호수에서는 표면 가까이에 섭씨 0도 안팎의 찬물이 남고, 바닥 쪽에는 4도 안팎의 더 무거운 물이 자리합니다. 표면 얼음은 바람에 의한 추가 혼합도 크게 줄이기 때문에, 아래쪽 물은 한겨울에도 액체 상태로 유지될 수 있는 것이지요. 그래서 표면에 생긴 얼음이 물의 열을 어느 정도 붙잡아두고, 물고기들은 더 따뜻한 깊은 곳에 모여 겨울을 날 수 있게 되는 겁니다.

그런데 얼음이 물보다 무거워서 뜨지 못한다면 이 구조는 처음부터 만들어지지 않습니다. 표면에서 막 생긴 얇은 얼음은 단열층이 되기 전에 아래로 가라앉고, 수면은 다시 차가운 공기에 그대로 노출됩니다. 그러면 열린 수면이 다시 식고, 얼고, 가라앉는 과정이 이어집니다. 지금의 호수에서는 표면에 얼음이 한 번 생기면 아래에 액체 물이 남는 형태가 만들어지지만, 이 이야기에서는 그 구조 자체가 생기지 않습니다.

이 차이는 먼저 얕은 연못과 작은 호수에서 크게 나타날 가능성이 높습니다. 수심이 얕을수록 물 전체의 온도가 더 빨리 내려가기 때문이지요. 지금도 얕은 물은 추위가 길어지면 바닥 가까이까지 어는데, 얼음이 가라앉는 세계에서는 이 과정이 훨씬 쉬워집니다. 표면에 얼음층이 남아 아래쪽 물을 덮어주지 못하니, 온도가 낮은 표면수가 계속 아래로 내려가고 낮은 온도도 더 깊은 곳까지 퍼집니다. 깊고 큰 호수는 변화가 나타나는 데 시간이 더 걸리겠지만, 아래쪽에 액체 상태의 물이 남아 있는 범위는 지금보다 훨씬 줄어들 수밖에 없게 됩니다.

생물에는 이 차이가 직접적으로 다가갑니다. 앞서 언급했듯 지금의 겨울철 호수에서는 바닥 가까이에 액체 상태의 물이 남아 있고, 물고기와 미생물은 그곳에서 겨울을 납니다. 물고기는 깊은 곳에 머물면서 움직임을 줄이고, 에너지와 산소 소비도 가능한 한 줄인 채 버팁니다. 하지만 얼음이 가라앉는다면 이런 환경은 유지되기 어려워집니다. 낮은 온도가 계속 아래로 전달되면서 액체 상태의 물이 남아 있는 범위가 줄어들기 때문입니다. 호수의 생물 입장에서 겨울은 액체 상태의 물이 얼마나 오래, 어느 깊이까지 남아 있느냐의 문제가 됩니다.

해빙이 남지 않는 바다

바다 이야기는 호수와 조금 다르게 봐야 합니다. 바닷물은 담수보다 더 낮은 온도에서 얼기 시작하고, 바닷물이 얼 때는 소금이 대부분 아래쪽 물로 밀려납니다. 바닷물은 대체로 약 영하 1.8도에서 얼기 시작하는데, 표면이 얼기 전에 상층 100~150미터가 어는점 가까이까지 내려가야 하는 만큼 해빙 형성은 느리게 진행되는 과정입니다. 그래서 바다의 결빙은 호수처럼 바로 설명하기 어렵습니다.

해빙은 바닷물이 바다 표면에서 직접 얼어 생긴 얼음으로, 빙하나 빙산처럼 육지에서 만들어져 바다로 나간 얼음과는 다롭니다. 지금의 극지 바다에서 해빙은 단순히 표면에 떠 있는 얼음판이 아니라, 바다의 상태를 바꾸는 중요한 층이라고 할 수 있지요. 해빙이 표면을 덮으면 바다와 대기가 바로 맞닿는 면이 줄어들어 열이 오가는 방식이 달라지고, 눈이 쌓인 밝은 표면은 들어오는 햇빛의 상당 부분을 다시 반사합니다. 그래서 어두운 바닷물이 그대로 드러나 있을 때와 에너지 흐름 자체가 크게 달라집니다. 또한 해빙이 만들어질 때 소금이 아래쪽 바닷물로 밀려나면서 그 물은 더 짜고 무거워집니다. 즉 해빙은 단순히 바다 위를 덮는 얼음이 아니라, 극지 바다의 열과 빛, 그리고 염분 분포까지 함께 바꾸는 요소입니다.

그렇다면 얼음이 물보다 무거운 바다에서는 무엇이 먼저 달라질까요? 가장 큰 변화는 해빙이 표면에 남아 있지 못한다는 점입니다. 지금의 북극해와 남극해에서는 해빙이 바다 표면을 덮으면서 열이 오가는 방식을 바꾸고 햇빛도 반사하지만, 이 이야기에서는 표면에서 만들어진 얼음이 아래로 가라앉기 때문에 그러한 층이 오래 유지되지 않습니다. 그러면 어두운 바닷물이 더 오래 드러나고 바다와 대기가 직접 열을 주고받는 시간도 길어집니다. 바다에서 먼저 달라지는 것은 호수처럼 바닥까지 어는 장면이 아니라, 원래 표면에 남아 열과 빛의 흐름을 바꾸던 해빙층이 사라진다는 점입니다.

이 변화는 극지 바다 안에서만 끝나지 않는데, 지금의 해양 순환이 이러한 극지의 짠물 형성에 기대고 있기 때문입니다. 실제로 남극 주변에서는 겨울철 새 해빙이 만들어질 때 배출된 소금 덕분에 대륙붕의 물이 매우 차고 짜게 유지되고, 이런 물이 웨델해 같은 곳에서 대륙사면을 따라 아래로 내려가 남극 저층수의 재료가 됩니다. 이 물은 북대서양에서 만들어지는 깊은 물보다 더 차고 더 짜서 밀도가 높습니다. 그래서 더 깊이까지 가라앉고, 결국 전 지구 심층해를 채우는 순환의 한 축을 이룹니다.

또 다른 기후 모형 연구에서도 남극 해빙의 범위와 형성률이 달라지면 북대서양 심층수의 깊이와 심해 환기까지 함께 달라질 수 있다는 결과가 나와 있습니다. 그러니 해빙이 표면에 남지 못하는 바다에서는 단순히 극지의 겨울철 풍경만 바뀌는 것이 아니라, 깊은 바다를 채우는 물의 성질과 경로가 지금과 달라질 가능성이 큽니다.

빙하기의 피난처

지구는 긴 역사 동안 혹독한 추위를 여러 번 겪었습니다. 그중에서도 약 7억 년 전 전후, 지표 대부분이 얼음에 덮였을 가능성이 큰 시기가 있었는데, 흔히 눈덩이 지구 가설이 이 시대를 이야기합니다. 저위도에서 빙하가 지나간 흔적이 발견되고, 탄소 동위원소 기록에도 당시의 큰 변화가 남아 있어서 지구가 매우 극단적인 빙하기를 겪었다는 사실은 꽤 분명합니다. 그런데도 생명은 끊어지지 않았습니다. 결국 어딘가에는 액체 상태의 물이 남아 있었고, 그 안에서 생명이 버틸 수 있는 환경도 존재했다는 뜻입니다.

어디에 그런 물이 남아 있었는지는 아직 분명하지 않습니다. 지금까지 알려진 후보로는 해빙 사이에 드물게 열려 있던 바다 틈, 얼음이 완전히 덮지 못한 적도 부근의 바닷물이 드러난 좁은 개방 수역, 얼음 아래 바다, 해저 열수 환경, 그리고 빙하 아래에 얼지 않고 남아 있던 액체 상태의 물 등이 있습니다.

남극 빙붕 위에 생기는 녹은 물웅덩이도 중요한 단서로 주목받고 있습니다. 2025년 《네이처 커뮤니케이션스Nature Communications》에 실린 연구에서는 이런 웅덩이에 미세조류와 원생생물, 여러 진핵생물이 살 수 있다는 점이 보고되었고, 이런 환경이 눈덩이 지구 시기의 피난처와 비슷했을 가능성도 함께 제시되었습니다. 또 다른 연구에서는 빙하 아래의 녹은 물이 산소가 있는 해양 서식처를 유지했을 가능성도 제시되었지요. 겉으로 보기에는 완전히 얼어붙은 세계 같아도, 실제로는 얼음 사이사이에 남아 있던 약간의 액체 물이 생명을 이어주었을 수 있다는 뜻입니다.

물은 얼면 뜬다는 성질도 여기서 중요해집니다. 지금의 지구에서는 겨울이 길어져도 깊은 호수가 바닥까지 바로 얼어붙지 않습니다. 표면에는 얼음이 남고, 그 아래에는 액체 상태의 물이 유지됩니다. 이 성질은 겨울 한 철에만 중요한 것이 아닙니다. 추운 시기가 아주 오래 이어질 때도, 표면 아래에 액체 상태의 물이 남을 수 있느냐를 가르는 조건이 됩니다. 생명이 실제로 담수 환경에서 버텼는지, 바다에서 버텼는지는 아직 분명하지 않지만, 적어도 얼어붙은 표면 아래쪽에 물이 존재할 수 있다는 구조 자체가 생물이 살아남을 가능성을 넓힌 것은 확실합니다. 생명에 중요한 것은 단순히 따뜻한 날씨가 아니라, 오히려 모든 물이 한꺼번에 얼어버리지 않는 조건이었을지도 모르겠습니다.

하지만 얼음이 가라앉는 세계라면 이런 조건은 훨씬 불리해집니다. 특히 담수 환경에서는 표면에 얼음층이 남아 아래쪽 물을 덮어주지 못하기에, 연못과 호수는 지금보다 훨씬 쉽게 아래쪽까지 온도가 내려갈 수 있습니다. 겨울이 한 번 지날 때마다 액체 상태의 물이 남아 있을 범위가 점점 줄어들고, 긴 빙하기에서는 그 변화가 더 크게 누적될 수 있습니다. 해양 피난처나 빙하 아래의 물은 여전히 남을 수 있지만, 담수 환경에서 생물이 버틸 공간이 지금보다 훨씬 자주, 훨씬 많이 줄어든다면, 따뜻한 시기가 돌아온 뒤 다시 퍼져 나갈 생명 집단의 구성과 종류도 달라졌겠지요. 그 방향을 단정할 수는 없지만, 오늘의 지구에 보이는 생태계 같은 모습이 그대로 반복되었을 가능성은 높지 않습니다.

생명의 역사는 번성의 역사이기 전에, 반복되는 추위를 어떻게 견뎌왔는가의 역사이기도 합니다. 우리는 생명의 생존을 이야기할 때 보통 태양 빛, 대기, 자기장처럼 큰 조건만 떠올립니다. 물론 그것도 중요하지만, 겨울이 와도 물이 바닥까지 완전히 얼어붙지 않는다는 사실, 얼음 아래에 액체 상태의 물이 조금이라도 존재할 수 있다는 사실 역시 생명이 이어지는 데 필요한 요건이었을 가능성이 큽니다. 눈덩이 지구를 지나고도 생명이 지속되었던 배경을 하나로 묶어 말할 수는 없지만, 물이 얼면 뜬다는 성질이 생존 가능성을 넓힌 조건 가운데 하나였다는 점은 분명합니다.

달라진 암석의 표면

지금의 지구에서는 물이 바위의 틈도 조금씩 바꿉니다. 균열 사이로 스며든 물이 얼면서 부피가 늘어나 주변 암석에 압력이 가해지고, 이런 일이 여러 번 반복되면 처음에는 가느다랗던 금도 점점 넓어집니다. 지질학에서는 이런 과정을 동결-

해빙에 의한 기계적 풍화, 흔히 동결 풍화나 서릿발 쐐기 작용이라고 부릅니다. 추운 지역의 절벽이 잘게 갈라지고, 바위 아래에 각진 돌무더기가 쌓이는 것도 이런 반복과 깊게 연결되어 있습니다.

하지만 물이 얼 때 부피가 작아지는 세상이라면 이러한 풍화가 크게 작용하기는 어려울 겁니다. 바위틈에 스며든 물이 얼어도 지금처럼 균열을 바깥으로 밀어 벌리지 못하니, 추운 지방의 절벽 아래에 각진 돌조각이 많이 쌓이는 풍경도 지금과는 달라지게 됩니다. 겨울을 거치며 암석 표면이 잘게 갈라지고 부서지는 일도 훨씬 줄어들 것입니다. 그렇다고 산 자체가 사라지는 건 아닙니다. 산의 큰 형태는 여전히 판 구조 운동이 만들고, 강과 빙하와 바람도 계속 지형을 바꿉니다. 다만 추운 지역에서 암석의 틈이 넓어지고 바위 조각이 떨어져 나가는 방식은 지금보다 약해질 가능성이 큽니다.

이 변화는 일상에서도 드러납니다. 겨울철 도로의 작은 균열이 점점 벌어져 포트홀pot hole로 이어지는 일도 지금보다 드물 것입니다. 따라서 얼음이 물에 가라앉는 세계는 호수와 극지 바다에만 영향이 나타나는 것이 아니라 우리가 매일 지나는 도로와 산길의 표면까지, 생각보다 넓은 범위에서 다른 풍경을 만듭니다.

생명의 조건, 물

겨울철 호수에서 시작한 질문은 결국 물이라는 물질의 성질로 돌아옵니다. 표면이 얼어도 그 아래에 액체 상태의 물이 남을 수 있다는 사실은 긴 추위 속에서도 생명이 버틸 가능성을 남겨두었습니다.

우리는 생명이 가능한 행성의 조건을 말할 때 태양과의 거리, 대기, 자기장부터 떠올립니다. 그런데 물이 얼면 위에 뜬다는 성질도 그만큼 중요했을지 모릅니다. 만약 물도 다른 액체들처럼 얼면서 부피가 줄어들었다면, 지구의 겨울은 훨씬 더 가혹했을 것이고, 생명이 견딜 공간도 지금보다 좁았을 것입니다.

그래서 과학자들은 우주에서도 먼저 물을 찾습니다. 유로파 같은 얼음 위성이 중요한 이유도 같습니다. 얼음 아래에 액체 바다가 있다면, 그곳 역시 생명이 이어질 장소가 될 가능성이 있기 때문입니다.

지구는 액체 물이 있는 행성일 뿐 아니라, 얼음이 물 위에 남는 행성입니다. 그리고 어쩌면 생명은 바로 그 단순한 사실 위에서, 생각보다 훨씬 오래 버텨왔는지도 모릅니다.

알면 재미있지 않나요?

04

지구의
자전축이
누워버리면

4월의 서울은 언제나 부드럽습니다. 아침에 걸치고 나간 외투가 오후에는 손에 들려 있고, 퇴근 길 가로수 아래로는 벚꽃 잎이 흩날립니다. 며칠 전까지만 해도 차갑게 느껴지던 바람이 어느 순간부터 포근해지고, 그늘 아래 앉아 있어도 한기가 없습니다. 대부분의 사람들은 이 변화를 그저 계절이 바뀌는 것이라고 생각하며 지나칩니다. 봄은 늘 이렇게 왔고, 앞으로도 이렇게 올 것이라고 믿으면서요.

4월 중순, 해가 가장 높이 뜨는 정오 무렵 서울의 태양 고도는 약 65도입니다. 낮의 길이는 약 13시간 20분으로, 겨울의 가장 짧은 날보다 3시간 가까이 깁니다. '날이 풀렸다'는 단순한 느낌 뒤에는, 태양이 더 높이 뜨고 더 오래 머문다는 꽤 정확한 조건이 있습니다. 우리가 봄이라고 부르는 계절도 사실은 그렇게 만들어집니다.

그 조건을 형성하는 것이 바로 지구의 자전축입니다. 지구는 자전축이 약 23.4도 기울어진 채 태양 주위를 돌고 있습니다. 계절이 생기는 이유는 지구가 태양에 가까워졌다 멀어졌다 해서가 아닙니다. 오히려 지구는 1월에 태양과 가장 가깝고, 7월에 가장 멉니다. 계절의 진짜 원인은 자전축이 기울어진 채 공전하기 때문에, 같은 장소라도 계절마다 태양 고도와 낮의 길이가 달라진다는 데 있습니다. 서울의 4월 벚꽃도, 8월 폭염도, 12월 칼바람도 결국은 이 23.4도가 만들어낸 결과입니다.

그렇다면 지구의 자전축이 지금처럼 23.4도가 아니라, 아예 90도로 누워버리면 어떻게 될까요?

벚꽃이 조금 더 일찍 피는 문제가 아닙니다. 여름이 조금 더 더워지는 이야기도 아니고요. 자전축이 옆으로 완전히 누워버리면, 계절은 사라지지 않습니다. 오히려 계절의 차이가 훨씬 커집니다. 너무 강해진 나머지, 익숙한 봄, 여름, 가을, 겨울의 리듬 자체가 무너집니다. 지구의 대륙도, 바다도, 공전궤도도 우리가 아는 지금과 같다고 가정하고, 딱 하나만 바꿔보지요. 지구의 자전축만 90도로 눕히겠습니다.

23.4도라는 기적

서울의 여름 정오, 태양은 하늘 76.5도 지점에 떠 있습니다. 머리 위 천정에 가깝습니다. 반대로 12월 동짓날 같은 시각, 태양 고도는 29.5도까지 내려옵니다. 하늘 아래쪽에 걸려 있는 수준이지요. 여름과 겨울 사이, 태양의 높이 차가 47도나 됩니다.

바로 이 차이가 계절을 만듭니다. 태양 고도가 높을수록 같은 면적의 땅에 더 많은 에너지가 집중되기 때문입니다. 손전등을 바닥에 수직으로 비출 때와 비스듬하게 비출 때를 비교하면 쉽게 이해할 수 있지요. 수직으로 비추면 빛이 좁은 면적에 모이지만, 비스듬하게 비추면 같은 빛이 넓게 퍼집니다.

여름에 태양이 높이 뜨면 에너지가 좁은 면적에 집중되고, 겨울에 낮게 뜨면 같은 에너지가 훨씬 넓은 면적으로 흩어집니다. 이것만으로도 온도 차이가 생기는데, 여기에 낮의 길이 차이까지 더해집니다. 서울의 하짓날 낮은 14시간 35분이고, 동짓날 낮은 9시간 34분입니다. 에너지가 더 강하게 유입되는 동시에 더 오래 들어오니, 여름과 겨울의 온도 차이는 그만큼 더 벌어집니다. 서울의 8월 평균 최고기온은 약 섭씨 31도, 1월 평균 최저기온은 약 영하 6도입니다. 이 큰 차이의 출발점은 결국 23.4도의 자전축 기울기입니다.

자전축 기울기가 클수록 이 대비는 강해집니다. 반대로 기울기가 0도에 가까워지면 태양은 늘 비슷한 높이에 머물고 계절은 점점 희미해집니다. 목성의 자전축 기울기는 약 3도입니다. 목성은 기체로 이루어진 행성이라 지구와 단순 비교는 어렵지만, 자전축 기울기만 놓고 보면 계절 변화가 거의 없는 행성에 가깝습니다.

반대편 극단에는 천왕성이 있습니다. 자전축 기울기가 98도로, 말 그대로 옆으로 굴러다니듯 태양을 돌고 있습니다. 천왕성에서는 한 계절이 약 21년입니다. 극지방은 오랜 백야와 오랜 극야를 번갈아 겪습니다. 계절이 없는 것도 아니고, 계절의 변화가 작은 것도 아닙니다. 계절이 너무 길고 극단적인 행성입니다.

지구의 자전축 기울기인 23.4도는 이 두 극단 사이 어딘가에 있습니다. 그런데 그 23.4도를 90도로 바꿔 지구가 받는 햇빛의 양과 방향을 계산하면 우리의 현실과는 전혀 다른 장면을 마주하게 됩니다.

폭주하는 북극의 계절

90도로 누운 지구에서 가장 먼저 달라지는 곳은 극지방입니다. 자전축이 90도로 눕는다는 건, 북반구의 여름에 북극점이 태양을 정면으로 향한다는 뜻입니다. 그 결과 북극점에서는 춘분 무렵 태양이 지평선 위로 간신히 모습을 드러냅니다. 그리고 하루하루 태양이 어제보다 조금 더 높은 위치에 놓이면서, 그 상태가 석 달 동안 계속됩니다. 마치 엘리베이터가 천천히 올라가듯, 태양의 고도가 매일 조금씩 하늘 위로 올라가는 겁니다.

하지에 이르면 태양은 북극점의 천정에 도달합니다. 머리 위 정확히 90도, 지구상에서 태양이 가장 높이 뜨는 순간입니다. 이후에는 반대로 날마다 조금씩 낮아지다가, 추분 무렵 다시 지평선으로 사라집니다. 같은 시기 남극에서는 정반대의 일이 벌어집니다. 북극에서 태양이 하지를 향해 날마다 높아지는 동안, 남극에서는 그 반대로 태양이 지평선 아래로 점점 더 사라져가지요. 북반구의 겨울이 되면 역할이 뒤바뀝니다. 이번에는 남극이 태양을 정면으로 향하고, 북극이 어둠 속에 놓입니다.

하지 당일 북극점에서는 하루 종일 그림자가 생기지 않습니다. 태양이 머리 위 천정에 걸린 채 꼼짝도 하지 않기 때문입니다. 자전축 자체가 태양을 향하고 있어서, 지구가 자전해도 태양은 계속 머리 위에 머뭅니다. 시곗바늘은 돌아가고, 하루가 지나가지만, 하늘을 올려다보면 태양은 여전히 같은 높이에 있습니다. 노르웨이나 핀란드 같은 고위도지방에서 볼 수 있었던 여름의 백야, 태양이 지평선 근처를 빙빙 맴도는 장면과는 차원이 다릅니다. 그보다 훨씬 더 이상한 하늘이 되는 것이지요.

여기서 반전이 하나 있습니다. 태양이 높이 뜨는 것과, 하루 동안 받는 에너지의 총량은 다른 문제입니다. 태양이 낮게 떠 있어도 지지 않고 하루 종일 비춘다면, 잠깐 강하게 내리쬐는 것보다 오히려 더 많은 에너지가 쌓일 수 있습니다. 약한 난로라도 오래 켜두면 결국 방이 더워지는 것과 비슷하다고 할 수 있지요. 실제로 지금의 지구에서도 여름철 고위도는 햇빛이 아주 강하지 않아도 워낙 오래 비추기 때문에 하루 전체로 따지면 적도보다 더 많은 에너지를 받을 수 있습니다. 자전축이 90도인 지구에서는 이 현상이 훨씬 극단적으로 나타납니다. 북극점은 여름 동안 하루에 받는 태양에너지의 양이 극단적으로 커지는 곳이 되는 것이지요.

그렇다고 '극지방이 곧바로 열대보다 더 뜨거워진다'고 단순하게 말할 수는 없습니다. 여름에 많은 에너지가 들어와도, 처음에는 눈과 얼음이 햇빛의 상당 부분을 반사합니다. 갓 내린 눈이나 밝은 얼음 표면은 쏟아지는 햇빛의 80퍼센트 이상을 되돌려 보내기도 하지요. 거기에 얼음을 녹이는 데도 큰 에너지가 소모되기 때문에, 봄과 초여름에는 기온 상승이 바로 나타나지 않을 수 있습니다.

하지만 여름이 깊어지며 얼음이 줄고 맨 바다나 맨땅이 드러나면 이야기가 달라집니다. 검은 아스팔트가 흰 종이보다 훨씬 빨리 뜨거워지듯, 더 어두운 표면은 햇빛을 훨씬 잘 흡수합니다. 알베도가 낮아질수록 기온은 더 빠르게 오르고, 기온이 오를수록 얼음은 더 빨리 녹습니다. 이 악순환이 극지방의 여름을 우리가 상상하는 것보다 훨씬 극단적으로 만들 수 있습니다.

가장 긴 밤의 시작

북극의 여름은 그렇게 끝납니다.

추분 무렵 북극점의 지평선 아래로 태양이 사라지고 나면, 같은 자리에 반년 가까운 어둠이 찾아옵니다. 이번에는 남극점이 태양을 정면으로 향하고, 북극은 태양에서 가장 멀어진 방향에 놓입니다. 방금 전까지 지구상에서 가장 많은 햇빛을 받던 곳이, 이제는 햇빛에서 가장 멀어진 곳이 됩니다. 여름과 겨울이 같은 장소에서 번갈아 일어나는데, 그 낙차가 지구상 어느 곳보다 큽니다.

문제는 이 낙차의 폭이 매우 크다는 데서 시작됩니다. 지금의 지구에서도 북극은 겨울에 긴 극야를 겪습니다. 다만 현재는 자전축이 23.4도 기울어 있어서, 한겨울 북극점의 태양은 지평선 아래 약 23.4도 깊이에 놓입니다. 지평선 너머에 있긴

해도 아주 멀지는 않습니다. 그런데 자전축이 90도로 누운 지구에서는 다릅니다. 동짓날 북극점은 태양과 완전히 등진 방향에 놓입니다. 지평선 아래 23.4도가 아니라, 90도 깊이입니다. 하지에 머리 위 천정까지 올라왔던 태양이, 동지에는 발밑 가장 깊은 곳으로 사라집니다. 여름의 진폭이 클수록 겨울의 진폭도 그만큼 커지고, 두 극단 사이를 오가는 진동이 지구 전체를 흔듭니다.

바다와 대기는 이 충격을 어느 정도 완화시키는 역할을 합니다. 물은 비열이 커서, 같은 양의 열을 받아도 흙이나 암석보다 훨씬 천천히 데워지고 천천히 식습니다. 해안가 도시가 같은 위도의 내륙 도시보다 여름에 덜 덥고 겨울에 덜 추운 이유가 바로 이 때문이지요. 자전축이 90도인 지구에서도 바다는 여름에 쌓은 열을 겨울 초반까지 조금씩 내놓으며 버팁니다. 뜨거운 냄비가 불을 끈 뒤에도 한동안 온기를 유지하는 것처럼 말입니다. 하지만 반년이라는 긴 어둠 앞에서는 한계가 있습니다. 결국 냄비도 식듯, 바다도 식고 대기도 식습니다.

빙상은 더 느리게 반응합니다. 그린란드와 남극의 빙하는 두께가 수천 미터에 달하고, 고도도 높습니다. 여름 한철의 가열로 한꺼번에 녹지는 않습니다. 하지만 매년 여름이 올 때마다 표면이 조금씩 녹고, 겨울에 다시 얼어붙는 양이 녹은 양보다 적다면 수십 년, 수백 년에 걸쳐 빙상은 조금씩 줄어듭니다.

빙상이 줄면 햇빛을 반사하던 흰 면적도 함께 줄어듭니다. 미국 해양대기청NOAA에 따르면 갓 내린 눈과 눈 덮인 해빙은 햇빛의 80퍼센트 이상을 반사합니다. 그 흰 면적이 줄어든다는 것은, 이전에는 우주로 되돌아가던 에너지가 이제 지표에 흡수된다는 뜻입니다. 더 많은 에너지가 흡수되면 빙상은 더 빠르게 녹고, 빙상이 더 녹으면 또 더 많은 에너지가 흡수됩니다. 이런 식으로 변화가 다시 변화를 키우는 구조를 되먹임 효과라고 합니다. 브레이크 없이 경사를 구르기 시작한 공처럼, 한번 시작된 변화는 스스로 속도를 높입니다.

그리고 이 변화는 극지방만의 이야기가 아닙니다. 극지방과 중위도 사이의 온도 차가 크게 바뀌면, 대기 순환 전체가 교란됩니다. 그 영향이 가장 직접적으로 나타나는 것이 제트기류입니다. 제트기류는 북극의 찬 공기와 중위도의 따뜻한 공기 사이 경계를 따라 흐르는 강한 바람입니다. 이 경계가 약해져 제트기류가 요동치면, 북극의 찬 공기가 평소보다 훨씬 남쪽까지 밀려 내려옵니다. 지금도 겨울철 한반도를 강타하는 한파는 단순히 북극이 차가워져서라기보다, 이 제트기류가 흔들리면서 찬 공기가 쏟아져 내려오는 현상과 더 직접적으로 연결되는 것이지요. 자전축이 90도인 지구에서는 극지방의 겨울이 지금과 비교할 수 없을 만큼 혹독해지고, 그 찬 공기가 중위도를 향해 강하고 빈번하게 밀려올 가능성이 큽니다.

결국 문제는 단순히 뜨거운 여름과 추운 겨울이 아닙니다. 계절 사이의 온도 진폭이 너무 크고, 자전축이 90도인 지구에서는 극지방이 6개월 주기로 직사광선과 완전한 어둠을 번갈아 받기 때문에 그 변화가 빠르게 반복됩니다. 지구 시스템 전체가 적응할 틈도 없이 끊임없이 교란되는 것이지요.

무너진 낮과 밤
✦

극지방의 이야기를 듣고 나면 자연스럽게 이런 질문이 생깁니다. 그렇다면 우리가 사는 곳은 어떻게 될까요?

서울은 북위 37도입니다. 극지방도 아니고, 열대지방도 아닌 중위도지방입니다. 자전축이 90도로 눕는다면, 이 평범한 중위도 도시에는 어떤 일이 벌어질까요? 태양 고도를 계산하면 꽤 충격적인 결과가 나옵니다.

하지 무렵의 서울을 먼저 보겠습니다. 자전축이 90도 기울면 하지의 태양 적위 태양이 지구 적도면에서 얼마나 북쪽 또는 남쪽에 위치하는지를 나타내는 각도입니다. 현재 지구에서는 ±23.4도 사이를 오가지만, 자전축이 90도로 눕는다면 ±90도까지 변합니다는 +90도가 됩니다. 이때 서울에서의 태양 고도를 계산하면, 하루 종일 약 37도로 일정합니다. 태양이 동쪽에서 떠서 서쪽으로 지는 것이 아닙니다. 지평선 위 37도 정도 높이를 유지한 채 하늘을 한 바퀴 돌고, 끝내 지지 않습니다. 시계는 돌아가고 하루가 흘러가지만, 하늘을 올려다보면 태양은 늘 같은 높이에 걸려 있습니다. 지금 우리가 아는 백야와도 다릅니다. 노르웨이나 핀란드의 백야는 태양이 지평선 근처를 아슬아슬하게 맴도는 장면인데, 이건 그보다 훨씬 이상합니다. 24시간 내내 꽤 높이 떠 있는 태양이 지지 않고 낮이 지속되는 하늘이지요.

동지는 반대입니다. 이번에는 태양 적위가 -90도가 됩니다. 서울에서 하루 종일 태양이 지평선 아래에 머뭅니다. 24시간 극야를 경험하게 되는 것입니다. 해가 전혀 뜨지 않는 날이 두 달 반 정도 이어지고, 그 전후로도 아주 짧은 낮과 아주 긴 밤이 계속됩니다. 지금 서울의 겨울이 아무리 춥고 낮이 짧아도, 해가 아예 뜨지 않는 계절과는 차원이 다릅니다.

춘분과 추분 무렵에만 지금과 비슷한 12시간 낮과 12시간 밤이 돌아옵니다. 서울은 한 해의 상당 부분을 백야와 극야, 혹은 그에 가까운 긴 낮 또는 긴 밤 속에서 보내게 될 겁니다. 우리가 아는 봄과 가을은 그 두 번의 전환점 사이에 아주 짧게 끼어드는 정도가 되겠지요.

농사를 위한 달력은 의미를 잃게 됩니다. 작물은 단순히 평균기온만으로 자라는 것이 아니라서 낮의 길이, 누적 일사량, 밤 동안의 냉각이 모두 맞아야 재배가 가능합니다. 봄에 씨를 뿌리고 가을에 거두는 수천 년간의 이 리듬은, 자전축이 90도 누워버린 지구에서는 처음부터 다시 설계되어야 합니다.

그렇다면 적도 지방은 어떨까요? 적도에서는 대부분의 시기에 낮과 밤이 12시간 안팎으로 유지됩니다. 서울처럼 긴 기간의 백야나 극야가 찾아오지는 않지만, 하지와 동지 무렵에는 태양이 하루 종일 지평선에 걸리는 특이한 상태가 생깁니다. 춘분과 추분에는 태양이 머리 위 천정을 지나가지만 문제는 하지와 동지 무렵입니다.

하지에 북극이 태양을 정면으로 향하면, 적도에서 태양은 정오에도 지평선을 아슬아슬하게 스치는 높이에 머뭅니다. 지점至點 ✦ 태양이 적도에서 가장 멀리 떨어진 위치에 오는 순간. 북반구 기준으로 태양이 가장 높이 뜨는 하지(6월 21일경)와 가장 낮게 뜨는 동지(12월 21일경)가 이에 해당합니다에 가까워질수록 태양이 뜨지도 지지도 않고 하루 종일 지평선을 따라 낮게 기어가는 장면이 펼쳐집니다. 태양 고도가 거의 0도에 가까워지니, 같은 햇빛이 지표면에 닿는 면적은 지금과 비교할 수 없을 만큼 넓게 퍼집니다. 에너지밀도가 급격히 떨어지는 것이지요. 지금처럼 연중 비슷하게 유지되던 적도 부근의 복사 환경은 사라지고, 한 해에 두 번 강한 태양과 두 번 약한 태양이 교대하는 새로운 리듬이 생깁니다.

게다가 열대기후를 지탱하는 대기 순환도 흔들립니다. 지금의 지구에서는 적도에서 달아오른 공기가 상승하고, 아열대 쪽에서 하강하는 이 저위도 순환이 지구 전체의 바람과 강수 패턴의 큰 틀을 만들고 있습니다. 그런데 자전축이 90도로 눕고 극지방의 계절이 폭주하면, 위도별 에너지 분포가 계절마다 크게 요동칩니다. 대기와 해수 순환의 방향과 세기도 함께 흔들게 되는 것이지요. 지금 아시아와 아프리카 수십억 인구의 농업을 지탱하는 몬순도 이 대기와 해수 순환의 산물입니다. 극지방의 계절이 폭주하면, 그 영향은 결국 적도까지 미칠 수밖에 없게 됩니다.

결국 자전축 하나가 바뀌면, 극지방만의 문제가 아니라 중위도, 열대 지역 모두를 포함한 지구 전체의 기후 질서가 다시 짜이게 되는 것이지요.

절묘한 각도

자전축이 90도로 누운 지구를 따라가면, 결국 현 상황이 다르게 보이기 시작합니다.

지금의 23.4도는 어디서 왔을까요? 약 45억 년 전, 원시 지구는 테이아Theia라는 화성 크기의 천체와 충돌했을 가능성이 큽니다. 그 충돌로 떨어져 나간 물질이 모여 달이 되었고, 지금 같은 지구의 자전축 기울기를 만드는 데도 큰 역할을 했을 것으로 여겨집니다. 누군가 설계한 것이 아닌, 우연한 충돌 한 번이 지구의 자전축에 지금과 같은 각도를 남겼고, 그 결과 수십억 년 뒤 이 행성에 봄이라는 계절이 생겼습니다.

그리고 이 23.4도는 고정된 값이 아닙니다. 지구의 자전축은 지금 이 순간에도 아주 천천히 흔들리고 있습니다. 약 4만 년을 주기로 22.1도와 24.5도 사이를 오갑니다. 지금은 그 범위의 중간쯤 어딘가에 있습니다. 기울기가 커지면 계절의 대비가 강해지고, 작아지면 약해집니다. 이런 변화는 장기적인 기후 변화와 빙하기 리듬을 이해하는 중요한 요소이기도 합니다.

이제 다시 4월의 서울로 돌아와보지요. 가로수 아래로 벚꽃 잎이 날리고, 아침에 입고 나간 외투가 오후에는 짐이 됩니다. 우리는 이 장면을 당연하게 받아들이지만, 사실 이 봄은 꽤 많은 우연이 겹친 결과입니다. 아주 오래전의 충돌, 그 충돌이 남긴 23.4도, 그리고 지금 이 순간 기울기가 하필 이 값에 가깝다는 사실까지. 벚꽃은 그냥 피는 것이 아닙니다. 지구가 어쩌다 지금만큼만 기울어 있어서 우리가 보게 된 겁니다.

알면 재미있지 않나요?

중력이
10퍼센트
줄어든다면

아침 6시, 욕실 체중계에 올라섰다가 멈칫했습니다. 몸무게가 평소보다 7킬로그램쯤 적게 나왔습니다. 어제 저녁밥을 굶은 것도 아니고, 거울 속 몸은 그대로인데 숫자만 줄었습니다. 창밖으로 나뭇잎 한 장이 평소보다 조금 느리게 떨어집니다. 세면대 가장자리에서 떨어진 물방울이 바닥에 닿기까지 아주 조금 더 걸립니다. 손에 든 머그잔도 묘하게 가볍습니다.

체중계가 고장 난 걸까요? 아닙니다. 체중계는 정확합니다. 달라진 것은 중력입니다.

오늘 아침, 지구의 질량이 10퍼센트 줄었습니다. 전 세계 지질학자와 물리학자 들이 원인을 파악하는 중입니다. 왜 이런 일이 벌어졌는지는 아직 아무도 모릅니다. 다만 한 가지는 이미 확인되었습니다. 지구의 반지름은 그대로입니다. 달라진 건 질량뿐입니다. 반지름이 그대로라면 표면 중력은 질량에 비례하니 9.8 m/s^2이던 중력가속도는 이제 8.82 m/s^2입니다.

　70킬로그램이던 사람의 체중은 63킬로그램이 됩니다. 질량은 그대로입니다. 원자의 수도, 세포의 수도 달라지지 않았습니다. 지구가 그 사람을 당기는 힘이 10퍼센트 약해졌을 뿐이고, 체중계는 이 변화를 정확히 읽어낸 것이지요.

　아주 사소한 차이 같습니다. 10퍼센트는 작은 숫자처럼 보이고, 체중이 7킬로그램 줄어든 것은 다이어트 성공 정도로 들리기도 합니다. 하지만 지구가 생긴 이래 45억 년 동안, 지표면 중력이 이렇게 큰 폭으로 바뀐 적은 없었습니다. 대기도, 바다도, 하늘을 도는 위성들도 전부 9.8 m/s^2 위에서 균형을 잡고 있었습니다. 그런데 오늘 아침, 그 균형에 금이 가기 시작했습니다.

　체중계 숫자가 바뀐 것은 시작에 불과합니다.

중력이라는 기준선

중력은 자연에 존재하는 네 가지 기본 힘 중 가장 약한 힘입니다. 입자 세계에서 보면 거의 민망할 정도지요. 양성자 2개 사이에서 중력은 강한 핵력보다 대략 10^{38}배 약합니다. 1 뒤에 0이 38개 달린, 거의 상상이 안 되는 차이입니다. 냉장고에 붙은 자석 하나가 지구 전체의 중력을 이기고 철로 만들어진 클립을 들어 올리는 장면을 보면 중력이 얼마나 약한 힘인지 실감이 납니다. 손톱만 한 자석의 전자기력이 지구 전체의 중력을 이기는 것이지요.

그런데 이 약한 힘이 행성 단위 규모에서는 전혀 다르게 보입니다. 중력은 거리가 멀어져도 완전히 사라지지 않습니다. 질량이 있는 모든 것 사이에 빠짐없이 작용하지요. 대기의 모든 분자, 바다의 모든 물 분자, 하늘을 도는 위성, 그리고 달까지 전부 이 힘 하나로 묶여 있습니다. 지표면 중력 9.8 m/s²은 그 전체를 붙드는 기준선이었습니다.

10퍼센트라는 변화가 작게 느껴진다면, 다른 행성과 비교해보는 것이 가장 좋은 방법입니다. 달의 지표면 중력은 지구의 약 16퍼센트입니다. 달에 서면 몸무게가 6분의 1 수준으로 줄어드는 것이지요. 걸을 때마다 몸이 낮게 붕 뜨는 느낌이 납니다. 아폴로 우주인들이 달 표면에서 깡충깡충 뛰는 영상이 어딘가 어색하고 우스꽝스럽게 보이는 이유가 여기에 있습니다.

화성의 지표면 중력은 지구의 약 38퍼센트입니다. 달보다는 훨씬 강하지만, 지구와 비교하면 여전히 많이 약합니다. 지금 화성의 대기압은 지구의 1퍼센트도 되지 않습니다. 지구의 상황에선 화성의 대기는 거의 없다고 볼 수 있지요. 한때는 지금보다 더 두꺼운 대기와 액체 상태의 물을 가졌던 것으로 보이지만 중력은 지구보다 훨씬 약하고, 자기장을 잃으면서 대기를 오래 붙잡아두지 못했습니다. ✦ 화성 내부의 액체 핵이 예전보다 덜 활발해지면서 자기장을 잃기 시작했고, 그 이후 태양풍이 대기를 직접 깎아내면서 대기도 얇아졌습니다.

오늘 아침, 지구 표면의 중력은 $9.8 \text{ m}/s^2$에서 $8.82 \text{ m}/s^2$으로 줄었습니다. 달이나 화성처럼 낯선 저중력의 세계가 된 것은 아닙니다. 하지만 문제는 숫자의 크기보다 변화 그 자체입니다. 45억 년 동안 이렇게 큰 폭으로 달라진 적 없는 지표면 중력이 바뀌었고, 그 위에서 균형을 잡고 있던 것들이 지금부터 하나씩 반응을 시작합니다. 바로 대기, 바다, 궤도, 그리고 생물입니다.

달라진 몸의 감각

이 변화는 체중계보다 몸이 먼저 알아챕니다. 아침에 침대에서 일어날 때부터 평소와 감각이 다릅니다. 바닥을 딛는 발이 조금 가볍고, 의자에서 몸을 일으킬 때 허벅지에 들어가는 힘도 훨씬 적습니다. 평소에는 버겁던 무게의 가방이 예상보다 쉽게 들립니다. 그리고 체중계에 올라서니 그 묘한 느낌이 숫자로 딱 보입니다. 질량은 그대로지만 지구가 당기는 힘이 약해졌으니, 몸무게는 정확히 10퍼센트 줄어듭니다. 세포 하나 달라지지 않았고, 먹은 것도 달라지지 않았는데, 지구가 조금 덜 당길 뿐입니다. 다이어트에 평생 실패해온 사람도 오늘 아침만큼은 체중계 앞에서 잠깐 웃을 수 있었을지 모릅니다.

이 가벼워진 몸이 극적으로 드러나는 곳은 운동 경기입니다. 그중에서도 변화가 먼저 두드러지는 것은 도약 종목이지요. 높이뛰기, 멀리뛰기, 장대높이뛰기는 전부 공중으로 몸을 띄우는 운동입니다. 중력이 약해지면 같은 힘으로 뛰어도 더 오래 떠 있고, 더 높이, 더 멀리 갈 수 있게 되지요.

올림픽 높이뛰기 기록 2.45미터를 기준으로 단순 물리 계산만 해보면, 2.7미터 안팎까지도 가능해집니다. 멀리뛰기 기록 8.95미터도 이론적으로는 9.9미터 가까이 늘어날 수 있습니다. 물론 실제 기록은 자세와 기술 그리고 공기저항이나 착지 방식까지 함께 들어가니 계산대로 딱 맞아떨어지지는 않겠지요. 그래도 올림픽 세계 신기록이 하루아침에 다시 쓰일 가능성은 충분합니다. 이와 달리 단거리달리기는 그렇게 간단하지 않습니다. 추진력, 접지력, 공기저항이 복잡하게 얽혀 있어서, 중력이 10퍼센트 줄었다고 기록이 곧바로 같은 비율로 좋아지지는 않습니다.

일상에서도 차이는 분명합니다. 계단을 오를 때 다리가 덜 무겁습니다. 오래 서 있어도 발바닥이 덜 아프고, 무릎과 허리에 드는 부담도 조금 줄어듭니다. 무거운 짐을 들어 올리는 일도 전보다 훨씬 수월해지지요. 만성 관절염이나 허리 통증으로 고생하던 사람에게는 오히려 반가운 변화일 수도 있습니다. 적어도 오늘 하루만 놓고 보면, 중력이 10퍼센트 줄어든 세상은 생각보다 꽤 살 만해 보입니다.

하지만 몸은 갑작스러운 변화를 좋아하지 않습니다. 당장은 편해 보여도, 급격히 달라지면 결국 적응 문제가 생기지요. 인체는 원래 지구의 중력에 맞춰 오랫동안 적응해왔습니다. 뼈와 근육을 필요한 만큼만 유지하려는 쪽으로 움직여왔지요. 하중이 줄면 몸은 굳이 지금만큼 단단한 뼈와 많은 근육을 가지고 있을 필요가 없다고 판단하게 됩니다. 그에 맞춰 골밀도를 낮추고, 근육량도 조금씩 줄여나가게 되겠지요. 그렇다고 해서 당장 내일 아침 갑자기 우리가 약해지는 것은 아닙니다. 한 세대 안에 확연히 티가 날 만큼 급격한 변화가 생기지도 않을 것이고요. 하지만 수십 년, 수백 년이 쌓이면 이야기가 달라집니다. 인류 전체의 골격과 근육, 심혈관계는 조금씩 다른 방향으로 적응하기 시작할 겁니다. 9.8 m/s²에 맞춰진 몸이, 이제는 8.82 m/s²짜리 행성의 몸으로 천천히 바뀌게 될 겁니다.

위성 궤도의 재배치

인체가 새 중력에 적응하는 데는 긴 시간이 걸립니다. 하지만 하늘 위에서는 오늘 아침부터 곧바로 변화가 나타납니다.

지구 위 고도 약 3만 5,786킬로미터에는 정지궤도 위성들이 떠 있습니다. 기상위성, 방송위성, 통신위성입니다. 이 위성들은 사실 시속 약 1만 1,000킬로미터로 매우 빠르게 움직이고 있지만, 지구 자전주기와 정확히 맞아떨어지기 때문에 지상에서는 하늘의 같은 자리에 멈춰 있는 것처럼 보입니다. 이런 궤도를 정지궤도라고 부르는데, 마치 나란히 달리는 두 열차에서 창밖을 보면 옆 열차가 멈춰 있는 듯 보이는 것과 같은 원리입니다.

정지궤도의 높이는 지구 질량으로 결정됩니다. 위성이 지구를 한 바퀴 도는 데 걸리는 시간이 지구 자전주기인 23시간 56분과 일치하는 높이, 지구 중심에서 약 4만 2,164킬로미터 떨어진 그 높이입니다. 지구 질량이 바뀌면 이 균형 점도 따라 바뀝니다. 질량이 10퍼센트 줄면 새로운 정지궤도는 지구 중심에서 약 4만 700킬로미터, 고도로는 약 3만 4,300킬로미터로 낮아집니다. 기존 3만 5,786킬로미터에 자리 잡았던 위성들은 이제 더 이상 정지궤도에 머물지 못합니다. 수십 년 동안 하늘의 고정된 자리를 지키던 위성들이, 오늘 아침부터 제자리를 잃고 조금씩 밀려나기 시작합니다. 고도가 높을수록 궤도 속도는 느려지고, 새로운 정지궤도보다 높은 곳에 남겨진 위성들은 지구 자전보다 느리게 움직이게 되고, 지상에서 보면 하늘의 위성이 서쪽으로 조금씩 밀려나는 듯 보이는 것이지요.

GPS 위성은 더 낮은 고도 약 2만 200킬로미터에 있습니다. 정지궤도 위성처럼 하늘에 고정되어 있지는 않지만, 지구 질량을 기준으로 정밀하게 계산된 궤도를 돕니다. 질량이 바뀌면 GPS 위성들도 예측 궤도에서 조금씩 벗어나기 시작합니다. 스마트폰 지도가 조금 틀어지는 수준으로 끝나는 것이 아니라, 항공기 항법과 선박 운항에 오차가 생기고, GPS 신호에 의존하는 시스템 전반이 영향을 받습니다. 현대의 물류, 금융거래, 군사 시스템까지 GPS 정밀도 위에서 돌아간다는 것을 생각하면, 이 변화가 어디까지 영향을 미칠지 쉽게 예측하기 어렵습니다. 지구 질량이 바뀐 것을 가장 먼저 피부로 실감하는 이들은 지질학자나 천문학자가 아닌, 비행기 파일럿이나 항해사일지도 모릅니다.

달도 예외가 아닙니다. 달은 지구 질량이 만들어내는 중력에 붙잡혀 지금의 궤도를 유지하고 있습니다. 질량이 줄면 달을 붙잡는 힘도 약해지고, 달은 그 순간부터 지금보다 조금 더 먼 궤도로 서서히 밀려나기 시작합니다. 당장 달이 떨어지거나 사라지지는 않겠지만 달의 궤도가 바뀌면 조석의 크기와 패턴도 함께 달라집니다. 그러면 지금의 밀물과 썰물 시간에 맞추어 형성되어온 해안 도시의 생활 리듬과 항만 운영, 어업 활동도 조금씩 어긋나기 시작합니다. 그 변화는 오늘 아침부터 시작되는 것이지요.

두꺼워진 하늘과 불룩해진 적도

하늘에서는 위성들의 궤도가 바뀌고, 지표면에서는 공기부터 달라집니다. 대기는 그냥 떠 있지 않고, 지구 중력이 붙잡고 있는 것이지요. 공기 분자들은 열 때문에 위로 퍼지려 하고, 중력은 그것들을 아래로 끌어당깁니다. 지금 우리가 숨 쉬는 공기의 높이와 밀도는 이 둘의 균형이 만든 결과입니다. 그런데 중력이 10퍼센트 약해지면 공기를 아래로 붙잡는 힘이 약해집니다. 그러면 같은 양의 공기가 지금보다 더 높은 곳까지 퍼지고, 대기 전체는 조금 부풀어 오릅니다.

그 결과 땅에서 느끼는 기압은 낮아집니다. 해수면 기준 기압 ✦ 고도에 따라 기압이 달라지기 때문에, 서로 다른 장소를 비교할 때는 바닷물 높이와 같은 기준면까지 환산한 기압을 씁니다은 1,013헥토파스칼에서 910헥토파스칼 정도로 떨어집니다. 이는 지금 지구에서 해발 약 900미터 높이에 올라갔을 때 느끼는 공기압과 비슷합니다. 오늘 아침부터 서울 한복판의 공기가, 어제 기준으로는 대관령 꼭대기쯤 되는 셈이지요. 건강한 사람에게는 큰 변화가 아닐 수 있지만, 호흡기 질환이 있는 이들에게는 숨쉬기가 더 버겁게 느껴질 수 있습니다.

고산지대는 훨씬 직접적으로 영향을 받습니다. 지금도 해발 5,500미터 안팎은 대부분의 사람에게 보조 산소 없이 오래 머물기 매우 힘든 높이입니다. 그런데 기압이 10퍼센트 낮아지면 그 한계는 더 낮은 곳으로 내려옵니다. 평균 고도가 4,500미터 안팎인 티베트고원의 일상이 달라지고, 에베레스트 등반은 지금보다 훨씬 까다로워집니다. 항공기도 마찬가지입니다. 공기 밀도가 낮아지면 날개가 양력을 얻기 어려워져 같은 비행기라도 더 빨리 달려야 뜰 수 있고, 더 긴 활주로가 필요해집니다. 멕시코시티나 덴버처럼 원래 고도가 높은 곳에 있는 공항은 가장 먼저 부담이 커질 겁니다.

바다도 가만히 있지 않습니다. 지구는 완전한 구가 아니라 자전 때문에 적도 쪽이 조금 더 불룩합니다. 돌고 있는 물체는 바깥쪽으로 퍼지려는 경향이 있어서, 지구도 오랜 시간에 걸쳐 적도 부근이 조금 더 두꺼운 모양이 된 것이지요. 그런데 중력이 약해지면 이 균형도 달라집니다. 단단한 지각은 천천히 반응하겠지만, 액체인 바다는 먼저 움직이지요. 바닷물은 전체적으로 적도 쪽에 조금 더 모이는 방향으로 재배치될 겁니다. 정확한 크기는 쉽게 말할 수 없지만, 동남아시아의 삼각주 지역과 태평양의 낮은 섬들이 먼저 영향을 받을 가능성이 큽니다.

달의 궤도가 변하기 시작했으니, 밀물과 썰물의 높이도 지금과 조금 달라지고, 만조와 간조가 찾아오는 시각도 약간씩 밀리기 시작합니다. 바다가 바뀌면 그 위의 공기도 그대로 남아 있지 않습니다. 해수면 온도와 증발량, 바다와 육지 사이의 압력 차가 함께 변화하기 때문입니다. 그러면 바람의 방향이 바뀌고, 비가 집중되는 지역도 조금씩 달라질 수 있습니다. 계절풍과 몬순에 기대어 사는 지역은 그 변화를 더 민감하게 겪게 될 겁니다.

낮아진 탈출속도

바다가 재편되는 동안에, 더 조용하고 느린 변화가 대기 가장 위쪽 ✦ 지구 대기의 가장 바깥층. 공기가 극도로 드물고, 위쪽으로는 우주 공간과 점차 이어집니다에서 이어집니다.

지구를 완전히 벗어나려면, 위로 던진 물체가 다시 떨어지지 않을 만큼 빠르게 움직여야 합니다. 지금 그 기준이 되는 탈출속도는 초속 약 11.2킬로미터입니다. 그런데 지구 질량이 10퍼센트 줄면 중력이 약해지니, 이 기준도 함께 내려갑니다. 지구 탈출을 위해 필요한 속도는 초속 약 10.6킬로미터가 되지요. 숫자로 따지면 겨우 초속 0.6킬로미터 차이입니다. 별것 아닌 듯 보이지만 대기 맨 위에서는 바로 이런 작은 차이 때문에, 붙잡혀 남는 분자와 우주로 빠져나가는 분자가 나뉘기 시작합니다.

　　대기 가장 위쪽에서는 지금도 수소와 헬륨 같은 아주 가벼운 기체들이 조금씩 우주로 나가고 있습니다. 이 분자들은 태양에서 오는 에너지를 받아 더 빠르게 움직이고, 그중 일부는 지구가 붙잡아둘 수 있는 속도를 넘어버리지요. 그러면 다시 떨어지지 않고 그대로 우주로 빠져나갑니다.

　　물론 지구 대기가 하루아침에 텅 빌 거라는 뜻은 아닙니다. 지금도 이런 손실은 아주 천천히 일어나고 있고, 다른 과정으로 기체가 조금씩 보충되기 때문에 대기 전체가 눈에 띄게 줄어들지는 않습니다. 예를 들어 화산활동은 기체를 지구 내부에서 다시 대기로 내보내고, 탄소와 질소 같은 성분은 바다, 지표, 생물권을 거치는 순환을 통해 다시 대기로 돌아옵니다. 그런데 탈출속도가 조금만 낮아져도 상황은 달라집니다. 예전에는 지구 중력에 붙들려 있던 분자들 가운데 일부가 이제는 더 쉽게 지구 밖으로 빠져나갈 수 있게 되는 것이지요.

중력이 10퍼센트 줄어든다고 해도, 이런 변화는 인류가 체감하는 시간 척도에서는 너무 느립니다. 화성이 지금처럼 메마른 행성이 된 것은 단순히 중력이 약해서만은 아닙니다. 지구보다 훨씬 작은 질량, 지구의 약 38퍼센트에 불과한 중력, 그리고 행성 전체를 감싸는 자기장을 잃어 상층 대기가 태양풍에 직접 노출된 조건이 오랜 시간 겹친 결과입니다. 10퍼센트 가벼워진 지구는 여전히 화성과 꽤 다릅니다.

오늘 당장, 직접적인 문제가 되는 것은 따로 있습니다. 상층 대기 밀도가 바뀌면 저궤도 위성이 받는 공기저항도 달라지고, 그래서 위성이 얼마나 오래 버틸지부터 다시 계산해야 합니다. 우주 발사체도 마찬가지입니다. 얼마나 많은 연료가 필요한지, 대기권으로 다시 들어올 때 어떤 궤적을 그릴지 전부 새로 따져야 합니다. 결국 지구 질량이 바뀌었다는 것은 우주를 연구하는 사람들에게도, 우주로 무언가를 올리는 사람들에게도 익숙하던 계산이 더는 맞지 않는다는 뜻입니다.

9.8이라는 숫자

체중계 숫자 하나가 달라졌을 뿐입니다. 그런데 그 변화는 욕실 안에서 끝나지 않았습니다. 하늘에서는 정지위성이 조금씩 자리를 벗어나기 시작했고, 공기는 전보다 높은 곳까지 퍼졌습니다. 바다는 적도 쪽으로 아주 조금 더 모이고, 해안에서는 밀물과 썰물의 시간이 예전과 같지 않게 됩니다. 티베트고원의 공기는 희박해지고, 에베레스트는 어제보다 조금 더 버거운 산이 됩니다. 겉으로는 다 다른 변화처럼 보이지만, 원인은 하나입니다. 지구를 붙들고 있던 9.8 m/s²이라는 기준이 달라졌기 때문입니다.

지구의 중력이 왜 하필 지금 이 값이냐고 묻는다면, 답은 누가 정해놓았기 때문이 아니라는 겁니다. 아주 오래전 태양계가 만들어지던 시절, 지구는 수많은 충돌과 합쳐지는 과정을 거치며 점점 커졌습니다. 충돌이 조금 더 잦았다면 지구는 지금보다 컸을 것이고, 조금 더 적었다면 작았을 겁니다. 결국 9.8 m/s²이라는 숫자는 누군가 설계한 값이 아니라, 수억 번의 충돌과 합체가 우연히 만들어낸 결과입니다.

이 숫자에 맞춰 지구의 공기가 쌓였고, 바다가 지금의 모양을 갖췄고, 그 위에서 생명이 자랐습니다. 인간의 뼈와 근육, 심장이 피를 보내는 방식도 이 중력에 맞춰 자리 잡았습니다.

해안의 밀물과 썰물도, 하늘을 도는 위성의 궤도도 마찬가지입니다. 우리가 너무 당연하게 여겨서 잊고 있었을 뿐, 지금의 지구는 처음부터 끝까지 9.8 m/s²이라는 조건 위에 세워져 있었습니다. 오늘 아침 욕실 체중계에 찍힌 숫자는, 바로 그 익숙한 기준이 달라졌다는 가장 일상적인 신호였던 셈입니다.

중력은 네 가지 기본 힘 가운데 가장 약한 힘입니다. 그런데 바로 그 약한 힘이 공기를 붙잡아두고, 바다의 모양을 만들고, 위성이 하늘의 같은 자리에 머물게 했습니다. 너무 당연해서 잘 느끼지 못했을 뿐, 우리가 사는 지구의 모습은 처음부터 끝까지 이 값에 맞춰져 있었던 것이지요.

알면 재미있지 않나요?

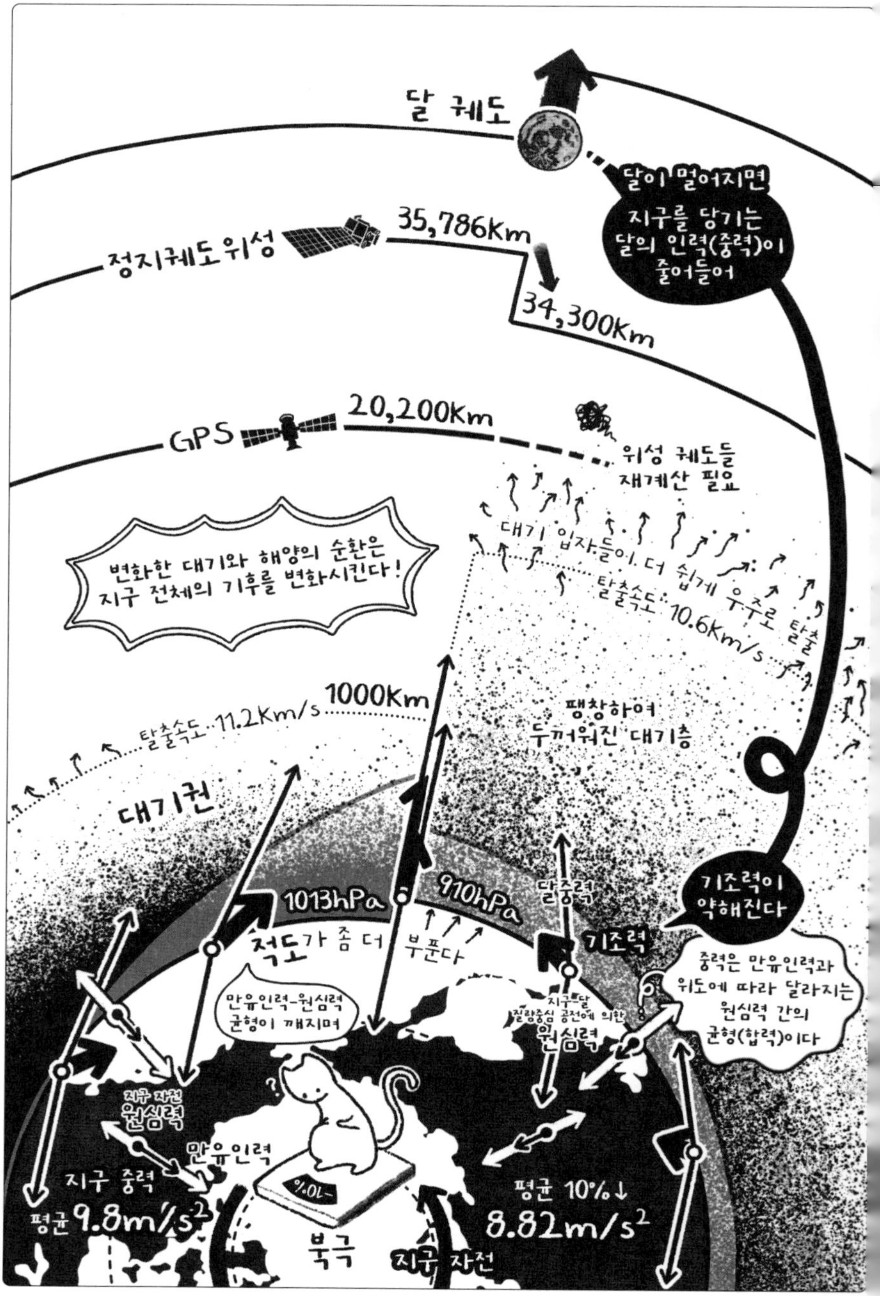
달 궤도
달이 멀어지면
지구를 당기는 달의 인력(중력)이 줄어들어
정지궤도위성
35,786Km
34,300Km
GPS
20,200Km
위성 궤도들 재계산 필요
대기 입자들이 더 쉽게 우주로 탈출
탈출속도 10.6Km/s
변화한 대기와 해양의 순환은 지구 전체의 기후를 변화시킨다!
탈출속도 11.2Km/s
1000Km
팽창하여 두꺼워진 대기층
대기권
1013hPa
910hPa
달중력
기조력이 약해진다
적도가 좀 더 부푼다
기조력
중력은 만유인력과 위도에 따라 달라지는 원심력 간의 균형(합력)이다
만유인력-원심력 균형이 깨지며
지구-달 질량중심 공전에 의한 원심력
지구 자전 원심력
만유인력
지구 중력
평균 9.8m/s²
평균 10%↓
8.82m/s²
북극
지구 자전

06

초강력
태양 폭풍이
일주일 지속되면

밤 11시, 수도권 도심 하늘이 초
록빛으로 물들기 시작합니다. 처음에는 아무도 믿지 않습니다.
SNS에 사진 한 장이 올라오고, 댓글은 전부 '합성이다'였습니
다. 그런데 사진이 연달아 올라옵니다. 한강 다리 위에서 찍은
것, 남산 전망대에서 찍은 것, 인천 바다 위에서 찍은 것. 초록
빛에 붉은 띠가 섞이며 천천히 흔들립니다. 사람들은 자다가
일어나 옥상으로 올라갑니다. 부산에서는 눈으로 보면 희미하
지만 사진에는 잡힌다는 글이 올라옵니다. 제주에서도 아주 옅
은 붉은빛이 장노출 사진에 찍혔다는 말이 퍼집니다. 한반도

전체가 같은 하늘을 올려다보는 밤입니다.

오로라는 보통 자기극 가까운 고위도 하늘에서 나타납니다. 서울의 지리적 위도는 북위 37도지요. 그런데 오로라는 지도에 그어진 위도선을 따라 생기는 현상이 아닙니다. 지구 자기장이 그려놓은 보이지 않는 띠를 따라 나타나지요. 그래서 서울 하늘에 오로라가 보인다는 말은, 그 띠가 평소보다 훨씬 남쪽까지 밀려 내려왔다는 뜻입니다.

오로라가 펼쳐진 서울의 밤하늘은 아름다웠지만, 보이지 않는 곳에서는 이미 문제가 시작되고 있었습니다. 일부 항공편은 평소와 다른 길로 돌아가고, 위치 정보를 쓰는 곳들에서는 오차가 커졌다는 말이 나오기 시작합니다. 무전을 주고받는 사람들도 평소보다 잡음이 심해졌음을 느낍니다. 밤하늘이 너무 눈부셔서, 보이지 않는 곳에서 무슨 일이 벌어지는지 알아챌 겨를이 없었기 때문입니다. 그날 밤 서울 하늘이 유난히 아름다웠던 것은, 태양에서 날아온 강력한 폭풍이 지구 자기장을 크게 흔들어 평소라면 북쪽 먼 하늘에 머물러 있어야 할 오로라를 서울까지 밀어 내렸기 때문입니다.

태양 폭풍의 연쇄 충격

태양 폭풍이라는 말은 하나의 사건처럼 들립니다. 하지만 강한 태양 폭풍에서는 보통 서로 다른 세 가지 현상이 시간차를 두고 차례로 지구에 도달합니다. 각각 도착하는 시간도, 영향을 주는 방식도 전혀 다릅니다.

첫 번째는 태양 표면의 자기장이 복잡하게 뒤엉키다 한순간에 풀리면서 막대한 에너지가 터져 나오는 태양 플레어입니다. 이때 X선과 자외선이 쏟아집니다. 태양에서 지구까지 약 1억 5,000만 킬로미터, 빛은 이 거리를 8분 만에 주파합니다.

플레어가 터지고 8분 뒤, 태양을 향하고 있는 지구의 낮 부분 전리층이 교란되기 시작합니다. 전리층은 지표에서 약 60킬로미터 위부터 1,000킬로미터 높이까지 퍼져 있는 대기층입니다. 단파 통신은 이 층에 한 번 튕겼다가 다시 지상으로 내려오고, 또 한 번 튕기면서 지평선 너머 먼 곳까지 닿습니다. 태양 플레어가 이 층을 흔들어놓으면 그 길이 갑자기 흐트러집니다. 신호가 약해지거나 아예 먹통이 되는 것이지요. 그래서 지구의 낮인 지역에서는 항공기와 선박이 쓰는 HF_{High Frequency} 통신, 군통신 일부가 가장 먼저 영향을 받습니다. 강한 플레어라면 이러한 라디오 블랙아웃이 몇 시간씩 이어질 수도 있습니다.

두 번째는 고에너지입자입니다. 태양에서 큰 폭발이 일어나면 양성자를 비롯한 입자들이 엄청난 속도로 가속되어 우주 공간으로 튀어나옵니다. 빛보다는 느리지만, 빠르면 30분 안팎에 지구 근처까지 도달합니다. 이때 가장 먼저 부담을 받는 곳은 극지방 상공을 지나는 항공로와 지구궤도의 위성들입니다. 2024년 5월, 20년 만에 강한 지자기 폭풍이 왔을 때 일부 항공사는 북극 항로를 운항하던 편들을 더 남쪽으로 돌렸습니다. 방사선 노출과 통신 두절 위험 때문이었습니다.

세 번째이자 가장 큰 파도는 코로나 질량 방출, CME**Coronal mass ejection**입니다. 태양이 자기장과 함께 거대한 플라스마 덩어리를 우주에 통째로 날려 보내는 현상이지요. 양은 수십억 톤에 이릅니다. 지구까지 오는 데 보통 하루에서 사흘이 걸리고, 이 플라스마 구름이 지구 자기장과 정면으로 부딪히는 순간, 진짜 지자기 폭풍이 시작됩니다. 플레어의 세기는 A, B, C, M, X 순서로 강해지며 한 단계마다 10배씩 커집니다. 1859년 캐링턴 사건**the Carrington Event**의 플레어는 X35에서 X45였을 것으로 추정됩니다. 전신선에 이상 전류가 흐르고, 전원을 끊은 뒤에도 전신기에서 스파크가 튀었을 정도입니다. 당시 장거리 전기통신의 핵심 인프라는 전신이었습니다. 그러나 지금은 다릅니다.

지자기 폭풍의 시작

자기장은 평소에도 태양풍을 끊임없이 맞고 있습니다. 태양은 늘 하전 입자를 사방으로 흘려보내고, 지구 자기장은 그 대부분을 지구 바깥으로 밀어냅니다. 지구 자기장은 태양풍의 직접적인 타격을 줄여온 방패라고 할 수 있지요. 자기장을 일찍 잃은 화성의 대기가 지금 매우 희박한 것도 이런 차이를 보여주는 한 장면입니다.

하지만 CME처럼 거대한 플라스마 구름이 정면으로 밀려오면 이야기가 달라집니다. 실제로 2026년 1월에 태양에서 날아온 CME가 약 25시간 만에 지구에 도달했고, 미국 해양대기청이 강한 지자기 폭풍이라 발표할 정도의 사건으로 이어졌습니다. 그만큼 큰 충돌이 시작되면, 지구를 감싸고 있던 자기권이 급격히 압축되면서, 마치 거대한 종이 울리듯 지구 전체의 자기장이 요동치기 시작합니다.

우주에 떠 있는 위성들은 이 충돌의 영향을 서로 다른 방식으로 받습니다. 정지궤도나 중궤도처럼 높은 곳에 있는 위성은 강해진 방사선 환경에 직접 노출됩니다. 그러면 태양전지판 효율이 떨어지고, 전자장치 오류가 늘고, 자세를 잡는 데 쓰는 별 추적 장치도 오작동할 수 있습니다.

이와 달리 저궤도 위성에서 벌어질 일은 이렇습니다. 태양 폭풍이 상층 대기를 달궈놓으면, 높은 곳의 공기가 바깥으로 부풀어 오르듯 퍼집니다. 그러면 원래보다 훨씬 높은 고도까지 대기가 조금 더 빽빽해집니다. 물론 지상과 비교하면 여전히 아주 희박한 공기지만 초속 수 킬로미터로 날아가는 저궤도 위성은 그 작은 변화에도 크게 영향을 받습니다. 평소보다 더 강한 공기저항 때문에 속도가 조금씩 줄고, 궤도도 서서히 낮아지는 것이지요. 그래서 궤도를 운영하는 사람들은 위성의 궤도가 낮아지지 않도록 궤도를 다시 올리는 작업을 더 자주 해야 합니다. 높은 궤도에서는 방사선이 문제고, 낮은 궤도에서는 공기저항이 문제가 되기 때문입니다.

문제는 우주에서만 끝나지 않습니다. 지표 자기장이 빠르게 바뀌면, 땅 위와 땅속에 길게 깔린 전선들도 변화에 반응하기 시작합니다. 송전선이나 해저케이블처럼 길게 뻗은 금속 줄은 뜻밖의 전류를 끌어안게 되지요. 원래 흘러야 할 전기가 아닌데, 갑자기 바깥에서 밀려든 전류가 선로를 타고 들어오는 겁니다. 이를 지자기 유도전류라고 하는데, 처음에는 눈에 잘 띄지 않습니다. 전등이 바로 꺼지는 것도 아니고, 도시 전체가 당장 멈추는 것도 아닙니다. 하지만 폭풍이 더 강해지고 오래 이어지면, 이 보이지 않는 전류가 전력망 곳곳에 부담을 주기 시작합니다. 서울 하늘을 물들인 오로라가 아름다운 빛이었다면, 지금 땅속에서는 그와 전혀 다른 문제가 조용히 시작되고 있는 것이지요.

위치와 시간의 교란

사람들은 GPS를 길 찾기 애플리케이션 정도로 생각합니다. 그런데 실제로는 현대 문명이 돌아가는 여러 중요한 순간마다 GPS 신호가 쓰이고 있습니다. 지자기 폭풍이 강해지면 전리층이 심하게 요동치고, GPS 위성이 보낸 신호는 그 층을 지나오는 동안 조금씩 어긋나기 시작합니다. 그러면 위치 오차가 커지고, 심한 경우 수신기가 신호를 놓치기도 합니다.

미국 해양대기청 자료에 따르면 가장 강한 단계의 지자기 폭풍에서는 위성항법 성능이 며칠 동안 저하될 수 있다고 합니다. 이는 단순히 길 찾기가 조금 불편해지는 정도가 아니라, 평소 우리가 당연하게 쓰던 정확한 위치와 시각 정보가 갑자기 믿기 어려워진다는 뜻입니다.

이게 왜 큰일이냐 하면, GPS는 지도 애플리케이션보다 시계에 더 가깝기 때문입니다. 사실 우리가 사용하는 모든 금융 데이터에는 타임스탬프라는 정확한 시각 정보가 필요합니다. 전 세계 금융 서버들이 GPS가 보내주는 나노초 단위의 기준 시각에 맞춰 자신의 시계를 정렬하기 때문이지요. 만약 지자기 폭풍으로 이 시계가 아주 미세하게 틀어진다면, 누가 먼저 주식을 샀는지, 어느 계좌에서 먼저 돈이 나갔는지에 대한 기록이 엉키게 됩니다. 보이지 않는 우주의 폭풍이 지상의 자본 흐름을 일순간에 마비시킬 수 있는 이유입니다.

금융만이 문제가 아닙니다. 통신망의 기준 시각, 전력망 일부의 운영, 항공과 선박의 항법, 물류 추적, 정밀 농업. 이것들이 전부 GPS가 보내는 정확한 위치와 시각에 기대고 있습니다. 2024년 5월 폭풍 때 미국 중서부에서는 GPS 유도 농기계가 경로를 벗어나거나 멈춰 서는 일이 실제로 보고되었습니다. 대형 사고로 회자되지는 않았지만 평범한 들판에서 늘 하던 일이, 어느 순간 평소처럼 돌아가지 않기 시작한 것이었지요.

역사적 사례도 있습니다. 2003년 10월, 태양은 사흘 동안 강력한 플레어를 연달아 터뜨렸습니다. 나중에 '핼러윈 폭풍'이라고 불리게 된 사건입니다. 그때도 GPS와 라디오 통신에 문제가 생겼고, 미국 연방항공국FAA의 GPS 정확도와 안정성을 높여주는 시스템도 큰 영향을 받았습니다. 수십 기의 위성이 운용에 차질을 겪었고, 일본의 지구관측위성 ADEOS-2는 끝내 임무를 이어가지 못했습니다. 하지만 그때의 세상은 지금과 다릅니다. 2003년에는 GPS가 지금처럼 촘촘하게 사회 구석구석에 들어와 있지 않았습니다. 같은 규모의 폭풍이 지금 다시 온다면, 피해는 그때보다 훨씬 광범위하게 생길 수밖에 없습니다.

하나씩 따로 보면 대처할 방법은 있습니다. 비행기는 오래된 항법 장비를 다시 꺼내 쓸 수 있고, 배는 속도를 줄인 채 나침반과 레이더를 보며 조심스럽게 움직일 수 있습니다. 물류도 자동화 대신 사람 손으로 버틸 수는 있겠지요. 문제는 이런 일이 여러 곳에서 동시에 벌어질 때입니다. 공항에서 조금 늦어지고, 항만에서 조금 밀리고, 통신망의 시간이 살짝 어긋나는 일이 동시에 겹치기 시작하면 상황이 달라집니다. 한쪽에서 생긴 지연이 다른 쪽의 지연으로 이어지고, 그것은 또 다른 곳의 문제를 불러옵니다. 평소에 단단해 보이던 사회도, 이렇게 연결된 고리 몇 개가 한꺼번에 어긋나기 시작하면 생각보다 빨리 삐걱거리기 시작합니다.

전력망의 취약한 고리

우주에서 시작된 문제는 생각보다 단순한 길을 따라 땅 위까지 내려옵니다. 지표의 자기장이 빠르게 변하면, 땅 위에 길게 이어진 송전선이나 해저케이블에도 앞서 설명한 지자기 유도전류 현상으로 뜻밖의 전류가 생깁니다. 문제는 이 전류가 전력망이 원래 감당하도록 만들어진 전기와 성질이 다르다는 데 있습니다. 송전망은 교류를 다루도록 설계되었는데, 지자기

유도전류는 천천히 변하는 직류에 더 가깝습니다. 그래서 변압기에는 설계에 없던 전기가 갑자기 들어오는 셈이 됩니다. 그러면 열이 나고, 보호 장치가 예상과 다르게 움직이고, 결국 전력망 전체가 영향을 받기 시작합니다.

이러한 상황이 과장이 아니라는 것은 1989년 3월 퀘벡 정전이 잘 보여줍니다. 강한 지자기 폭풍이 캐나다를 덮친 그날 새벽, 퀘벡의 전력망은 고작 92초 만에 멈췄습니다. 600만 명이 순식간에 정전을 겪었고, 9시간 넘게 이어졌습니다. 더 무서운 것은 이 폭풍이 우리가 지금 상상하는 최악의 시나리오보다 약한 편이었다는 점입니다. 92초라는 숫자가 놀라운 이유는, 정말 큰 태양 폭풍이 왔을 때 전력망은 우리가 대비할 틈 없이 아주 짧은 시간 안에 무너질 수 있다는 뜻이라서입니다.

더 무서운 일은 복구가 느리다는 점입니다. 변압기는 창고에 여분을 쌓아두었다가 바로 갈아 끼울 수 있는 부품이 아닙니다. 대형 송전용 변압기는 무게만 150톤에서 400톤에 이를 만큼 거대합니다. 만드는 데 오래 걸리고 옮기는 일 또한 쉽지 않지요. 2024년 미국 에너지부 보고서에 따르면 이러한 변압기의 조달 기간이 보통 36개월, 길면 60개월까지 걸릴 수 있다고 합니다. 따라서 전력망이 크게 망가졌을 때 문제는 단순히 전기를 언제 복구할 수 있느냐가 아니라, 그 긴 시간을 우리가 어떻게 견디느냐가 됩니다.

전기가 끊기면 문제는 바로 다른 곳으로 번집니다. 병원 수술실과 중환자실, 데이터 센터의 냉각 설비, 상수도 펌프, 냉장 물류 시설은 전기 없이는 1시간도 버티기 어렵습니다. 이런 곳들은 저마다 비상 발전기를 갖추고 있지만, 연료가 바닥나거나 장비가 과부하를 버티지 못하면 비상 체제도 한계에 부딪힙니다. 서울 하늘을 물들인 오로라가, 참담한 현실로 이어지는 것이지요.

연쇄 폭풍의 일주일

지금까지는 큰 태양 폭풍이 한 번 지구를 덮치는 상황을 따라왔습니다. 그런데 여기서부터는 이야기가 조금 달라집니다. 조건이 하루가 아니라 일주일이기 때문입니다.

그렇다고 한 번의 CME가 일주일 내내 지구를 계속 때린다는 뜻은 아닙니다. 더 현실적인 그림은 태양 표면의 활동이 강한 거대한 영역이 며칠 동안 같은 자리에 머물면서, 플레어와 CME를 연달아 뿜어내는 경우입니다. 앞서 언급한 2024년 5월 개넌 폭풍Gannon storm도 이런 식으로 강해진 사건이었습니다. 여러 CME가 거의 비슷한 시기에 지구에 도착하면서, 20여 년 만에 가장 강한 지자기 폭풍으로 이어졌지요.

문제는 '폭풍이 얼마나 강한가'만이 아닙니다. 그 사이에 회복할 틈이 없다는 것이 더 큽니다. 첫 번째 충격을 가까스로 넘긴 위성과 전력망, 통신망이 정상으로 돌아오기 전에, 다음 충격이 또 들어옵니다. 장비는 계속 부담을 견뎌야 하고, 운영 자들은 비상 대응을 풀지 못한 채 다시 다음 상황을 맞아야 합니다. 그러니 일주일은 단순히 하루를 일곱 번 반복하는 기간이 아니라 회복할 시간이 없이 버티던 힘이 다 빠져나가는 시간입니다.

정전이 한 번 되었다가 복구되는 것과, 복구를 시작하자마자 다시 문제가 생기는 것은 전혀 다릅니다. 위성은 계속 부담을 안고 돌아가야 하고, 전력망은 긴장 상태로 유지되어야 하지요. 통신과 물류는 한번 꼬이기 시작하면 뒤가 이어서 밀립니다. 이런 일들이 한꺼번에 발생하면 재난이 됩니다. 재난의 무서움은 '강도'에만 있지 않습니다. 얼마나 끈질기게 계속되며 우리에게 회복할 틈을 주지 않느냐가 진짜 위협이지요. 촘촘하게 엮인 현대 사회의 안전망은, 이러한 누적된 피로 앞에서 생각보다 훨씬 무력하게 무너져 내릴 수 있습니다.

하늘에 걸린 문명의 운명

서울 하늘에 오로라가 떴던 그 밤으로 다시 돌아가봅니다. 사람들은 환호했습니다. 평생 한 번도 못 볼 줄 알았던 빛이 도심 하늘에 펼쳐졌으니까요. 하지만 그 빛은 단순한 장관이 아니었습니다. 지구 자기장이 크게 요동치고 있다는 신호였지요. 그리고 그 여파가 위성과 항법과 전력망과 물류, 금융 시스템으로 차례로 번져가는 긴 연쇄 장애의 시작이기도 했습니다.

1859년 캐링턴 사건 때 피해는 주로 전신망에서 기록되었습니다. 그 시절 인류가 우주 공간의 영향을 직접 받던 기술은 지금보다 훨씬 적었습니다. 그러나 지금은 다릅니다. 수천 개의 위성, 전 세계를 잇는 전력망, 나노초 단위로 맞춰지는 금융 시스템, GPS 신호에 기댄 수많은 장치. 우리는 훨씬 정교한 문명을 만들었고, 그만큼 더 많은 것을 우주 환경에 의존하게 되었습니다.

그렇다고 비관적일 필요는 없습니다. 지금 이 순간에도 과학자들은 태양을 지켜보고 있습니다. 플레어를 확인하고, CME의 방향을 추적하고, 태양풍의 변화를 실시간으로 살핍니다. 적어도 무엇이 올지 미리 볼 수 있다는 뜻이지요. 결국 중요한 것은 사건이 벌어진 이후입니다. 우리에게 주어진 하루에서 사흘의 시간을 얼마나 잘 쓰느냐, 바로 거기서 피해의 크기가 갈립니다. 하늘에 걸린 문명의 운명. 우리는 그 거대한 힘을 막을 수는 없지만, 지혜롭게 이겨낼 준비는 되어 있습니다.

알면 재미있지 않나요?

07

달이
사라진다면

보름달이 뜬 밤에는 그림자가 생깁니다. 달빛만으로도 발밑에 희미한 그림자가 드리울 만큼 밝지요. 보름달의 겉보기등급 ✦ **지구에서 관측할 때 천체가 얼마나 밝게 보이는지를 나타내는 값. 숫자가 작을수록, 음수일수록 더 밝습니다**은 약 −12.6입니다. 밤하늘에서 가장 밝은 별인 시리우스보다 수만 배 밝습니다. 그래서 관측을 하다 보면 달이 뜬 날과 뜨지 않은 날의 차이가 바로 느껴집니다. 달이 떠 있으면 하늘 배경이 밝아져 희미한 천체는 보기 어렵습니다. 전기 조명이 없던 시절에는 그 차이가 더 컸습니다. 달빛은 밤에 길을 나설 수 있게 해주는 거의 유일한 빛이었으니까요. 보름달이 뜬 날에는 바깥일을 할 수 있었고, 그믐 무렵이 되면 밤은 훨씬 더 깊고 조심스러워졌습니다. 달빛이 있는 밤과 없는 밤은, 생각보다 아주 다른 세계였습니다.

그 달이 어느 날 밤하늘에서 사라졌다고 가정해봅시다. 오늘은 분명 보름인데 하늘에 별만 떠 있습니다. 달이 있어야 할 자리는 텅 비어 있고, 그 자리를 메운 것은 빛이 아니라 어둠입니다. 도시에서는 처음엔 큰 차이를 못 느낄 수도 있습니다. 가로등이 있고, 스마트폰 화면이 있고, 편의점 간판도 있으니까요. 하지만 불빛 한 점 없는 들판이나 바닷가라면 이 어둠이 훨씬 크게 느껴질 겁니다. 팔을 뻗어도 자기 손이 잘 보이지 않을 만큼 밤이 어두워집니다.

그렇다면 달이 사라졌을 때 달라지는 것은 정말 그 정도가 전부일까요? 밤이 조금 더 어두워지는 것, 그게 끝일까요? 요즘은 어두우면 불을 켜면 됩니다. 보름이 언제인지 몰라도 달력 애플리케이션을 열면 바로 알 수 있지요. 그러니 현대인의 일상에서 달은 늘 배경처럼 느껴집니다. 그저 밤하늘에 매일 떠 있는 천체 하나처럼 보이기도 합니다. 없어져도 당장 큰일은 아닐 것 같다는 생각이 드는 것도 이상한 일은 아닙니다.

하지만 달이 지구에 남기는 영향은 밤하늘의 밝기뿐이 아닙니다. 달 때문에 바닷물의 높이가 달라지고, 수많은 생물의 번식과 활동 리듬에도 변화가 생깁니다. 더 긴 시간으로 시선을 옮기면, 지구의 자전축이 지금보다 크게 불안정해지지 않는데에도 달이 관여해왔습니다. 늘 같은 자리에 떠 있어서 잘 느끼지 못했을 뿐, 달은 바다와 계절, 기후의 긴 흐름 안에 깊이 들어와 있었습니다. 그래서 달이 사라진 밤의 어둠은, 사실 가장 작은 변화일지도 모릅니다.

약해진 밀물과 썰물

달이 사라진 다음 날 아침, 해안가에 나가 봐도 바닷물은 여전히 밀려오고 빠집니다. 조석이 완전히 없어진 것은 아닙니다. 하지만 분명히 달라진 점이 있습니다. 파도가 낮아진 게 아니라, 밀물과 썰물의 차이 자체가 줄어든 겁니다.

지구의 조석은 달과 태양이 함께 만듭니다. 태양은 달보다 훨씬 무겁지만, 멀리 있습니다. 반대로 달은 가볍지만 아주 가까이 있지요. 여기서 중요한 건 조석력이 질량만으로 정해지지 않는다는 점입니다. 질량보다 거리에 훨씬 더 민감하지요. 두 천체 사이의 거리가 2배로 멀어지면 조석력은 8배 줄어듭니다. 그래서 태양이 아무리 거대해도, 지구 바다를 움직이는 힘은 달보다 약합니다. 태양이 만드는 조석은 달 조석의 절반 정도에 그칩니다. 우리가 익숙하게 보는 조석의 큰 흐름은 결국 달이 만드는 셈입니다.

달이 사라지면 남는 것은 태양이 만드는 조석뿐입니다. 바다는 여전히 밀려오고 빠지겠지만, 지금보다 훨씬 약하고 단순한 방식으로 움직이게 됩니다. 지금의 바다에는 약 보름 주기의 리듬이 있습니다. 달과 태양이 일직선을 이루는 사리에는 밀물과 썰물의 차이가 커지고, 둘이 직각을 이루는 조금에는 그 차이가 작아집니다. 그런데 달이 없어지면 이 리듬도 함께 사라집니다. 바다는 전보다 훨씬 밋밋하고 단순한 패턴이 됩니다.

문제는 해안선입니다. 조간대Intertidal Zone는 밀물 때 잠기고 썰물 때 드러나는 공간입니다. 갯벌과 바위 해안, 염습지, 맹그로브숲이 모두 여기에 속하지요. 이런 곳은 바다와 육지가 번갈아 자리를 바꾸기 때문에 유지됩니다. 그런데 밀물과 썰물의 차이인 조차가 줄어들면 많은 해안에서 조간대의 폭도 줄어듭니다. 썰물 때 넓게 드러나던 갯벌의 일부는 더 오래 물에 잠기고, 바위틈과 얕은 웅덩이, 진흙 바닥을 오가며 살아가던 생물들의 생활 공간도 함께 줄어듭니다. 조간대는 해안에서 생산성이 높은 생태계 가운데 하나인데 달이 사라지면, 바로 그 자리가 먼저 달라지기 시작합니다.

이 변화는 사람이 만든 시설에도 그대로 이어집니다. 시화호 조력발전소는 설비용량 254메가와트 규모로, 바닷물 높이차를 이용해 전기를 만듭니다. 조차가 줄어든 바다에서는 이런 발전 방식도 지금과 같은 효율을 기대하기 어렵습니다. 조력발전은 결국 달이 만든 높이차를 에너지로 바꾸는 방식이기 때문입니다.

달이 사라졌다고 해서 바다가 완전히 멈추는 것은 아닙니다. 하지만 바다가 움직이는 방식은 분명 달라집니다. 해안선의 경계가 바뀌고, 그 경계에 기대어 살아가던 생태계가 영향을 받습니다. 달이 사라진 뒤의 변화는 이렇게 눈에 보이는 곳에서부터 시작됩니다.

생명의 시계

밀물과 썰물이 단순해지는 것은 눈에 보이는 변화입니다. 하지만 달이 사라지면 그보다 더 오래된 리듬도 함께 달라지기 시작합니다. 지구의 많은 생물이 오랜 시간 동안 달의 주기에 맞추어 몸의 시간을 조절해왔기 때문입니다.

가장 극적인 예가 산호의 대규모 산란입니다. 호주 그레이트 배리어 리프에서는 매년 봄, 보름달이 지난 뒤 며칠 안에 엄청난 수의 산호가 거의 동시에 알과 정자를 내보냅니다. 수백 종의 산호가 비슷한 시기에 번식하는, 지구에서 가장 큰 규모의 동시 번식 현상 가운데 하나입니다. 이 타이밍을 맞추는 신호는 하나가 아닙니다. 수온과 일조량, 조석, 달빛의 변화가 함께 작동합니다. 달이 사라지면 이 신호 체계도 달라질 수밖에 없습니다. 다른 단서로 어느 정도 보완할 수는 있겠지만, 오랜 시간 달의 주기에 맞춰진 번식 체계가 얼마나 그대로 유지될지는 알 수 없습니다.

바다거북도 달빛과 완전히 무관하지는 않습니다. 알에서 깨어난 새끼 거북은 가장 밝은 바다 쪽 지평선 방향으로 움직입니다. 자연 해변에서는 보통 별빛과 달빛이 비치는 수면이 가장 밝습니다. 새끼 거북이 달빛 하나만 보고 방향을 정하는 것은 아니지만, 달이 사라지면 그 밝기 환경 자체가 지금과는 달라집니다. 실제로 해변의 인공 불빛 때문에 새끼 거북이 바다가 아닌 다른 쪽으로 향하는 일은 이미 잘 알려져 있지요. 달이 사라진 밤도, 적어도 자연 해변에서 빛의 균형을 바꾸는 변화인 것은 분명합니다.

육지도 예외는 아닙니다. 많은 야행성 동물은 달빛의 밝기에 따라 활동 방식이 달라집니다. 어떤 동물은 밝은 밤을 피하고, 어떤 동물은 그 틈을 이용합니다. 포식자와 피식자가 언제 움직이고 언제 몸을 숨길지 판단하는, 그 미묘한 타이밍에도 달빛이 관여하고 있었던 셈입니다. 달이 사라지면 이 신호 하나가 빠지고, 그러면 먹고 먹히는 리듬도 지금과는 다른 방식으로 다시 짜일 가능성이 큽니다.

인간도 크게 다르지 않습니다. 우리는 오랫동안 달을 시계처럼 써왔습니다. 이슬람력과 유대력처럼 달의 주기를 바탕으로 만든 달력이 지금도 남아 있고, 음력도 여전히 쓰입니다. '월月'과 영어 'month'가 모두 달에서 나온 것도 우연은 아니겠지요. 인간 역시 오래전부터 달의 리듬 속에서 살아온 존재입니다.

지구를 잡아주는 손

달이 생물의 번식 리듬에 관여해왔다면, 그보다 훨씬 더 근본적인 방식으로 지구에 영향을 주는 부분도 있습니다. 바로 자전축입니다.

지구의 자전축은 공전 궤도면에 대해 약 23.4도 기울어 있습니다. 이 기울기 때문에 계절이 생깁니다. 북반구가 태양 쪽으로 기울어진 여름에는 햇빛이 더 높은 각도로 들어오고, 반대 방향으로 기울어진 겨울에는 더 낮은 각도로 들어옵니다. 같은 장소에서도 계절에 따라 낮의 길이와 햇빛의 세기가 달라지는 이유가 여기에 있지요. 만약 이 기울기가 없다면 적도와 극의 차이는 그대로 남겠지만, 한 지역이 1년 동안 겪는 계절 변화는 지금보다 훨씬 작아집니다. 우리가 익숙하게 아는 봄과 여름, 가을과 겨울의 차이도 크게 줄어듭니다.

이 기울기는 고정된 값이 아닙니다. 지구는 팽이처럼 자전하면서 천천히 세차운동을 하고, 기울기 자체도 약 4만 1,000년 주기로 22.1도에서 24.5도 사이를 오갑니다. 겨우 2도 남짓한 변화처럼 보이지만, 이 정도 차이만으로도 지구의 기후는 충분히 달라질 수 있습니다. 빙하기와 간빙기에 영향을 주는 밀란코비치 주기Milankovitch cycles의 한 축이 바로 이 자전축 변화입니다.

이 범위 안에서 자전축이 비교적 안정적으로 유지되는 데에도 달이 중요한 역할을 합니다. 달은 지구 적도 부근에 중력을 가해, 자전축이 지금보다 훨씬 큰 폭으로 달라지지 않도록 영향을 줍니다. 평소에는 그저 당연히 밤하늘에 떠 있는 천체로 여겨지지만, 아주 긴 시간으로 보면 달은 지구의 계절 변화에 직접 연결된 존재라고 할 수 있습니다.

달이 없다면 상황은 달라집니다. 1993년 프랑스 천문학자 자크 라스카르Jacques Laskar는 수치 시뮬레이션으로, 달이 없는 지구의 자전축이 어떻게 변할지를 계산했습니다. 결론은 예상대로, 지금보다 훨씬 큰 폭의 불규칙적인 변화가 가능하다는 것이었습니다. 초기 시뮬레이션에서는 자전축 기울기가 0도에 가까운 값부터 85도 안팎까지 달라질 수 있다는 결과가 나왔습니다. 이후에는 그보다 좁은 범위를 예측하는 모형들도 나왔지요.

정확히 어느 정도 범위까지 자전축이 변할 수 있는지는 모형과 시간 척도에 따라 조금씩 다릅니다. 예를 들어 수억 년 단위로 보면 수십 도 범위의 변화가 예측되고, 수십억 년 단위로 보면 0도에서 85도까지 훨씬 극단적인 범위로 벌어질 수 있다는 결과가 나옵니다.

바로 옆에서 이 변화를 보여주는 행성이 있습니다. 바로 화성입니다. 화성의 두 위성 포보스와 데이모스는 너무 작아서, 지구의 달처럼 자전축을 안정적으로 유지하게 하는 역할을 하지 못합니다. 화성의 자전축은 현재 약 25도지만, 아주 긴 시간으로 보면 10도에서 60도 안팎까지 달라질 수 있을 것으로 예상됩니다. 화성의 기후가 오랜 시간에 걸쳐 크게 바뀌었을 가능성을 이야기할 때, 바로 이 자전축 변화가 중요한 이유로 꼽히기도 합니다. 달이 없다면 지구도 지금처럼 비교적 좁은 범위 안에서 안정적으로 계절을 유지하기는 어려울 수 있습니다.

하지만 이 변화는 바로 드러나지 않습니다. 달이 사라진 다음 날도, 다음 해도 자전축은 지금과 거의 다르지 않을 겁니다. 이 차이는 수십만 년, 수백만 년의 시간이 쌓여야 비로소 드러납니다. 인간의 시간이 아니라 지질학적 시간의 이야기인 것입니다.

수백만 년 뒤의 지구

수백만 년이 지나도 달이 돌아오지 않는다면, 자전축 변화는 지구의 기후를 지금과는 전혀 다르게 바꿔놓을 겁니다. 문제는 단순히 더 더워지거나 추워지는 정도가 아니라 자전축이 어느 쪽으로, 또 얼마나 달라지느냐에 따라 지구가 계절을 겪는 방식 자체가 뒤바뀔 것이라는 점입니다. 크게 보면 시나리오는 두 가지입니다.

먼저 자전축 기울기가 지금보다 훨씬 작아지는 경우입니다. 기울기가 0도에 가까워지면 태양은 1년 내내 적도 근처를 중심으로 움직입니다. 적도와 극의 차이는 남아 있지만, 한 지역이 1년 동안 겪는 계절 변화는 지금보다 매우 약해집니다. 여기서 중요한 건 겨울보다 여름입니다. 고위도 지역은 여름에도 지금처럼 강한 햇빛을 받지 못합니다. 그러면 겨울에 쌓인 눈과 얼음이 여름이 와도 충분히 녹지 못해서 얼음이 남고, 다음 겨울에 눈이 더 쌓이고, 다시 다음 해에도 덜 녹는 식입니다. 그렇게 빙하는 점점 더 자라기 쉬운 조건을 갖게 됩니다.

이런 변화를 가장 쉽게 떠올릴 수 있는 비교가 마지막 빙하기입니다. 약 2만 년 전 마지막 빙하기 최성기에는 북아메리카의 거대한 빙상이 현재 미국 북부 깊숙한 곳까지 내려와 있었고, 유럽 북부의 넓은 지역도 얼음에 덮여 있었습니다. 해수면 역시 지금보다 현저히 낮았습니다. 당시 한반도는 거대한 빙상이 직접 덮은 지역은 아니었지만, 훨씬 춥고 건조했습니다.

얼음이 늘어나면 변화는 여기서 끝나지 않습니다. 얼음과 눈은 바다나 흙보다 햇빛을 더 많이 반사합니다. 그래서 빙하가 넓어질수록 지구는 더 많은 태양에너지를 우주로 돌려보내고, 그만큼 기온은 내려갑니다. 기온이 내려가면 얼음은 넓어지고, 반사는 강해집니다. 기후학에서는 이런 과정을 알베도 되먹임albedo feedback이라고 부릅니다. 처음에는 작은 차이였던 것이 시간이 지나면서 훨씬 큰 변화로 이어지는 과정이라고 볼 수 있습니다.

또 자전축 기울기가 지금보다 훨씬 커지는 경우도 생각해볼 수 있습니다. '4장 지구의 자전축이 누워버리면'에서 자세히 들여다본 것처럼 기울기가 60도를 넘어서면 극지방의 여름철에는 적도보다 더 강한 햇빛을 받을 수도 있습니다. 북반구의 여름에는 북극이 오랫동안 태양 쪽을 향하고, 반대로 겨울에는 아주 긴 어둠에 들어갑니다. 계절 차이가 너무 커져서 사계절이라는 말로는 설명하기 어려운 세계가 됩니다.

이 모습을 극단적으로 보여주는 행성이 천왕성입니다. 천왕성의 자전축은 약 98도 기울어 있어서 거의 누운 채 공전하고, 한 계절이 약 21년씩 이어집니다. 극지방은 몇 달짜리 낮과 밤이 아니라, 수십 년 규모의 긴 낮과 긴 밤을 겪습니다. 물론 지구가 천왕성처럼 된다는 뜻은 아닙니다. 다만 자전축이 크게 기울어지면 계절의 개념 자체가 얼마나 낯설어질 수 있는지는 분명하게 보여줍니다.

달이 사라진 직후 우리 눈앞에서 먼저 달라지는 것은 바다와 해안입니다. 하지만 더 긴 시간을 따라가보면, 영향은 결국 계절과 기후 전체로 이어집니다. 이 변화가 바로 내일 시작되는 것은 아닙니다. 다만 수십만 년, 수백만 년이라는 시간을 놓고 보면, 지구를 지금과는 다른 행성으로 바꿔버릴 변화입니다. 지금의 지구가 달과 함께 얼마나 섬세한 균형 위에 놓여 있는지는, 오히려 달이 없는 지구를 상상할 때 좀 더 선명하게 알게 됩니다.

달이 가진 무게

달이 갑자기 사라지는 일은 일어나지 않을 겁니다. 하지만 달이 지구에서 조금씩 멀어지고 있는 것은 사실입니다. 아폴로 우주인들이 달 표면에 놓고 온 반사경에 레이저를 쏘아 측정한 결과, 달은 해마다 약 3.8센티미터씩 지구에서 멀어지고 있습니다. 1년에 3.8센티미터는 거의 느낄 수 없는 변화이지만 수억 년이라는 시간과 함께 바라보면 이야기가 달라집니다. 달이 멀어질수록 조석 효과는 줄어들고, 지구 자전축을 유지하는 균형도 아주 천천히 약해집니다.

　　냉전 시기 미국에서는 달을 전혀 다른 방식으로 바라본 적도 있었습니다. 1958년 추진된 극비 연구 프로젝트 A119에서, 젊은 천문학자 칼 세이건은 달 표면에서 핵폭발을 일으키면 먼지 구름이 어떻게 퍼질지 계산했습니다. 이처럼 당시의 달은 과시와 경쟁의 무대이기도 했습니다. 하지만 훗날 《코스모스》를 쓰던 시기의 칼 세이건에게 달은 전혀 다른 의미의 천체였습니다. 인류가 우주를 이해하기 시작한 가장 가까운 창이었고, 동시에 지구가 얼마나 작고 드문 행성인지를 비추는 거울이었습니다. 달을 단순한 밤하늘의 장식으로 보기에는, 그 존재가 지구에 남긴 영향이 너무 큽니다.

　　달이 사라진 밤은 어둡습니다. 그 어둠은 가로등으로 채울수 있습니다. 하지만 달이 없는 바다는 지금보다 단순하게 변하고, 달의 주기에 맞춰 살아온 생물들의 리듬도 달라집니다. 그리고 훨씬 긴 시간이 지나면, 지구는 지금과는 다른 방식으로 계절을 겪게 될지도 모릅니다. 보름달이 뜬 밤, 달빛 아래 희미하게 드리워진 그림자 하나가 사실은 지구 생명의 모든 것과 이어져 있었던 셈입니다.

　　알면 재미있지 않나요?

하루가
48시간이라면

월요일 아침입니다. 알람은 이미 두 번이나 울렸고, 눈꺼풀은 아직 주말에 걸쳐 있습니다. 어제는 분명 쉬었는데 쉰 것 같지 않고, 해야 할 일은 벌써 밀려 있습니다. 메일은 쌓였고, 답장 못 한 메시지도 남아 있고, 운동은 또 내일로 미뤄질 분위기입니다. 이럴 때 누구나 한번쯤 비슷한 생각을 합니다.

하루가 너무 짧다. 하루가 48시간이면 얼마나 좋을까? 잠도 더 자고, 일도 더 하고, 쉬는 시간도 더 만들 수 있지 않을까?

처음에 이 상상은 꽤 단순하게 들립니다. 지금 하루에, 모자란 시간을 덧붙이면 될 것 같으니까요. 24시간으로 빠듯하던 하루가 48시간이 되면, 어제 못 한 일을 오늘 안에 다 끝낼 수 있을 것 같습니다. 밤늦게 자도 아침이 금방 오지 않을 것 같고, 출근 전에 운동할 시간도 생길 것 같고, 주말은 훨씬 넉넉하게 느껴질지 모릅니다. 시계의 숫자만 2배 늘어나면 삶도 조금 덜 급해질 것처럼 보입니다.

그런데 하루가 48시간이 된다는 것은 시간이 더 생긴다는 의미가 아닙니다. 지구가 지금보다 훨씬 천천히 돈다는 뜻입니다. 지금 지구는 약 24시간을 주기로 한 바퀴씩 돌고 있습니다. 그 속도가 절반이 되면 해가 뜨고 지는 속도가 달라지고, 낮과 밤이 길어지고, 바람이 도는 방식이 달라지고, 바다와 땅이 열을 주고받는 리듬도 바뀝니다. 우리가 바꾸고 싶은 것은 일정표였는데, 실제로 바뀌는 건 지구 자체인 셈이지요.

하루가 48시간이면 더 여유롭게 살 수 있을까요? 그런 지구에서 우리가 지금처럼 살 수는 있을까요? 그리고 우리가 당연하게 여기던 24시간은 그저 단순한 시간 단위였을 뿐일까요?

지구 형태의 변화

지구는 완전한 구가 아닙니다. 자전 때문에 적도 쪽이 조금 더 불룩한, 약간 납작한 타원체에 가깝습니다. 지금도 적도 반지름은 극반지름보다 약 21킬로미터 더 깁니다. 지구가 돌고 있기 때문에 생기는 차이지요. 자전이 빠를수록 적도 쪽이 더 부풀고, 느릴수록 그 차이는 줄어듭니다. 그러니 하루가 48시간이 된다는 말은 단순히 해가 늦게 뜨고 늦게 진다는 말이 아닙니다. 지구의 형태 자체가 지금과는 다른 모양을 향해 점점 변해간다는 뜻이기도 합니다.

왜 그럴까요? 지구가 돌면 적도 부근의 물질은 바깥쪽으로 조금 더 퍼지려는 경향을 가집니다. 지금의 바다와 땅은 그 조건 위에서 오랫동안 균형을 맞춰온 결과입니다. 그런데 자전이 느려지면 그 균형 점도 달라집니다. 물론 내일 아침 갑자기 지구의 지도나 모양이 바뀐다는 이야기는 아닙니다. 이런 변화는 아주 긴 지질학적 시간에 걸쳐 서서히 일어납니다. 바다도, 지구 내부도, 중력도 함께 새로운 평형 점을 찾아가야 하기 때문입니다. 한쪽이 먼저 바뀌고 다른 쪽이 따라오는 단순한 변화가 아니라, 전체가 조금씩 다시 맞춰지는 과정에 가깝다고 할 수 있지요.

적도 쪽으로 조금 더 퍼져 있던 바닷물이 천천히 자리를 다시 잡고, 해수면이 실제로 어느 높이에 있어야 하는지를 결정하는 기준선도 함께 변할 수 있습니다. 그러면 지금은 바다인 곳이 조금 얕아지고, 육지인 곳의 해안선이 약간씩 달라질 수 있습니다. 하루 길이가 바뀌었을 뿐인데, 해안선과 해수면의 변화라는 꽤 큰 문제가 생기기 시작했습니다.

우리는 하루가 길어지면 먼저 시계부터 떠올립니다. 더 잘 시간, 더 쉴 시간, 조금 덜 바쁜 하루. 그런데 실제로는 시계보다 지구의 지형이 먼저 영향을 받습니다. 시간을 조금 더 얻고 싶었을 뿐인데, 그 대가로 지구의 모양과 바다의 경계부터 다시 생각하게 되었습니다. 우리가 바꾸려던 것은 하루의 길이였을 뿐인데, 실제로 변하기 시작한 것은 지구가 지금의 지구처럼 보이게 된 기본 조건인 셈입니다.

바람의 재편

지구가 천천히 돌면 공기가 움직이는 방식이 함께 바뀝니다. 많은 사람들이 바람은 단순히 기압이 높은 곳에서 낮은 곳으로 부는 것이라고 알고 있습니다. 하지만 꼭 그렇지만은 않습니다. 지구가 자전하고 있기 때문에, 길게 이동하는 공기는 방향이 조금씩 휘어집니다. 북반구에서는 오른쪽으로, 남반구에서는 왼쪽으로 휘지요. 바로 코리올리효과입니다('2장 지구를 꿰뚫는 시간, 42분'을 참고하세요!). 이름이 조금은 어렵지만, 사실 핵심은 간단합니다. 지구가 자전하고 있기 때문에 바람은 곧장 불지 않는다는 뜻입니다.

지금 지구 전체의 거대한 바람 지도는 이 코리올리효과를 바탕으로 작동하고 있습니다. 적도에서는 햇빛을 많이 받아 공기가 데워지고, 올라갑니다. 상승한 공기는 위쪽에서 양옆으로 퍼지고, 남북 위도 30도 부근에서 내려옵니다. 하강한 공기는 지표면에서 둘로 나뉩니다. 일부는 다시 적도 쪽으로 흘러 순환을 이어가고, 나머지는 극 쪽으로 올라가 더 높은 위도의 순환에 합류합니다. 그런데 그 과정 내내 지구가 자전하고 있으니, 공기는 곧장 남북으로 오가지 않고 비스듬히 휘면서 움직입니다. 그 결과 무역풍이 생기고, 편서풍이 생기고, 제트기류도 만들어집니다. 사막이 주로 어느 위도에 몰려 있는지, 비가 많이 오는 띠가 어디에 놓이는지, 태풍이 어떤 방향으로 회전하고 움직이는지까지 지구의 이 거대한 구조와 연결되어 있습니다.

하루가 48시간이 되면 지구의 자전 속도는 지금의 절반쯤 됩니다. 그러면 코리올리효과도 당연히 약해집니다. 공기는 지금보다 덜 휘어지고, 더 똑바로 움직이려 하겠지요. 이 변화 하나로 대기 순환의 큰 틀이 다시 짜이기 시작합니다. 현재 지구의 대기는 반구마다 대기대순환이라고 하는 3개의 순환 시스템으로 나뉩니다. 적도 근처의 해들리 순환, 중위도의 페렐 순환, 극지방의 극 순환입니다. 자전이 느려지면 이 순환들이 지금처럼 또렷하게 유지되지 않을 수 있고, 적도에서 올라간 열이 더 넓은 범위로 퍼질 수도 있습니다. 무역풍과 편서풍의 위치와 세기가 달라지고, 비가 자주 오는 지역과 건조한 지역의 경계도 지금과 다르게 위치할 가능성이 큽니다.

이는 바람이 조금 세지거나 약해지는 변화가 아니라, 우리가 익숙하게 아는 기후대의 지도가 달라진다는 뜻에 가깝습니다. 지금은 농사가 잘되는 곳이 앞으로 바람과 비의 경로가 바뀌면 농사에 적절하지 않은 지역이 될 수 있습니다. 비교적 온화한 곳이 더 건조해질 수 있고, 비가 적은 곳에 새로운 강수대가 자리 잡을 수도 있습니다. 계절풍의 리듬 역시 달라질 수 있고, 폭풍이 자주 지나는 길도 바뀔 수 있습니다. 결국 날씨 예보는 지구가 현재 이 속도로 돈다는 사실 위에 서 있는 셈이니까요.

낮밤의 진폭

하루가 48시간이 되면 낮과 밤이 각각 24시간으로 딱 나뉠 것처럼 느껴집니다. 그런데 실제로는 그렇게 단순하지 않습니다. 자전축 기울기가 그대로라면 계절도 그대로 남아 있기 때문입니다. 지금도 여름과 겨울의 낮 길이가 다른 이유는 지구가 기울어진 채 태양을 돌기 때문이지요. 자전이 느려지면, 각 지역의 낮 길이는 지금의 약 2배가 됩니다. 서울의 여름 낮이 약 14시간이라면, 28시간 안팎으로 길어지는 셈입니다. 적도 부근은 비교적 비슷하겠지만, 중위도에서는 여름 낮이 훨씬 길어지고 겨울 낮은 훨씬 짧아집니다. 우리가 익숙하게 아는 아침, 낮, 저녁의 흐름 자체가 달라지는 셈이지요.

이 변화가 바로 기온으로 이어집니다. 땅은 햇빛을 받는 동안 계속 데워지고, 밤에는 식습니다. 그런데 육지는 물보다 훨씬 빨리 데워지고 빨리 식습니다. 같은 양의 에너지를 받아도 흙과 바위는 온도가 금방 올라가지만, 바다는 열을 더 깊고 넓게 섞어 저장하기 때문에 반응이 느립니다. 지표면 가까운 공기의 하루 온도 차는 바다보다 육지에서 더 크게 나타납니다. 지구가 낮밤의 온도 변화를 어느 정도 견디고 지금 기온의 진폭을 이어가는 것은 바다와 대기가 계속 열을 나눠 가지기 때문입니다.

그런데 낮과 밤이 길어지면 이야기가 달라집니다. 여름철 긴 낮 동안 내륙은 지금보다 훨씬 오래 가열됩니다. 오후 더위가 저녁까지 남는 정도를 넘어, 땅이 지속적으로 열을 쌓아 올리는 시간이 길어진다는 뜻이지요. 반대로 긴 밤이 시작되면 식는 시간도 그만큼 길어집니다. 바다 가까운 곳은 바닷물이 열을 어느 정도 잡아주겠지만 내륙과 사막, 고도가 높은 건조한 지역은 낮과 밤의 온도 차가 지금보다 훨씬 더 벌어질 가능성이 큽니다. 하루 안에 수십 도씩 오르내리는 곳이 지금보다 넓어집니다. 낮이 길어진다는 것은 결국 땅이 달아오르는 시간도, 식는 시간도 그만큼 길어진다는 뜻이니까요.

지금의 지구는 24시간이라는 주기 안에서 뜨거워졌다가 식고, 다시 데워지기를 반복합니다. 주기가 짧기 때문에 온도가 한쪽으로 치우치기 전에 방향이 바뀝니다. 그런데 하루가 48시간이 되어 그 주기가 2배로 길어지면, 땅은 지금보다 훨씬 오래 햇빛을 받아 많이 달아오르고, 훨씬 오래 열을 잃어 더 차갑게 식습니다. 기온의 진폭이 지금과는 다른 수준으로 커지는 겁니다.

어긋나는 생체 시계

기온이 달라지고 날씨가 재편되는 것은 지구가 겪는 변화입니다. 그런데 사실 더 큰 문제는 우리의 몸 안에서 일어납니다. 인간을 포함한 지구상의 많은 생물은 약 24시간 주기로 돌아가는 내부의 생체 시계를 가지고 있는데, 이것을 서캐디언 리듬circadian rhythm이라고 부릅니다. 빛과 어둠은 그 리듬을 맞추는 가장 강한 신호가 됩니다. 서캐디언 리듬은 잠드는 시간만 정하는 것이 아니라 언제 졸리고 언제 깨어 있는지, 언제 체온이 오르고 언제 떨어지는지, 언제 호르몬이 많이 나오고 언제 적게 나오는지까지 함께 조절합니다. 사람의 몸에는 뇌 말고도 여러 조직과 기관에 각자의 시계가 있습니다. 바깥의 빛 주기와 몸 안의 시계가 맞아떨어질 때 우리는 그저 '하루를 산다'고 느끼지만, 둘이 어긋나면 몸은 곧바로 영향을 받기 시작합니다. 사람의 자연스러운 생체 주기는 대체로 24시간보다 약간 길 수 있어도, 기본적으로는 24시간 안팎의 빛-어둠 주기에 맞추어 조정됩니다.

하루가 48시간인 지구에서는 바로 이 맞물림이 깨집니다. 해가 오래 떠 있는데 몸은 이미 잠자리를 찾기 시작하고, 밤이 길게 이어지는데도 몸은 한참 전에 깨어날 준비를 끝내버릴 수 있습니다. 그러면 우리는 마치 시차가 풀리지 않은 채 살아가는 것과 비슷한 상태에 놓이게 됩니다. 빛, 수면, 식사, 활동 시간이 서로 엇갈리면 뇌의 중심 시계와 몸 곳곳의 말초 시계도 어긋날 수 있습니다. 이는 단순히 피곤함을 넘어서 주의력, 기분, 대사, 면역처럼 하루의 리듬에 맞춰 움직이던 기능들이 삐걱대는 겁니다. 야간 조명이나 야간 근무 때문에 빛-어둠 신호가 흐트러질 때 건강 문제가 생길 수 있다는 연구가 반복해서 나오는 이유도 여기에 있습니다. 몸의 시계와 빛의 주기가 어긋난 상태가 지속되면 대사와 심혈관 조절에도 영향을 줄 수 있습니다.

문제는 이 영향을 인간만 받는 것이 아니라는 점입니다. 동물뿐 아니라 식물과 미생물도 서캐디언 리듬을 가집니다. 식물은 빛의 길이와 내부 시계를 함께 이용해 성장과 개화 시기를 조절하고, 내부 시계가 바깥의 빛-어둠 주기와 잘 맞을수록 적응에 유리합니다. 다시 말해 48시간짜리 하루는 숲과 들판과 바다의 생물에도 낯선 하늘이 되는 것이지요. 꽃이 피는 시기, 곤충이 움직이는 시간, 새가 먹이를 찾는 때, 포식자와 피식자가 마주치는 시간표가 조금씩 달라지면 생태계는 겉보기보다 훨씬 크게 영향을 받을 수 있습니다. 24시간은 결국 지구 위의 생명 전체가 수억 년에 걸쳐 맞춰온 주기였던 셈이지요.

다만 이 리듬이 영원히 24시간에만 묶여 있는 것은 아닙니다. 생체 시계도 진화의 결과물이기 때문에, 아주 긴 시간이 주어진다면 일부 생물은 48시간 환경에 더 잘 맞는 방향으로 바뀔 수 있습니다. 하지만 그 변화가 한두 세대 안에 일어날지, 수천 세대가 걸릴지, 아니면 어떤 종은 끝내 적응하지 못할지 지금으로서는 알 수 없습니다. 세대가 짧은 미생물과 곤충은 상대적으로 빨리 바뀔 수도 있지만, 인간처럼 세대가 긴 종은 훨씬 더 오래 걸릴 가능성이 큽니다. 48시간짜리 지구는 모든 생명에게 오랫동안 적응과 탈락이 함께 일어나는 세계에 더 가까울 겁니다.

인간의 선택

지구의 하루는 항상 24시간이었을까요? 아닙니다. 하루 길이는 지금도 조금씩 바뀌고 있습니다. 달이 만드는 조석과 그에 따른 마찰이 지구 자전을 늦추기 때문입니다. 밀물과 썰물이 생기고, 이 과정에서 지구 자전 에너지가 조금씩 빠져나갑니다. 그 결과 지구의 하루는 한 세기당 1~2밀리초 수준으로 아주 천천히 길어지고 있습니다. 1밀리초는 1,000분의 1초입니다. 한 세기에 그것이 1~2개 쌓인다는 뜻이니, 인간의 시간 감각으로는 느낄 수 없는 변화입니다. 그래도 지질학적 기록에는 그 흔적이 남아 있습니다. 고대 산호나 퇴적층의 성장 주기를 분석하면 과거의 하루 길이를 역추적할 수 있는데, 그 기록들은 먼 과거의 하루가 지금보다 짧았다는 사실을 보여줍니다. 24시간은 지구가 태어날 때부터 정해진 값이 아니라, 지금 이 시대에 지구가 도달한 속도가 만들어낸 숫자입니다.

지구의 하루가 정말 48시간이 된다면, 그럼 인간은 어떻게 될까요? 아마도 처음에는 몸이 먼저 반응할 겁니다. 앞서 살펴본 것처럼 생체 시계는 24시간에 맞춰져 있으니, 긴 낮과 긴 밤 속에서 수면과 각성의 리듬이 어긋납니다. 하지만 인간은 거기서 멈추지 않을 가능성이 큽니다. 인공조명으로 밝음을 만들고, 커튼으로 낮을 차단하고, 사회에 맞게 수면과 활동의 시간표를 다시 짜지 않을까요? 지구의 하루가 48시간이 되었는데도, 인간은 스스로 24시간 단위의 생활 리듬을 다시 만들어내려 할 겁니다. 몸이 원하는 주기가 24시간이기 때문입니다.

이건 꽤 흥미로운 장면입니다. 지구가 내놓은 하루는 48시간인데, 인간이 선택하는 하루는 24시간입니다. 문명의 시간표와 지구의 자전주기가 뚜렷하게 엇갈리는 셈입니다. 지금 우리가 사용하는 24시간은 지구가 한 바퀴 도는 데 걸리는 시간을 그대로 따른 것입니다. 자연의 낮밤과 인간의 시간표가 거의 같은 주기로 맞물려 있을 때는 그 일치가 너무 당연해서 눈에 띄지 않습니다. 그런데 하루가 48시간이 되면 그 일치는 더 이상 저절로 주어지지 않습니다. 인간은 처음으로 시간을 읽는 존재가 아니라, 시간을 따로 설계하는 존재가 될지도 모릅니다.

시간이 아니라 여유

월요일 아침, 알람을 끄면서 하루가 더 길었으면 했습니다. 그 바람 하나를 끝까지 따라갔더니 지구의 모양이 달라지고, 바람의 지도가 다시 그려지고, 낮과 밤의 온도 진폭이 커지고, 몸 안의 시계가 어긋났습니다. 그리고 48시간짜리 하루를 가진 지구 위에서 인간은 결국 스스로 24시간을 다시 만들려 할 것이라는 이야기까지 닿았지요.

우리가 원한 건 시간이었는데, 그 시간을 얻기 위해 반드시 따라오게 되는 것은 지구 전체의 변화였습니다. 24시간은 그저 달력에 적힌 숫자가 아닙니다. 지구가 지금 이 속도로 돌기 때문에 생겨난 바람이 있고, 그 바람 안에서 자리를 잡은 기후가 있고, 그 기후 안에서 진화한 생명이 있고, 그 생명 안에 하루를 사는 우리가 있습니다. 이 연결이 얼마나 깊은지는 막상 건드려보기 전까지는 눈에 띄지 않습니다.

우리는 보통 시간을 배경처럼 여깁니다. 그냥 흘러가는 것, 모두에게 똑같이 주어지는 것. 그런데 24시간이라는 하루는 지구가 지금 이 속도로 돌고 있기 때문에 존재하는 조건입니다. 그 위에서 인간은 문명을 쌓았습니다.

하루가 48시간이면 좋겠다는 생각은 누구나 한번쯤 합니다. 그런데 그 질문을 끝까지 따라가면, 우리가 원했던 건 시간이 아니라 여유였다는 사실이 보입니다. 하지만 여유는 시간의 길이에서 오는 것이 아니니까요. 내일 아침 알람이 울릴 때, 그 24시간이 얼마나 많은 것 위에 서 있는지 잠깐 떠올릴 수 있다면, 당연하게 여기던 24시간이 다시 보이게 될 겁니다.

알면 재미있지 않나요?

PART 3

수상한
과학사
다시 보기

01

아폴로 11호가
달에 가지
않았다면

1969년 7월 20일. 전 세계 6억 명이 넘는 사람이 TV 앞에 앉았습니다. 인류 역사상 가장 많은 이들이 동시에 같은 화면을 본 순간이었지요. 흑백 화면 속 우주 비행사가 사다리를 내려옵니다. 투박한 부츠가 회색 먼지를 밟는 순간, 닐 암스트롱의 목소리가 흘러나옵니다.

"한 인간에게는 작은 발걸음이지만, 인류에게는 위대한 도약입니다."

1.3초의 시간차를 두고, 38만 킬로미터 너머에서 인류 역사가 바뀌었습니다. 이 작은 시간차가 그날의 장면을 더욱 진짜처럼 느끼게 합니다. 화면 너머에 거리라는 현실이 끼어 있으니까요. 적어도 대부분의 사람은 그렇게 믿었지요. 그런데 방송이 끝나기도 전에 누군가 말했습니다.

"저거 세트장 아니야?"

　　놀라운 일은 반세기가 넘게 지난 지금, 의심하는 사람이 오히려 늘었다는 겁니다. 여러 여론조사에 따르면 미국인의 6~20퍼센트, 영국인의 25퍼센트, 러시아인의 28퍼센트가 달 착륙을 의심합니다. 유튜브에 '달 착륙 조작'을 검색하면 수만 개의 영상이 쏟아지지요.

　　그래서 오늘은 접근 방식을 바꿔보겠습니다. 아폴로 11호의 달 착륙이 진짜인지 가짜인지가 아니라, '달에 안 가고 속일 수 있었느냐?'를 따져볼 겁니다. 우리가 1969년 NASA의 달 착륙을 조작한 총책임자라고 해봅시다. 달에 한 발짝도 디디지 않고, 전 세계를 속여야 합니다. 과연 무엇이 필요할까요?

첫 번째 조작: 영상을 만들어라

자, 첫 번째로 음모론의 시작이라 할 수 있는 영상입니다. 마치 달 표면에서 찍은 것처럼 보이는 영상을 만들어야겠지요. 그럼 가장 큰 걸림돌은 무엇일까요? 바로 중력입니다. 달의 중력은 지구의 6분의 1입니다. 아폴로 영상에서 우주 비행사들이 통통 뛰듯 걷고, 느릿느릿 점프하는 것은 이 약한 중력 때문이었지요. 물체가 떨어지는 시간을 계산해보면, 중력이 6분의 1이니까 낙하 시간은 $\sqrt{6}$ 배, 대략 2.5배 길어집니다. 적어도 중력이 만드는 장면들, 낙하와 도약과 먼지 궤적은 2.5배 느리게 보여야 합니다.

가장 먼저 떠오르는 방법은 슬로모션입니다. 고속 촬영 후에 보통 속도로 재생하는 것이지요. 아폴로 11호의 첫 번째 달 표면 활동은 2시간 반 가까이 생중계되었습니다. 2.5배 느린 영상을 만들려면, 실제로는 1시간 정도를 고속으로 촬영해야 합니다.

1969년에 고속 촬영 자체는 가능했습니다. 필름 카메라는 필름을 평소보다 빠르게 돌려 1초에 훨씬 더 많은 장면을 기록할 수 있었기 때문입니다. 그렇게 찍은 영상을 정상 속도로 틀면 움직임은 자연스럽게 느려 보이지요. 하지만 문제는 여기서 끝나지 않습니다. 달에서 온 영상은 우리가 흔히 아는 TV 신호가 아니었습니다. 1초당 10프레임짜리 특수한 저속 스캔 TV 규격이었고, 지상에서 표준방송으로 변환하는 과정을 거쳐야 했지요. 그러니까 조작하려면 단지 슬로모션 영상만 만드는 게 아니라, 그 독특한 규격까지 맞춰서 '달에서 온 것처럼' 보이게 만들어야 합니다.

하지만 진짜 결정타는 따로 있습니다. 바로 먼지입니다.

아폴로 11호 영상을 자세히 보면, 우주 비행사가 걸을 때마다 발밑의 먼지가 깔끔한 포물선을 그리며 날아갔다가 곧바로 바닥에 떨어집니다. 공중에 머무르거나 흩날리지 않아요. 이는 공기가 없다는 결정적인 증거입니다. 지구에서는 아무리 미세한 먼지라도 공기저항 때문에 천천히 퍼지며 가라앉지요.

아폴로 11호에는 달 탐사 차가 없었지만, 나중에 아폴로 15, 16, 17호에는 로버가 투입되었습니다. 이 로버 주행 영상을 보면 먼지 물리가 더욱 극적으로 드러납니다. 바퀴 뒤로 솟구친 먼지가 마치 분수처럼 완벽한 포물선을 그리며 좌우대칭으로 떨어집니다. 궤적이 너무 깔끔해서, 마치 컴퓨터 시뮬레이션처럼 보일 정도예요.

이것을 지구에서 재현하려면 결국 촬영 세트 전체를 진공상태로 만들어야 합니다. 세계에서 가장 큰 진공 체임버는 NASA 글렌 연구 센터에 있습니다. 지름 30미터, 높이 37미터. 1969년에 완공된 이 시설은 당시 기준으로도 최첨단이었습니다.

지름 30미터면, '걸어 다니는 장면' 정도는 그럴듯하게 만들 수 있을지도 모릅니다. 하지만 로버가 멀찍이 달리는 장면처럼 스케일이 커지는 순간 이야기가 달라집니다. 지름 수백 미터급 진공 체임버는 지금도 없습니다. 그리고 설령 공간이 된다고 해도, 진공 체임버 안을 촬영장으로 운영하는 건 또 다른 문제입니다. 조명, 카메라 배치, 세트, 배우의 동선, 열 관리까지 다 챙겨야 하니까요. 무엇보다 그것을 '2시간 반 동안 끊김 없이' 생중계처럼 보이게 만들어야 합니다.

슬로모션 기술은 있었습니다. 진공 체임버도 있었습니다. 각각은 가능했지요. 하지만 이 모든 것을 동시에 조합해서 완벽한 달 착륙 영상을 만드는 것. 그건 어쩌면 1969년에는 달에 사람을 보내는 것보다 복잡한 일이었을지 모릅니다.

두 번째 조작: 물증을 처리하라

영상 문제를 어떻게든 해결했다고 칩시다. 다음 과제가 기다립니다. 달에서 가져왔다는 물증을 만들어야 합니다.

아폴로 프로그램에서는 총 여섯 번의 달 착륙을 진행하며 382킬로그램의 월석을 가져왔습니다. 수천 개의 샘플에 번호를 붙여 체계적으로 관리하고, 때에 따라 작은 조각으로 나누어 전 세계 연구 기관으로 보냈습니다. 수십 년간 수천 명의 과학자가 이 돌을 분석해왔지요. 한두 명을 속이는 게 아닙니다. 전 세계 지질학계를 속여야 한다는 뜻입니다.

영상은 한 번 속이면 끝입니다. 하지만 월석은 다릅니다. 50년 이상 전 세계 과학자의 손을 거치며 계속 검증받아야 하지요. 새 분석 기술이 나올 때마다 다시 시험대에 오릅니다. 1969년에 한 번 속이는 게 아니라, 시간을 상대로 이겨야 하는 게임입니다.

월석에는 지구의 돌에서 보기 힘든 특징이 있습니다. 수십억 년간 대기 없이 진공과 우주 방사선에 노출된 흔적이 고스란히 남아 있고, 바람이나 물에 의한 풍화작용이 전혀 없습니다. 표면에는 미세운석이 초고속으로 충돌해 만들어진 '잽 핏zap pit'이라는 지름 수십 마이크로미터의 미세 구멍이 빼곡합니다.

왜 지구에서는 이런 흔적이 잘 안 남을까요? 지구에는 공기와 물이 있고, 바람이 불고 비가 내립니다. 암석 표면은 계속 깎이고 씻기고 덮입니다. 미세한 충돌 흔적이 남더라도 오래 버티기 어렵지요. 반면 달은 그런 '지우개'가 없습니다. 그래서 아주 작은 흔적이, 오랫동안 그대로 남아버립니다.

그리고 더 흥미로운 것은 아르말콜라이트Armalcolite라는 광물입니다. 아폴로 11호 샘플에서 처음 발견되었고 이름도 암스트롱, 올드린, 콜린스에서 따왔습니다. 당시에 정식 보고된 적이 없던 광물이었지요. 나중에 지구에서도 극히 드물게 발견되기는 했지만, 적어도 아폴로 샘플이 분석되기 전까지는 학계에 존재 자체가 등록되지 않았던 물질이었습니다.

1969년에 이 월석을 위조하려면 어떻게 해야 할까요? 아직 학계가 모르는 성분 조합까지 우연히 맞춰서 샘플에 섞어야 합니다. 그것도 382킬로그램이나요.

연대 측정도 마찬가지입니다. 주요 월석의 나이는 36억 년에서 44억 년으로 나옵니다. 지구에서 이렇게 오래된 암석이 드문 이유는 간단합니다. 물과 대기, 그리고 판 구조 운동 때문에 지각이 끊임없이 부서지고 섞이고 재활용되거든요. 아예 없는 것은 아니지만 그런 희귀한 돌을 382킬로그램이나 모으고, 표면에 미세운석 충돌 흔적을 자연스럽게 누적시키고, 그 안에 당시까지 보고되지 않은 광물을 섞는다? 여러분은 어떻게 생각하세요?

그리고 여기에 가장 큰 문제가 남아 있습니다. 소련입니다.

소련의 무인 탐사선 루나 시리즈도 달에서 샘플을 독자적으로 가져왔습니다. 총량은 수백 그램으로 아폴로에 비하면 아주 적지만, 달에서 온 돌이 어떤 성격을 띠는지 비교하기에는 충분했습니다. 실제로 소련 샘플과 아폴로 샘플은 달의 토양과 현무암질 암석이라는 점에서 서로 모순되지 않았고, 비슷한 특징들을 공유했습니다.

조작이었다면 선택지는 둘 중 하나입니다. 첫째, 소련이 가져올 샘플의 성격을 미리 예측해 거기에 맞춘 가짜 월석을 만들어야 합니다. 둘째, 냉전 한복판에서 소련과 공모해 그들의 샘플도 미국 것에 맞추어 조작하게 만드는 일이지요. 어느 쪽이든, 음모론이 감당해야 할 부담은 말도 안 되게 커집니다.

조작에 필요한 것을 정리해봅시다. 44억 년 된 암석 382킬로그램. 표면에는 미세운석 충돌 흔적. 내부에는 당시 발견되지 않았던 광물. 소련 샘플과 유사한 조성. 그리고 이 모든 것이 50년 넘게 계속되는 검증을 통과해야 합니다. 각 조건 하나하나는 어쩌면 가능했을지 모릅니다. 하지만 이 모든 일을 동시에? 그냥 달에 가는 게 더 쉬웠을 겁니다.

세 번째 조작: 달 표면에 '지금도' 남아 있어야 한다

✦

물증까지 해결했다고 칩시다. 이제 정말 까다로운 과제가 남았습니다.

아폴로 11호 우주 비행사들은 달 표면에 레이저 반사경을 설치하고 왔습니다. 역반사경이라 불리는 이 장치는 지구에서 쏜 레이저를 정확히 왔던 방향으로 되돌려 보내는 특수한 프리즘 배열을 가지고 있지요. 아폴로 11호의 반사경은 100개의 석

영유리 프리즘으로 이루어져 있고, 버즈 올드린이 달 착륙선에서 약 18미터 떨어진 지점에 직접 설치했다고 합니다. 나중에 아폴로 14호, 15호도 각각의 착륙 지점에 반사경을 설치했지요. 이 장치는 지금 이 순간에도 그곳에 있습니다. 전원도 필요 없습니다. 프리즘이 빛을 반사하기만 하면 되니까요.

미국 뉴멕시코의 아파치 포인트 천문대Apache Point Observatory, APO, 프랑스 코트다쥐르 천문대Observatoire de la Côte d'Azur, OCA 같은 몇몇 관측소에서 정기적으로 달을 향해 강력한 레이저 펄스를 발사합니다. 그리고 반사 신호를 잡아냅니다. 지구에서 출발한 레이저 빛이 38만 킬로미터를 날아가 프리즘에 부딪히고, 정확히 되돌아오는 데 걸리는 시간은 약 2.5초입니다.

조건이 좋을 때는 지구와 달 사이의 거리를 수 밀리미터 정밀도로 측정할 수 있습니다. 50년 넘게 축적된 이 데이터 덕분에, 달이 매년 3.8센티미터씩 지구에서 멀어진다는 사실도 확인할 수 있었지요. 그리고 아인슈타인의 일반상대성이론 효과까지 넣어야 측정값이 맞는다는 것도 검증되었습니다. 50년간 매년, 전 세계 여러 천문대에서 계속 실험하고 있습니다.

그런데 여기서 문제가 생깁니다. 이 반사경은 달 표면에 물리적으로 존재해야 합니다. 누군가가 이 반사경을 달에 가져다 놓아야 하지요.

혹시 무인 로봇을 먼저 보내서 설치할 수 있지 않았을까요? 이론적으로는 가능합니다. 실제로 소련의 무인 탐사선 루노호트 Lunokhod 도 1970년, 달에 반사경을 가져다 놓았습니다. 무인으로도 할 수 있다는 증거지요.

그럼, 음모론 시나리오로 돌아가보겠습니다. 아폴로 프로그램의 배경이 세트장이었다면, 결국 선택지는 둘 중 하나입니다. 아폴로 이전에 비밀리에 무인 착륙선을 보내서 반사경을 내려놓고 설치까지 끝내두었거나, 아니면 아폴로 이후에 몰래 보내서 '원래 있던 것처럼' 만들었거나.

그런데 이게 말처럼 쉽지 않습니다. 로켓 발사는 조용히 숨기기가 어렵습니다. 냉전 한복판에 있던 소련은 미국의 모든 우주 활동을 집요하게 추적했습니다. 미국이 달로 뭔가를 쏘아 올리면, 소련은 즉시 알았을 겁니다. 그것도 한 번이 아니라, 최소 세 번이나 반복해야 하는 것이지요. 착륙 성공률도, 설치의 정밀도도, 비밀 유지도 모두 동시에 요구됩니다.

그러면 우리의 선택지는 이렇게밖에 남지 않지요. 비밀리에 무인 착륙 기술을 개발하고, 소련의 감시망을 피해 세 번이나 달에 보내서 설치하거나 아니면 그냥 공개적으로 유인 우주선을 보내는 것이지요. 어느 쪽이 더 간단할까요?

네 번째 조작: 소련을 매수하라

반사경까지 해결했다고 칩시다. 이제 마지막 과제가 남았습니다. 그리고 이게 가장 큽니다.

1969년, 미국과 소련은 지구상의 모든 분야에서 치열하게 경쟁하고 있었습니다. 특히 우주개발은 국가 위신이 걸린 문제였지요. 두 나라는 서로의 우주 활동을 감시하는 데 엄청난 자원을 쏟아부었습니다.

소련은 아폴로 우주선과 지상 통제 센터 사이의 무선 교신을 수신하고, 신호가 어디쯤에서 오는지 추적할 능력이 있었습니다. 중요한 건 분위기가 아니라 조건입니다. 달에서 온 신호처럼 보이려면, 신호는 달 거리에서 나와야 합니다. 방향도, 거리도, 시간 지연도, 도플러효과에 따른 주파수 변화도 그럴듯해야 하니까요. 만약 아폴로 11호의 통신이 달이 아니라 지구어딘가의 세트장에서 나왔다면, 그것을 달에서 온 것처럼 꾸미는 순간부터 문제가 생깁니다. 결국 지구에서 38만 킬로미터쯤 떨어진 곳에 송신 장비를 실제로 띄워놓아야 하니까요. 그러면 다시 발사와 추적의 문제로 돌아옵니다.

여기서 소련의 입장을 생각해봅시다.

소련은 우주 경쟁에서 줄곧 앞서 있었습니다. 최초의 인공위성 스푸트니크, 최초의 유인 우주 비행을 한 유리 가가린, 최초의 우주유영까지. 모두 소련이 먼저 해냈습니다. 하지만 달 착륙 경쟁에서는 뒤처지고 있었지요. 소련의 달 탐사 로켓 N1 은 네 번 발사했고, 네 번 모두 실패했습니다.

미국이 조작했다는 걸 폭로할 수 있었다면 어땠을까요? 이 치욕적인 패배를 단숨에 뒤집을 수 있었을 겁니다. 전 세계에 미국의 사기를 폭로하면 냉전의 판도가 완전히 바뀌니까요. 소련으로서는 꿈같은 기회였을 겁니다.

그런데 소련은 아폴로 달 착륙을 조작이라고 주장하지 않았습니다. 축하하지는 않았지만, 대외적으로 조작 의혹을 제기하지도 않았습니다. 오히려 자신들의 유인 달 착륙 프로그램을 숨기고 부인하는 데 집중했지요. 조작이었다면 냉전 한복판에서 적국을 매수해야 합니다. 그것도 완벽하게요.

그리고 여기 더 큰 문제가 있습니다. 아폴로 프로그램에는 정점 기준으로 40만 명 규모의 인력이 관여했고, 수만 곳에 가까운 기업과 대학이 엮였습니다. 엔지니어, 과학자, 기술자, 행정 직원, 하청 업체 노동자까지. 한 명도 빠짐없이, 반세기 넘게 침묵해야 합니다.

역사를 보면 비밀은 새어 나갑니다. 맨해튼 프로젝트는 13만 명이 참여한 극비 사업이었는데, 전쟁이 끝나기도 전에 소련 스파이에게 정보가 넘어갔습니다. 워터게이트 사건은 몇 명의 입을 막으려다 실패했고, 결국 대통령이 사임했지요. 에드워드

스노든 한 명이 NSA의 비밀 감시 프로그램을 폭로하기도 했습니다.

40만 명이 50년 넘게 완벽한 침묵을 지킨다, 역사상 어떤 비밀도 이 규모로 유지된 적이 없습니다. 누군가는 양심의 가책을 느낍니다. 누군가는 돈을 원합니다. 누군가는 명예를 원하지요. 50년이면 은퇴도 하고, 죽기도 하고, 임종 전에 고백도 합니다. 그런데 단 한 명도, 구체적인 증거와 함께 나서지 않았습니다.

냉전 한복판에서 적국의 침묵, 그리고 40만 명이 반세기 넘게 지킨 비밀. 어쩌면 달에 가는 편이 훨씬 간단하지 않았을까요?

그렇다면 음모론자들의 증거는?

여기까지가 '조작을 하려면 해야 하는 일'입니다. 영상도 조작해야 하고, 돌도 속여야 하고, 달 표면에 남아 있어야 할 물건까지 맞추어야 하고, 냉전 한복판의 소련과 제3자 관측까지 넘어가야 합니다. 한두 개의 퍼즐 조각이 아닙니다. 전부 동시에 맞아야 합니다.

그런데 음모론자들이 제시하는 증거는 이와는 다릅니다.

깃발, 별, 그림자.

흥미롭게도, 이 증거들은 훨씬 쉽게 설명됩니다. 음모론자들은 '달에 꽂은 깃발이 펄럭인다, 진공에서 깃발이 펄럭일 리 없다'고 주장하지요. 사실 깃발은 바람에 펄럭이는 것이 아닙니다. 우주 비행사가 깃대를 세우고 정리하는 과정에서 흔들렸고, 그 흔들림이 남아 있는 겁니다. 진공에서는 공기저항이 거의 없으니 한번 흔들린 천이 더 오래 움직일 수 있지요. NASA는 깃발이 축 늘어져 보일까 봐 윗부분에 수평 지지대를 넣었습니다. 영상을 보면, 우주 비행사가 손을 뗀 뒤에는 깃발이 계속 펄럭이지는 않습니다. 깃발이 움직이는 장면은 바람의 증거라기보다, 진공에서도 충분히 나올 수 있는 모습입니다.

또한 사진에 별이 안 보인다고 주장하고 있지요. 자동 노출 기능이 없는 예전 필름 카메라로 밤하늘을 찍어본 적 있나요? 별이 거의 안 찍힙니다. 밝은 대상에 노출을 맞추면 어두운 별은 사라지고요. 달 표면은 태양 빛을 직접 받아 매우 밝습니다. 카메라가 이 밝기에 맞춰져 있으니 희미한 별빛은 당연히 감지되지 않습니다. 우리가 대낮에 하늘을 올려다봐도 별이 안 보이는 것과 같은 원리라고 할 수 있지요.

그리고 '그림자 방향이 제각각이라 이것이 바로 조명이 여러 개인 증거다'라고 주장합니다.

달 표면은 평평하지 않습니다. 크레이터와 언덕, 돌멩이가 곳곳에 있어요. 평행한 빛이라도 울퉁불퉁한 지형 위에 떨어지면 그림자가 서로 다른 방향으로 보일 수 있습니다. 길을 걸을 때 비탈진 곳에 드리운 그림자가 평지와 다른 방향으로 보이는 것과 같습니다. 원근법의 기본입니다. 그리고 정말 스튜디오 조명이라면, 가까운 광원 특유의 '그림자 퍼짐'이 눈에 더 잘 띄는 경우가 많습니다. 아폴로 사진은 그런 느낌이 강하지 않습니다. 태양처럼 멀리 있는 광원 하나로도 충분히 설명됩니다.

조작하려면 존재하지 않던 기술, 적국의 협조, 수십만 명 규모의 침묵이 필요합니다. 하지만 음모론에서 말하는 증거는 이런 기본적인 물리로 설명됩니다. 이 대비가 많은 것을 말해 줍니다.

그럼 진짜 질문은 이것이지요.

달에 사람이 정말 갔다면, 그것도 여러 번 갔다면, 왜 지금은 달에 가는 일이 이렇게 어렵게 느껴질까요?

여기서 많은 이들이 착각합니다. 국제우주정거장에 사람을 보내는 것과, 달에 사람을 보내는 것은 같은 '우주 비행'이지만 난도가 다릅니다. 국제우주정거장은 지구 바로 위, 말 그대로 집 앞마당에 가깝습니다. 문제가 생기면 몇 시간 안에 돌아올 수 있고, 보급도 정기적으로 할 수 있지요. 이와 달리 달은 '출장'이 아니라 '원정'입니다. 한번 떠나면 돌아오는 길까지 포함해 며칠 동안, 지구에서 즉시 도와줄 수 없는 거리로 나가야 합니다. 안전 기준이 아예 달라져요.

그리고 1960년대의 달 착륙은, 솔직히 말하면 '기술의 승리'이면서 동시에 '정치의 승리'였습니다. 냉전이라는 압박이 있었고, 국가가 말 그대로 모든 걸 '갈아'넣었습니다. 예산도, 인력도, 일정도 '최우선'이었지요. 그때는 달에 가는 일이 어렵지 않았다기보다, 어렵지만 억지로 가능하게 만든 겁니다. 달에 가기 위해 다른 많은 것을 포기했으니까요.

그런데 그 레이스가 끝난 뒤에는 어떻게 되었을까요? 달에 가는 길을 '유지'하지 않았습니다. 생산 라인은 멈추었고, 협력업체는 흩어졌고, 기술자들은 은퇴했습니다. 무엇보다 중요한 건, 달에 가는 기술이 '한 번 만든 물건'이 아니라 '계속 유지해야 하는 생태계'라는 점입니다. 로켓만 있으면 되는 것이 아니거든요. 연료, 엔진, 전자, 재료, 시험 설비, 품질관리, 그리고 그것을 해본 사람들. 이 모든 게 다시 모여야 합니다.

게다가 지금 우리가 달에서 하려는 목표도 달라졌습니다. 아폴로는 '가서, 서서, 찍고, 가져오고, 돌아오는' 임무였습니다. 지금은 '오래 머무르고, 반복하고, 안전하게 지속하는' 임무를 하려 합니다. 단거리 스프린트를 마라톤 체계로 바꾸는 것이지요. 당연히 더 어려워 보입니다. 더 많은 걸 하려니까요.

달에 갔던 적이 있는 건 사실입니다. 하지만 그 길을 계속 유지해온 것은 아닙니다. 우리는 지금, 다시 그 길을 까는 중입니다. 다만 이번에는 '한 번의 승부'가 아니라 '오래가는 체계'를 만들려는 거고요.

그래서 달은 여전히 어렵습니다. 어려워야 정상입니다. 다만, 그 어렵다는 이유가 '조작이었기 때문'은 아닙니다. 오히려 반대로, 진짜였기 때문에 어렵습니다. 정말 어려운 일을 했고, 다시 하려면 다시 준비해야 하니까요.

왜 사람들은 믿지 않을까?

여기까지 오면 이상해집니다. 조작을 하려면 해야 할 일이 너무 많았지요. 그런데도 왜 의심은 사라지지 않을까요?

첫째는 감정입니다. 인간은 거대한 사건에는 거대한 원인이 있어야 한다고 느낍니다. 심리학에서는 이런 경향을 비례 편향이라고 부르지요. '로켓 한 대, 몇 명의 사람이 달에 갔다.' 말로 하면 너무 단순한 이야기이고, 그 단순함이 오히려 믿기 어려운 겁니다. 뒤에 뭔가 더 복잡한 이야기가 있어야 균형이 맞는 것처럼 느껴지니까요.

둘째는 이야기의 힘입니다. 진실은 대체로 밋밋합니다. 체크리스트와 품질관리, 시험과 실패, 그리고 다시 시험. 반면 음모론은 영화처럼 흘러갑니다. 악당이 있고, 비밀이 있고, 반전이 있지요. 인간의 뇌는 데이터보다 서사를 더 잘 기억합니다. 그래서 그럴듯한 서사는 증거보다 오래 남습니다.

셋째는 시대의 공기입니다. 우리는 권위를 무조건 믿지 않는 시대에 살고 있습니다. 실제로 권력과 기관이 거짓말을 했던 사례도 있었지요. 그러니 어떤 사람에게는 달 착륙도 그 연장선으로 보일 수 있습니다. 거기에 알고리즘이 기름을 붓습니다. 강한 주장, 놀라운 결론, 분노를 부르는 영상이 더 멀리 퍼지니까요. 진지한 설명은 느리고, 음모는 빠릅니다.

그렇다고 의심이 나쁜 것은 아닙니다. 오히려 과학은 의심에서 시작합니다. 다만 과학의 의심에는 규칙이 있습니다. 내가 믿고 싶은 결론부터 고르는 게 아니라, 증거가 어디를 가리키는지 따라가는 것이지요. 그리고 중요한 질문을 하나 더 합니다. 내가 틀렸다는 걸 보여주려면, 어떤 증거가 필요할까?

달 착륙 이야기에 이 질문을 적용해보면, 답이 꽤 명확해집니다. 달에는 지금도 남아 있어야 하는 물건이 있습니다. 레이저 반사경 같은 것들입니다. 또 시간이 흐르면서 점점 더 잘 보이게 되는 흔적도 있습니다. 2009년 이후에는 NASA의 달 정찰 궤도선이 아폴로 착륙 지점을 촬영해, 착륙선 하강 단계가 보이고 이동 흔적도 식별된다는 자료를 공개했습니다. 대기가 없으니 지워질 일이 적으니까요. 중요한 것은 이런 증거들이 한 나라의 주장 하나로 끝나지 않는다는 점입니다. 여러 기관, 여러 팀, 여러 방식으로 느리지만 꾸준히 쌓이고 있지요.

여기서 질문을 하나 바꿔보면 더 재미있습니다.

달에 갔느냐 가지 않았느냐가 아니라, 왜 우리는 이런 인류의 위대한 성취를 믿기 어려워하는가?

이 질문은 달 착륙을 넘어서, 과학과 역사를 대하는 태도까지 건드립니다. 거대한 성취를 볼 때마다 우리는 본능적으로 구멍을 찾습니다. 나를 속였을지 모른다는 공포가 먼저 올라오지요. 그 순간 세상은 복잡한 현실이 아니라 선악이 갈리는 드라마가 됩니다.

그래서 오늘의 결론은 사실 간단합니다. 우리는 음모론자가 되어 출발했습니다. 영상부터 만들고, 월석을 위조하고, 달 표면에 남아 있어야 할 장비를 설치하고, 소련과 제3자 검증까지 넘어가려 했지요. 그런데 과학적으로 하나하나 따져보니, 조작은 점점 더 거대한 사업이 됩니다. 결국 가장 간단한 방법이 남습니다. 바로 실제로 달에 가는 것이었지요.

1969년 7월 20일, 닐 암스트롱이 남긴 말은 짧았습니다.

'한 사람에게는 작은 발걸음이지만 인류에게는 거대한 도약.' 아이러니하게도, 이 말이 진짜여서 우리가 불편해지는 것 같습니다. 너무 큰 도약이라서요. 하지만 과학자는 이렇게 정리합니다.

의심스러우면 직접 따져보자. 따져본 끝에, 진실이 음모보다 훨씬 더 놀랍다는 걸 인정하자.

인류는 달에 갔습니다. 왜냐고요? 그게 가장 간단한 방법이었으니까요.

알면 재미있지 않나요?

02

다윈이
갈라파고스에
가지 못했다면

1835년 9월 7일, HMS 비글호가 페루 해안을 떠났습니다. 찰스 다윈은 갑판 아래 선실에 누워 있었습니다. 항해를 시작한 지 4년이 지났지만 뱃멀미는 여전했습니다. 구토와 극심한 피로, 심장 두근거림이 계속되었습니다. 그는 가족에게 보내는 편지마다 건강 걱정을 적었고, 배 위 생활이 정말 힘들다고 솔직하게 털어놓았습니다. 그렇게 항해 내내 이어진 위장 증상과 두근거림은 귀국한 뒤에도 쉽게 사라지지 않았지요.

다윈이 그러한 몸으로 버티는 동안 배가 향한 곳은 에콰도르 해안에서 서쪽으로 약 1,000킬로미터 떨어진 화산섬 군도, 갈라파고스제도였습니다. 1835년 9월 15일, 다윈은 처음으로 그 섬에 발을 디뎠습니다. 검은 용암이 굳어 만들어진 황량한 해안이 펼쳐져 있었고, 바위 위에는 이구아나들이 느긋하게 햇볕을 쬐고 있었습니다. 새들은 사람을 봐도 좀처럼 달아나지 않았습니다. 그는 훗날 이 갈라파고스제도가 작은 세계처럼 보인다고 적었습니다.

오늘날 갈라파고스는 흔히 진화론이 태어난 장소로 여겨집니다. 다윈이 섬마다 부리 모양이 다른 핀치finch 새를 보고 진화에 대한 영감을 얻었다는 이야기도 익숙하지요. 하지만 당시 다윈에게 갈라파고스는 그러한 의미를 지닌 섬이 아니었습니다. 피츠로이Robert FitzRoy 함장이 이끄는 비글호의 공식 임무는 남아메리카 해안을 따라가며 바다와 해안선의 모습을 정확히 기록해 항해용 지도를 만드는 일이었고, 갈라파고스는 그 긴 항해 중 들른 여러 기항지 가운데 한 곳이었습니다. 지금은 역사의 필연처럼 보이지만, 당시에는 그냥 지나칠 수도 있었던 섬이었습니다.

그러면 질문이 하나 생깁니다. 다윈이 그 섬에 내리지 않았다면, 진화론은 존재했을까요? 아니면 우리는 '다윈'이 아닌 다른 사람의 이름으로 이 거대한 자연의 법칙을 배우고 있을까요?

핀치 신화의 해체

결론부터 말하면, 다윈은 갈라파고스에서 핀치를 보고 그 자리에서 곧바로 진화론을 떠올린 것은 아니었습니다.

우리에게 익숙한 이야기는 이렇습니다. 다윈이 섬마다 부리 모양이 다른 핀치를 보고, 같은 조상에서 출발한 새들이 각기 다른 환경에 적응하며 갈라졌다고 직감했다는 것. 그리고 바로 그 순간 진화론의 문이 열렸다는 것이지요. 하지만 이 이야기는 실제 역사라기보다 후대가 다듬어 만든 상징에 가깝습니다. 갈라파고스에 머물던 당시의 다윈은 그 새들을 그렇게 바라보지 못했습니다.

이유는 의외로 단순합니다. 다윈은 현장에서 그 새들이 서로 가까운 여러 종이라는 사실을 알아채지 못했습니다. 채집한 표본에도 어느 섬에서 잡았는지 정보를 꼼꼼하게 남기지 않았습니다. 섬마다 생물이 조금씩 다르다는 느낌은 받았지만, 그 차이가 무엇을 뜻하는지 그 자리에서 정리하지는 못한 겁니다. 당시 그의 관심은 생물보다 지질학 쪽에 더 쏠려 있었습니다. 갈라파고스의 화산지형과 암석층이 그의 노트를 훨씬 많이 채우고 있었지요.

핀치의 의미를 먼저 알아본 사람도 다윈이 아니었습니다. 1837년, 런던에서 다윈이 가져온 표본을 살펴본 조류학자 존

굴드John Gould가 비슷해 보이는 이 새들이 서로 가까운 여러 종으로 이루어진 독특한 무리라는 사실을 밝혀냈습니다. 다윈은 그제야 자신이 빠뜨린 정보를 메우기 위해 갈라파고스에서 함께 표본을 모았던 사람들에게 연락했습니다. 어느 표본이 어느 섬에서 왔는지, 기억나는 대로 알려달라고 부탁한 것입니다.

그러니까 갈라파고스 핀치는 오늘날 우리가 떠올리는 것처럼, 처음부터 진화론의 주인공은 아니었습니다. 갈라파고스에서 다윈에게 더 직접적인 인상을 준 것은 오히려 흉내지빠귀와 거북이었습니다. 흉내지빠귀는 섬마다 형태가 조금씩 달랐고, 다윈은 이런 차이를 비교적 일찍 눈여겨봤습니다. 거북도 마찬가지였습니다. 현지 주민들은 등 껍데기 모양만 보고도 어느 섬에서 온 거북인지 알아볼 수 있다고 말했습니다. 다윈이 갈라파고스에서 얻은 진짜 감각은 핀치의 부리가 아니라, 가까운 섬들 사이에서도 생물이 조금씩 달라질 수 있다는 사실이었습니다.

그런데도 왜 핀치가 진화론의 상징이 되었을까요? 이유는 간단합니다. 이야기가 너무 깔끔하기 때문이지요. 부리 모양이 다른 새들이 섬마다 있었고, 그것을 본 한 천재가 위대한 이론을 떠올렸다는 스토리는 실제 역사보다 훨씬 기억하기 좋습니다. 과학사 연구자 가운데는 이런 서사가 20세기, 특히 비글호 항해 100주년을 기념하던 1930년대 무렵부터 지금의 형태로 단단하게 굳어졌다고 보는 사람들도 있습니다.

문제는 이 깔끔한 영웅 서사가 더 중요한 질문을 덮어버린 다는 데 있습니다. 다윈이 갈라파고스에서 핀치를 보고 바로 진화론을 떠올린 게 아니었다면, 우리가 물어야 할 것은 따로 있습니다. 다윈이 그 섬에 가지 않았더라도, 진화론은 결국 나 왔을까요?

말레이제도에서 온 편지

1858년 6월 18일, 다윈은 친구인 영국의 지질학자 찰스 라 이엘Charles Lyell에게 급히 편지를 썼습니다. 그날 다윈에게 도착 한 월리스Alfred Russel Wallace의 원고가 자신의 오래된 생각과 너무 도 닮아 있었기 때문입니다. 그는 독창성이 산산조각 난 기분 이라고 털어놓았습니다. 월리스가 보낸 봉투 안에는, 다윈이 오랫동안 혼자 붙잡고 있던 바로 그 문제에 대한 답이 들어 있 었습니다.

자연은 왜 이렇게 다양한가? 그리고 다양성은 어떻게 생기는가?

원고를 보낸 사람은 앨프리드 러셀 월리스였습니다. 다윈 보다 열네 살 어린 생물학자이자 탐험가였고, 당시 말레이제도를 돌아다니며 표본을 모아서 팔아 생계를 이어가고 있었습니다. 그가 머물던 곳은 터네이트였습니다. 오늘날 인도네시아 말루쿠제도에 있는 작은 화산섬으로, 당시에는 '향신료 제도' 한가운데 자리한 네덜란드령 섬이었습니다.

월리스는 이곳을 거점 삼아 주변 섬들을 오가며 표본을 모았고, 바로 여기서 자연선택에 관한 원고를 써서 다윈에게 보냈습니다. 지구 반대편의 작은 섬에서 보낸 몇 장의 원고에는, 다윈이 아직 세상에 내놓지 않은 생각의 핵심이 이미 또렷하게 적혀 있었습니다. 자연선택, 즉 조금이라도 더 유리한 개체가 살아남고, 그 차이가 세대를 거치며 쌓인다는 바로 그 아이디어였지요.

월리스가 이 생각에 이른 것은 열이 오르내리던 어느 날이었습니다. 그는 누워서 오래전 읽었던 토마스 로버트 맬서스의 《인구론》을 떠올렸습니다. 생물은 너무 많이 태어나고, 먹이와 자원은 늘 모자랍니다. 그러니 모두가 살아남을 수는 없었지요. 결국 살아남는 것은 아주 조금이라도 더 유리한 쪽일 겁니다. 월리스는 그 생각을 붙잡고, 이것으로 종이 변해가는 방식을 설명할 수 있겠다고 느꼈습니다. 그리고 원고로 정리해 다윈에게 보낸 것입니다.

다윈이 받은 충격은 클 수밖에 없었습니다. 그는 라이엘에게, 월리스가 자기의 미출간 원고를 미리 봤더라도 이보다 더 비슷하게 쓰기는 어려웠을 것이라고 했습니다. 오랫동안 붙잡고만 있던 문제를 이제는 더 미룰 수 없게 된 겁니다. 라이엘과 조지프 후커Joseph Hooker가 중재에 나섰고, 1858년 7월 1일, 린네학회에서는 다윈과 월리스의 글이 함께 소개되었습니다. 그런데 정작 그 자리에 두 사람은 없었습니다. 다윈은 집안의 비극과 건강 문제 ✦ 당시 다윈의 막내아들 찰스 워링 다윈이 1858년 6월 28일 성홍열로 세상을 떠났고, 다윈 자신도 오래 이어진 건강 문제로 크게 지쳐 린네 학회 발표에 참석하지 못했습니다로 참석하지 못했고, 월리스는 여전히 말루쿠제도에서 표본을 채집하고 있었습니다.

여기서 하나는 분명해집니다. 적어도 자연선택이라는 생각만큼은, 다윈이 아니었어도 역사에 모습을 드러냈을 가능성이 큽니다. 두 사람은 서로를 모른 채 지구 반대편에서 비슷한 결론에 닿아가고 있었습니다. 하지만 질문은 여기서 끝나지 않습니다. 같은 이론이라도 누가 먼저 말했는지, 언제 세상 밖으로 나왔는지에 따라 이후의 역사는 달라질 수 있습니다.

같은 생각, 다른 무게

그렇다면 월리스 혼자였어도, 자연선택이라는 생각이 사람들을 설득하고 널리 퍼질 수 있었을까요?

아이디어가 처음 세상에 모습을 드러내는 것과, 그 아이디어로 사람들을 설득해 세상을 바꾸는 것은 전혀 다른 일입니다. 1858년 7월 1일 린네 학회에서 다윈과 월리스의 글이 함께 소개되었을 때 곧바로 큰 반향이 일어난 것은 아니었습니다. 오히려 그해 학회 의장이던 동물학자 토머스 벨Thomas Bell은 연말 보고서에, 이번에는 과학의 흐름을 단번에 바꿔놓을 만큼 눈에 띄는 발견은 없었다는 뜻의 말을 남겼습니다. 자연선택이라는 아이디어는 처음 세상에 나왔을 때조차 거의 조용히 지나갈 뻔했던 것이지요.

다윈이 서둘러《종의 기원》집필에 들어간 것은 바로 그 직후였습니다. 그렇지만 이 책은 갑자기 떠오른 생각을 급히 적어 내려간 원고가 아닌, 다윈이 이미 오랜 시간 준비해온 생각의 산물이었습니다. 따개비 연구만 해도 1840년대 중반부터 1854년까지 8년이나 이어졌습니다. 따개비 하나를 분류하는 일조차 기준에 따라 달라진다는 것을 직접 확인하면서, 그는 종을 나눈다는 일이 얼마나 어렵고 미묘한지 몸으로 배웠습니다. 여기에 비둘기를 직접 사육하며 사람이 원하는 형질을 골라 교배하면 몇 세대 만에 형태가 크게 달라진다는 인공 선택의 힘을 확인한 경험, 남아메리카에서 가져온 화석에서 지금 그 땅에 사는 동물과 닮았지만 이미 멸종한 생물의 흔적을 발견한 것, 대륙과 섬 사이에서 달라지는 생물의 분포, 그리고 지질학이 보여준 깊은 시간까지 차곡차곡 쌓여 있었지요.

《종의 기원》은 새로운 아이디어 하나를 던진 책이 아니라, 여러 분야에서 모은 증거를 한데 엮어 만든, 크고 단단한 논증이었습니다. 그래서 이 책을 반박하려면 한 문장만 부정하는 것이 아니라, 전체 구조를 무너뜨려야 했습니다.

월리스는 달랐습니다. 그는 분명 뛰어난 자연학자였습니다. 현장에서 생물을 보고, 모으고, 서로 비교하는 눈도 아주 날카로웠습니다. 하지만 1858년의 월리스는 아직 다윈과 같은 위치에 서 있지 않았지요. 살아온 배경도 달랐고, 영국 과학계 안에서 기대고 설 기반도 약했습니다. 린네 학회에서 두 사람의 글이 함께 소개될 수 있었던 것도 라이엘과 후커 같은 당대의 권위자들이 중간에서 도와주었기 때문이었습니다. 월리스 혼자였다면 자연선택이라는 같은 결론에 도달했더라도, 그것이 지금 우리가 아는 것과 같은 속도로 퍼지고 같은 힘으로 사람들을 설득할 수 있었을지는 장담할 수 없습니다.

그렇다고 월리스를 다윈의 그림자처럼 볼 수는 없습니다. 그는 1889년에 《다윈주의Darwinism》라는 책을 내며 자연선택 이론을 강하게 옹호했고, 그것을 더 넓은 문제들로 확장해 보이려 했습니다. 이 사실만으로도 월리스가 결코 존재감 없는 인물이 아니었다는 것은 분명히 알 수 있습니다. 다만 여기서 중요한 것은 시점입니다. 1889년의 월리스는 이미 30년에 걸쳐 논쟁하고, 연구를 이어온 뒤였습니다. 반면 1858년의 월리스는 이제 막 강력한 아이디어 하나를 세상에 던진 단계에 있었습니다. 다윈처럼 오랜 세월 동안 증거를 하나씩 쌓아 거대한 논증으로 엮어낸 상태는 아직 아니었지요.

그래서 이 경우의 역사는 한 사람만으로 모든 과정을 설명할 수 없습니다. 월리스의 편지가 다윈을 움직였고, 다윈의 오랜 준비가 그 아이디어를 책으로 만들 수 있던 원천이었지요. 《종의 기원》은 다윈 혼자 갑자기 써낸 것도 아니고, 월리스 혼자였다면 그대로 나오기 어려운 책이었습니다. 비슷한 생각이 거의 같은 시기에 두 사람에게 도달했기 때문에, 역사는 바로 그 순간 앞으로 움직일 수 있었던 겁니다.

그리고 바로 여기서 더 중요한 질문이 남습니다. 이론이 발견되는 것과, 그 이론이 세상에 뿌리내리는 것 사이에는 늘 시간차가 있습니다. 그렇다면 이 시간이 달라졌다면, 오늘의 세계는 얼마나 달라졌을까요?

진화론이 바꾼 오늘의 세계

진화론이 세상에 자리를 잡는 데 걸린 시간은, 교과서 한 줄을 바꾸는 정도로 간단히 설명할 수 있는 일이 아니었습니다.

1859년에《종의 기원》이 나왔다고 해서 과학계 전체가 곧바로 뒤집힌 것은 아니었지요. 처음에는 큰 그림만 나왔습니다. 생물은 변할 수 있고, 자연선택이 그 변화를 이끈다는 생각 말입니다. 하지만 그 그림은 아직 거칠었고, 뒤로 가면서 퍼즐 조각들이 하나씩 맞춰졌습니다.

1900년대 초에는 멘델의 유전법칙이 다시 주목받았고, 1920~1930년대에는 집단유전학이 자연선택과 유전학을 하나로 묶었습니다. 한 개체가 아니라 집단 전체에서 유전자가 어떻게 퍼지고 사라지는지를 수학적으로 보여준 것입니다. 1930~1940년대에 이르러서는 현대종합설이 그 틀을 크게 세웠습니다. 화석 기록, 동물의 형태, 지리적 분포처럼 제각각 쌓여 있던 증거들을 자연선택이라는 하나의 원리로 통합한 작업이었습니다. 그리고 나중에는 분자생물학이 더해지면서, 유전자가 실제로 DNA라는 물질에 담겨 있고 그것이 단백질을 만들어 생명을 작동시킨다는 사실이 밝혀졌습니다. 생물이 어떻게 변하고 그 변화가 어떻게 다음 세대로 이어지는지 훨씬 또렷하게 보이기 시작한 것이지요. 20세기 의학은 바로 이렇게 여러 층이 차곡차곡 쌓인 바닥 위에 세워졌습니다.

이러한 흐름이 왜 중요할까요? 오늘날 병원에서 매일 일어나는 일이 바로 이 언어로 설명되기 때문입니다. 예를 들어 항생제는 세균 집단에 강한 선택압 ✦ **특정 환경 조건이 개체의 생존과 번식에 유**

리하거나 불리하게 작용하는 힘. 항생제는 내성이 없는 세균에 치명적이므로, 내성 세균만 살아

남아 번식하는 방향으로 강한 선택압이 작용합니다을 가합니다. 대부분의 세균은 죽지만, 우연히 내성을 가진 변이는 살아남습니다. 그리고 그 세균이 번식하면 다음 세대는 더 강해지지요. 이것이 바로 자연선택입니다. 교과서 속 먼 이야기가 아닙니다. 지금 이 순간에도 병원 안에서 실제로 벌어지는 일이라는 뜻입니다. 독감 백신이 해마다 조정되는 것도 같은 이유로 볼 수 있습니다. 바이러스가 계속 변하기 때문이지요. 암세포가 항암제에 내성을 갖는 과정도 마찬가지입니다. 항암제에 약한 세포들은 사라지고, 살아남은 세포들이 종양 안에서 늘어납니다. 그 안에서도 선택이 일어납니다.

2024년 대규모 연구에 따르면, 2021년에는 항생제 내성으로 인해 전 세계에서 약 114만 명이 목숨을 잃은 것으로 추정됩니다. 폐렴이나 혈류 감염처럼 한때 치료 가능하다고 여겨졌던 감염이 다시 큰 위협이 되고 있다는 뜻이지요. 장기 전망은 더 어둡습니다. 같은 연구에서는 2050년에 내성균 감염 자체가 원인이 된 직접 사망이 연간 약 191만 명까지 늘 수 있다고 봅니다.

물론 현대 의학이 진화론 하나만으로 세워졌다고 말할 수는 없습니다. 미생물학도 필요하고, 분자유전학도 필요하고, 역학적 관점도 함께 필요합니다. 하지만 내성이 왜 생기는지, 어떤 조건에서 더 빨리 퍼지는지, 왜 같은 약도 시간이 지나면

점점 덜 듣게 되는지를 가장 일반적이고 일관되게 설명하는 틀은 진화론이었습니다. 만약 그 틀이 자리를 잡는 데 시간이 더 걸렸다면, 내성균을 이해하고 대응하는 체계도 그만큼 늦어졌을 가능성이 큽니다.

진화론이 세상에 자리 잡는 데도 수십 년이 걸렸습니다. 《종의 기원》이 나온 것이 1859년이었고, 유전학과 자연선택이 하나로 묶이기까지 다시 반세기가 더 걸렸습니다. 그 토대가 20세기 초에 이르러서 겨우 쌓였는데도, 지금 이 순간에는 항생제 내성으로 매년 100만 명이 넘게 목숨을 잃고 있습니다. 따라서 진화론의 역사는 지나간 과거의 논쟁이 아니라, 지금도 병원 안에서 이어지고 있는 현재의 문제이기도 합니다.

이제, 1835년 9월, 갑판 아래 선실에 누워 있던 스물여섯 살 자연학자에게 돌아가봅시다.

다윈이 갈라파고스에 가지 않았어도 '자연선택'은 결국 등장했을 가능성이 큽니다. 월리스가 그 여지를 보여줬지요. 그런데 뒤로 가면서 애초의 질문은 조금 달라졌습니다. 중요한 건 이론이 어떻게 발견되는가만이 아니라 누구의 목소리로, 언제 세상에 나오는가에 따라 뿌리내리는 속도가 달라질 수 있다는 겁니다. 그리고 그 시간차는 결국 병원 내 환자의 생존과 사망의 숫자로 이어지기도 함을 확인했지요.

갈라파고스는 다윈에게 모든 것을 한 번에 깨닫게 한 장소는 아니었습니다. 핀치 신화를 통해 우리는 그렇게 알고 있었지만, 실제로 다윈을 바꾼 것은 5년간의 항해 전체였지요. 남아메리카의 화석이 있었고, 런던에서 이루어진 표본 분석이 있었습니다. 갈라파고스는 그 긴 과정 속에서, 종이 고정된 것이 아닐 수 있다는 가설을 조금 더 뚜렷하게 검증하는 장소 가운데 한 곳이었습니다.

《종의 기원》의 마지막에는 이런 뜻의 문장이 나옵니다.

이 단순한 출발점에서 가장 아름답고 경이로운 무한한 형태가 진화해왔고, 지금도 진화하고 있다.

다윈이 20년 동안 증거를 쌓아 도달한 곳입니다. 월리스의 편지가 없었다면, 이 내용이 1859년에 세상에 나올 수 있었을지 우리는 알지 못합니다.

뱃멀미로 선실에 누워 있던 한 젊은 자연학자가 결국 그 섬에 내렸고, 그곳에서 가져온 표본은 존 굴드의 손을 거쳐 다윈의 생각을 조금 더 분명하게 만들어주었습니다. 역사는 거대한 사건만으로 움직이는 것이 아니라 이렇게 작은 연결들이 모여 방향을 바꿉니다.

알면 재미있지 않나요?

03

갈릴레이는
'그래도 지구는 돈다'고
말했을까

1633년 6월 22일, 로마. 산타 마리아 소프라 미네르바 성당 안에 노인 한 명이 무릎을 꿇고 있습니다. 일흔에 가까운 노인은 이미 재판을 버티기에도 버거운 상태였습니다. 그는 떨리는 목소리로 긴 철회문을 읽어 내려갑니다.

"나 갈릴레오 갈릴레이는… 지구가 움직인다는 이단적 견해를 버리고, 저주하며, 혐오합니다."

서명이 끝났습니다. 그 순간, 그가 바닥을 내려다보며 낮게 중얼거렸다고 합니다.

"그래도 지구는 돈다Eppur si muove."

수많은 과학책과 교과서, 다큐멘터리에서 반복되고, 강조된 장면입니다. 권력 앞에 굴복한 듯 보이면서도 끝내 진실을 포기하지 않은 과학자. 후대가 갈릴레이에게 부여한 가장 극적인 순간이기도 합니다. 그런데 이 이야기, 과연 사실일까요?

결론부터 말하면 확인되지 않습니다. 재판 현장에 있었다는 목격자 기록도 없고, 갈릴레이 자신이 남긴 편지나 메모 어디에도 이 말은 없습니다. 현재까지 이에 대한 가장 이른, 확실한 인쇄 기록은 갈릴레이가 세상을 떠난 지 100년도 더 지난 1757년입니다.

그렇다고 실망할 필요는 없습니다. '그래도 지구는 돈다'가 전설이라는 사실 자체가 훨씬 흥미로운 질문으로 가는 시작이기 때문입니다. 왜 이 말은 사실처럼 굳어졌을까요? 누가, 언제, 왜 이 이야기를 필요로 했을까요? 그리고 전설을 걷어 내고 나면, 실제 갈릴레이는 어떤 사람으로 남을까요?

그런데 2026년 2월, 피렌체의 한 도서관에서 오래된 책 한 권이 새롭게 주목받았습니다. 그 책의 여백에 적힌 낡은 필기가, 우리가 오랫동안 품었던 의문을 풀 실마리가 될 수 있을까요?

영웅 서사의 탄생

그 말이 처음 기록에 등장한 것은 언제일까요? 앞서 이야기했듯 1757년입니다. 이탈리아의 문학비평가이자 작가인 주세페 바레티Giuseppe Baretti가 런던에서 출판한 책 《이탈리아 도서관The Italian Library》 52쪽에 이 문장이 실려 있습니다. 갈릴레이가 세상을 떠난 해는 1642년이니, 그 사이에는 115년의 공백이 있는 것이지요. 재판 현장을 직접 봤다는 기록도 없고, 갈릴레이 주변 인물들이 남긴 당대의 증언도 보이지 않습니다.

1640년대에 그려진 것으로 추정되는 초상화에 'Eppur si muove'가 새겨져 있다는 주장도 오랫동안 제기되었습니다. 만약 사실이라면 갈릴레이 생전, 또는 사후 얼마 지나지 않은 시점부터 이미 이 말이 떠돌았다는 뜻이 됩니다. 하지만 그 그림은 제작 시기와 진위 여부를 둘러싼 논란이 오래 이어져, 결정적인 증거로 보기는 어렵습니다.

그렇다면 이 말은 어디서 나온 걸까요?

18세기 유럽은 계몽주의가 빠르게 퍼지던 시대였습니다.

사람들은 세상을 설명하는 권한이 교회에만 있어서는 안 된다고 생각하기 시작했지요. 이성과 관측, 계산으로 세상을 이해하려는 흐름이 점점 힘을 얻고 있었습니다. 이런 시대에는 상징이 필요합니다. 권력에 눌리더라도 끝내 진실을 버리지 않은 과학자, 그리고 그 모든 갈등을 한 문장으로 보여주는, 마지막 한마디 같은 상징 말이지요. 갈릴레이와 '그래도 지구는 돈다'는 바로 시대가 원하던 상징이 되기에 너무도 잘 맞는 조합이었습니다.

이런 패턴은 갈릴레이를 둘러싼 다른 전설에서도 반복됩니다. 가장 유명한 것이 피사의 사탑 이야기지요. 갈릴레이가 사탑 위에 올라가 무게가 다른 물체 2개를 동시에 떨어뜨렸고, 이것으로 무거운 물체가 더 빨리 떨어진다는 아리스토텔레스의 주장을 공개적으로 뒤집었다는 내용입니다. 듣기에는 아주 멋진 장면입니다. 그런데 이 일화도 생각만큼 믿을 만한 기록이 남아 있는 것은 아닙니다. 그 이야기가 널리 굳어진 것은 갈릴레이가 세상을 떠난 뒤, 제자 빈첸초 비비아니Vincenzo Viviani가 쓴 전기를 통해서였습니다. 그래서 현대 역사학자들 가운데는, 이 일이 정말 피사의 사탑 위에서 벌어진 공개 실험이었다는 것을 선뜻 받아들이지 않는 사람이 많습니다. 갈릴레이가 아리스토텔레스를 반박한 힘은 눈앞의 극적인 장면보다 사고실험과 논증에 더 가까웠기 때문입니다.

위대한 과학자에게는 늘 비슷한 이야기가 따라붙습니다. 세상을 뒤집는 극적인 순간이 있고, 그 장면을 한 번에 기억하게 만드는 짧은 한마디가 있지요. 뉴턴에게는 '사과'가 있고, 아르키메데스에게는 '유레카'가 있고, 갈릴레이에게는 그 마지막 중얼거림이 있습니다. 이 이야기들을 전부 꾸며낸 것이라고 단정할 수는 없지만, 이런 장면이 유독 오래 살아남아 구전되는 데는 이유가 있습니다. 사람들은 과학이 만들어지는 긴 과정보다 한 사람과 한 장면, 한마디로 남는 이야기를 더 잘 기억하기 때문이지요.

그런데 영웅 서사에는 한 가지 문제가 있습니다. 이야기가 강렬해질수록, 정작 실제 인물은 잘 보이지 않게 된다는 점입니다. 전설 속 갈릴레이는 아주 분명합니다. 법정에서 무릎을 꿇고도 끝내 진실을 버리지 않은 사람으로 그려지지요. 하지만 실제 갈릴레이는 그렇게 한 장면으로 설명되는 인물이 아니었습니다. 우리가 생각하는 것보다 훨씬 복잡했고, 그래서 더 흥미로운 사람이었습니다.

반역자이기 전에, 내부자

갈릴레이가 공개적으로 코페르니쿠스 체계 ✦ 지구가 우주의 중심

쪽으로 기울기 시작한 것은 1610년대 초였습니다. 망원경으로 목성의 위성을 발견하고, 금성의 위상 변화도 직접 관측한 뒤였지요. 1613년 무렵이 되면 그 입장은 훨씬 더 분명하게 드러납니다. 그런데 여기서 궁금한 점이 하나 생깁니다. 망원경으로 하늘을 보기 전 갈릴레이는 오랜 시간 무엇을 하고 있었을까요?

1592년부터 1610년까지, 갈릴레이는 파도바대학에서 수학과 천문학을 가르쳤습니다. 그가 학생들에게 설명한 것은 프톨레마이오스의 지구 중심 천문학이었습니다. 지구는 우주의 중심에 고정되어 있고, 태양과 행성들은 그 주위를 돈다는 체계였지요. 당시 대학에서 천문학을 가르치는 일은 우주에 대한 철학을 말하기보다 행성의 움직임을 계산하고 예측하는 법을 훈련하는 방식에 더 가까웠습니다. 갈릴레이는 그 수업을 오랫동안 직접 맡았습니다. 훗날 자신이 비판하게 될 바로 그 체계를, 강단에서 차근차근 설명하고 있었던 겁니다.

단순히 먹고살기 위해 어쩔 수 없이 가르친 수준이 아니었습니다. 당시 천문학을 가르친다는 것은 프톨레마이오스의 계산을 실제로 다룰 수 있어야 한다는 뜻이었습니다. 행성의 복잡한 움직임을 설명하기 위해 만든 주전원, 이심원, 등화점 같은 장치들을 학생들 앞에서 직접 계산하고 설명해야 했지요. 갈릴레이의 초기 글을 보면 이런 점이 더 분명해집니다. 그는 프톨레마이오스의 수학적 논증을 정확하게 짚으면서 논쟁을 펼칩니다. 그저 교과서를 옮겨 적은 사람에게서는 나오기 어려운 방식이었지요. 체계를 안에서부터 충분히 이해한 사람이라는 증거였습니다.

훗날 갈릴레이는 코페르니쿠스의 이론에 반대하던 사람들과 논쟁하면서, 코페르니쿠스를 제대로 이해하려면 먼저 프톨레마이오스의 수학부터 알아야 한다는 뜻의 말을 남깁니다. 이것이 단순한 논쟁의 기술이었는지, 아니면 자기 경험에서 나온 말이었는지는 알 수 없습니다. 하지만 오랜 강의와 초기 저술을 보면, 갈릴레이 자신도 프톨레마이오스의 체계를 깊이 익히고 그 안에서 한계를 본 뒤에야 코페르니쿠스 쪽으로 기울었을 가능성이 커 보입니다. 우리가 흔히 떠올리는 갈릴레이는 낡은 권위에 맞서 싸운 혁명가지만 기록 속 그는 조금 다릅니다. 그 체계를 오래 공부했고, 직접 가르쳤고, 바로 그 안에서 문제를 발견한 사람이었던 것이지요. 갈릴레이는 반역자이기 전에, 프톨레마이오스를 끝까지 읽어낸 내부자였는지도 모릅니다.

증거와 증명 사이

그렇다면 갈릴레이는 정말 지동설을 증명한 것일까요?

우리는 보통 그렇게 기억합니다. 망원경으로 하늘을 관측해서 천동설에 큰 균열을 낸 과학자라고 생각하지요. 그런데 이 대목에서 중요한 질문 하나를 반드시 던져야 합니다. 갈릴레이가 손에 쥐고 있던 증거는, 오늘 우리가 말하는 의미의 '완전한 증명'이었을까요?

망원경을 이용한 갈릴레이의 관측 가운데 중요한 것 중 하나는 금성의 위상 변화였습니다. 금성이 달처럼 모양을 바꾼다는 사실은 금성이 지구가 아니라 태양을 중심으로 움직인다는 뜻이었지요. 프톨레마이오스 체계, 즉 모든 천체가 지구를 중심으로 돈다는 체계에서는 이걸 설명할 길이 없었습니다. 목성 주위를 도는 4개의 위성도 큰 문제였습니다. 모든 천체가 반드시 지구만을 중심으로 돌아야 한다는 생각에 분명한 예외가 생긴 셈이니까요.

그런데 여기서 끝이 아니었습니다. 당시에는 또 다른 유력한 설명이 있었기 때문입니다. 바로 덴마크 천문학자 티코 브라헤의 체계입니다. 이 모델에서는 태양이 지구 주위를 돌고, 다른 행성들은 다시 태양 주위를 돕니다. 얼핏 복잡해 보이지만, 금성의 위상 변화는 여기서도 완벽히 설명할 수 있습니다.

오히려 당시 코페르니쿠스 체계에 반대하던 사람들은 갈릴레이에게 더 까다로운 질문을 던졌습니다.

"지구가 정말 움직인다면, 왜 별의 위치는 1년 내내 달라지지 않는가?"

지구가 태양 주위를 돈다면 별을 바라보는 각도도 조금씩 달라져야 합니다. 그런데 당시 망원경으로는 그 미세한 변화를 잡아낼 수 없었습니다. 반대파 입장에서는 이것이 지동설에 대한 아주 강한 반론이었지요.

그럼에도 갈릴레이는 왜 지동설을 포기하지 않았을까요? 그에게는 조석, 그러니까 밀물과 썰물에 대한 자기 나름의 이론이 있었습니다. 그는 바닷물이 들고 나는 이유가 달의 힘이 아니라, 지구가 자전하고 공전하면서 바다의 물이 앞뒤로 쏠리기 때문이라고 생각했습니다.

쉽게 말하면 움직이는 배 안에서 물이 한쪽으로 밀렸다가 다시 반대쪽으로 몰리는 것처럼, 지구 위의 바다도 그렇게 움직인다고 본 것이지요. 갈릴레이에게 이는 단순한 추측이 아니었습니다. 지구가 실제로 움직인다는 물리적 증거라고 여겼습니다. 문제는 이 설명이 맞지 않았다는 점입니다. 조석의 주된 원인은 달과 태양의 중력이고, 갈릴레이가 확신했던 그 '증거'는 결국 잘못된 증거였습니다.

그렇다고 갈릴레이의 한계를 실패라고 부르기는 어렵습니다. 오히려 과학은 이렇게 발전하는 법이지요. 먼저 맞는 방향을 잡는 사람이 나오고, 그다음에 그것을 더 단단하게 뒷받침할 증거가 천천히 쌓이게 됩니다. 갈릴레이는 그 첫 단계를 해낸 사람이었습니다. 다만 그가 손에 쥔 관측과 해석만으로 모든 경쟁 이론을 한 번에 끝낼 만큼 시대가 준비가 되어 있지는 않았습니다. 코페르니쿠스 체계가 다른 모델들을 밀어내고 자리 잡기까지는, 그 뒤로도 더 긴 시간이 필요했습니다.

결국 '갈릴레이가 지동설을 증명했다'는 말은 엄밀히 따지면 반쯤만 맞습니다. 그는 천동설에 큰 균열을 냈고, 코페르니쿠스 체계가 훨씬 설득력 있다는 점을 보여주었습니다. 하지만 과학에서 '증명'이라는 말은 생각보다 엄격합니다. 갈릴레이가 법정에 서던 시점에도, 티코 브라헤의 것 같은 경쟁 모델은 여전히 살아남아 그의 발목을 잡고 있었던 겁니다.

재판 뒤의 한마디 대신 남은 것

처음 장면으로 돌아가보겠습니다. 1633년 6월 22일, 갈릴레이는 무릎을 꿇고 철회문에 서명합니다. 지동설을 지지했던 입장을 공식적으로 거두는 순간이었지요. 우리가 익숙하게 아는 전설에서는, 바로 그 직후 갈릴레이가 '그래도 지구는 돈다'고 낮게 중얼거립니다. 그런데 정말 그 자리에서 그런 말을 할 수 있었을까요?

　재판 기록은 남아 있습니다. 종교재판소는 고문의 가능성을 내비쳤고, 갈릴레이는 압박 속에서 자신의 입장을 철회했습니다. 그는 오랫동안 몸이 좋지 않았으며, 나이도 이미 일흔에 가까웠습니다. 그런 상태에서 방금 서명한 철회문을 곧바로 뒤집는 말을 공개적으로 내뱉었다면, 용기라기보다 스스로 더 무거운 처벌을 부르는 행동에 가까웠을 겁니다. 절차적으로 봐도 너무 위험한 선택이었지요.

　갈릴레이가 그 자리의 무게를 몰랐을 리는 없습니다. 그가 재판을 받기 33년 전인 1600년, 철학자 조르다노 브루노^{Giodarno Bruno}는 로마에서 화형당했습니다. 우주가 무한하다는 생각과 세계가 여럿일 수 있다는 주장도 그 사건에 얽혀 있었지만, 브루노의 경우는 여러 신학적 이단 혐의가 함께 있었습니다. 그러니 갈릴레이의 입장을 브루노의 상황에 그대로 적용해서 볼 수는 없습니다. 그렇더라도 갈릴레이는 이러한 선례가 있었다는 사실을 인지했고, 자신이 어떤 자리에서 재판을 받고 있는지도 분명히 알았을 겁니다.

　그는 살아남는 쪽을 택했습니다. 입장을 철회한 뒤 피렌체 근교 아르체트리의 집에서 가택 연금 상태로 지냈습니다. 여기까지만 보면 이야기의 끝은 비극처럼 보입니다. 하지만 갈릴레이는 거기서 멈추지 않았습니다. 시간이 지나면서 시력은 빠르게 나빠졌고, 1637년 무렵에는 거의 앞을 보지 못하게 됩니다. 그래도 연구는 멈추지 않았습니다. 직접 글을 쓰기 어려워지자, 제자들에게 내용을 불러주는 방식으로 작업을 이어갔지요. 그렇게 나온 책이 1638년 《새로운 두 과학 Discorsi e dimostrazioni matematiche intorno a Due nuove scienze》입니다. 낙하운동, 포물선운동, 재료의 강도 같은 내용이 담긴 책으로, 훗날 뉴턴역학으로 이어지는 중요한 바탕 가운데 하나가 되는 매우 중요한 서적입니다.

브루노와 갈릴레이를 함께 떠올리면 자연스럽게 이런 질문이 따라옵니다. 누가 더 용감했을까? 하지만 과학사에서 중요한 질문은 조금 다를지도 모르겠습니다. 누가 과학을 실제로 앞으로 나아가게 했는가입니다. 브루노는 신념을 끝까지 굽히지 않았고, 갈릴레이는 살아남아 연구를 이어갔습니다. 그리고 과학사에 오래 남은 것은, 갈릴레이가 끝내 남긴 책들이었습니다.

전설 속 갈릴레이는 법정에서 한마디를 남긴 사람으로 기억됩니다. 하지만 실제 갈릴레이는 집으로 돌아가 책을 썼습니다. 어느 쪽이 더 극적인지는 사람마다 다르게 느낄 수 있지만 어느 쪽이 과학에 더 오래 남았는지는 너무나 분명하지요.

전설을 걷어 낸 자리

'그래도 지구는 돈다'고 말하지 않았다고 해서, 지구가 멈추는 것은 아닙니다. 갈릴레이가 철회문에 서명했다고 해서, 그의 관측과 계산까지 틀려지는 것도 아닙니다. 전설이 사라진다고 해서 과학까지 사라지는 것은 아니지요. 그렇다면 전설을 걷어 낸 자리에 남는 것은 무엇일까요?

2026년 2월, 피렌체 국립중앙도서관은 흥미로운 발표를 내놓았습니다. 밀라노대학 연구원 이반 말라라 Ivan Malara가 1551년판 프톨레마이오스의 《알마게스트 Almagest》 여백에서 갈릴레이의 젊은 시절 필기와 매우 맞아떨어지는 주석들을 찾아냈다는 내용이었습니다. 시기는 1590년 전후로 추정됩니다. 아직 망원경으로 하늘을 보기 전, 젊은 갈릴레이가 남긴 흔적이라는 뜻이지요. 나중에는 이 체계를 비판하게 될 사람이, 젊은 날에는 그 수식과 논리를 책 여백에 직접 적으며 따라가고 있었던 겁니다.

이 발견이 흥미로운 이유는, 갈릴레이에 대해 우리가 알던 모습을 조금 다르게 볼 수 있게 하기 때문입니다. 갈릴레이는 법정에서 영웅적인 한마디를 남긴 사람으로만 기억될 인물이 아니었습니다. 그는 상대의 논리를 끝까지 따라가본 뒤에야 그 안의 문제를 알아본 사람이었던 것이지요. 증거가 아직 완전하지 않을 때조차 거기서 멈추지 않고 앞으로 나아간 사람이기도 했습니다. 어쩌면 갈릴레이를 더 잘 보여주는 것은 법정의 한 마디보다, 책 여백에 남아 있는 계산과 필기들인지도 모르겠습니다.

다시 1633년 6월의 그 성당으로 돌아가봅시다. 무릎을 꿇고 철회문을 읽던 갈릴레이가 그 순간 정말 무슨 말을 했는지는 알 수 없습니다. 아마 앞으로도 알기 어려울 겁니다. 하지만 그가 그 뒤에 무엇을 했는지 우리는 너무나 잘 알고 있습니다. 집으로 돌아가 연구를 이어갔고, 1638년에는 《새로운 두 과학》을 세상에 내놓았습니다. 그리고 수백 년이 지난 지금, 피렌체의 오래된 도서관에서는 그가 젊은 날 무엇을 읽고 어떤 계산을 따라가고 있었는지도 조금씩 보여주고 있습니다.

전설은 사람을 한 장면으로 남깁니다. 하지만 실제 역사는 그렇게 간단하지 않습니다. 훨씬 복잡하고, 그래서 오히려 더 흥미롭습니다. 갈릴레이는 '그래도 지구는 돈다', 이 한마디로 기억될 사람이 아니라, 평생 읽고 계산하고 의심하고, 끝내 자기 손으로 세계의 질서를 다시 그려보려 했던 사람으로 기억되어야 합니다.

알면 재미있지 않나요?

알렉산드리아
도서관이
불타지 않았다면

기원전 48년, 알렉산드리아. 율리우스 카이사르의 병사들이 항구를 봉쇄하던 밤이었습니다. 당시 알렉산드리아는 지중해 세계에서 가장 큰 도시 중 한 곳이었고, 이 도시의 중심에는 세상의 모든 책을 모으겠다는 프톨레마이오스 왕조의 야심과 후원으로 세워진 도서관이 있었습니다. 에라토스테네스의 지구 둘레 계산처럼, 아리스타르코스의 태양중심설처럼, 아르키메데스의 부력과 지렛대 계산처럼 고대 세계의 가장 대담한 생각들이 모이고 읽히고 옮겨 적히던 곳이었지요.

어느 날 밤 창고 쪽에서 불이 번지기 시작하자, 누군가는 짐을 옮기고, 누군가는 물을 들이붓고, 누군가는 연기 속에서 뛰어나왔습니다. 그리고 도서관에 보관되어 있던 인류가 쌓아온 지식이 그 불길로 인해 한꺼번에 사라졌다는, 즉 알렉산드리아의 도서관 이야기가 바로 여기서 시작됩니다.

이 장면이 오래 남은 이유는 분명합니다. 알렉산드리아는 고대 세계에서 손꼽히는 지식의 중심지였습니다. 지중해 곳곳에서 학자들이 모여들었고, 당시 가장 대담한 수학과 천문학의 생각들이 그곳에서 펼쳐졌습니다. 그러니 사람들은 자연스럽게 이렇게 상상하게 됩니다.

저 불이 건물 한 채만 태운 게 아니라, 인류가 훨씬 일찍 알 수 있었던 답까지 함께 없애버린 것은 아닐까?

그럼 곧바로 이런 생각을 할 수 있습니다. 알렉산드리아 도서관이 그대로 남아 있었다면? 무수히 많은 책을 잃지 않고 이름조차 전해지지 않는 학자들의 계산과 기록도 이어졌을 겁니다. 그렇다면 천문학은 더 빨리 발전했을까요? 갈릴레이와 뉴턴보다 훨씬 앞서 비슷한 생각에 닿은 사람이 이미 있었던 건 아닐까요?

그런데 정말 모든 것이 그날 알렉산드리아 도서관이 불타면서 한꺼번에 끝났을까요? 또는 불이 나지 않아 책이 남아 있었다면, 세상은 우리가 기대하는 만큼 달라졌을까요?

정말 그날 다 끝났을까

실제 기록을 따라가보면, 우리가 아는 그 장면은 생각보다 훨씬 흐릿합니다. 오늘날 학계는 알렉산드리아의 두 도서관, 즉 왕궁 구역의 왕립 도서관과 세라피움 쪽의 도서관이 서로 다른 시기에 사라졌다고 보는 쪽으로 기울어 있습니다. 우리가 기억하는 '그날 밤의 대화재'는 실제로는 수백 년에 걸쳐 일어난 일들을 하나의 극적인 장면으로 뭉뚱그린 이야기일 수 있다는 뜻입니다.

카이사르가 항구에 정박한 이집트 함선들에 불을 지른 것은 당시 여러 기록이 공통적으로 전하는 사실입니다. 문제는 그다음입니다. 카이사르는 도시 안에서 무엇이 얼마나 탔는지 자세히 남기지 않았습니다. 훗날 그리스의 철학자 플루타르코스는 그 불이 부두에서 번져 대도서관을 태웠다고 적었지만, 같은 사건을 둘러싼 기록들을 살펴보면 서로 다른 이야기를 하고 있습니다. 더구나 고대 그리스의 역사학자 스트라본은 화재로부터 20여 년 뒤, 알렉산드리아에 머물며 무세이온Museion을 언급합니다. 무세이온은 당시 도서관과 함께 운영되던 기관으로 학자들이 모여 연구하고 강의하던 곳이었습니다. 스트라본의 기록이 맞다면 카이사르의 화재 이후에도 이 학문 공동체는 여전히 돌아간 것이고, 그렇다면 적어도 그 화재의 날에 모든 것이 곧바로 끝났다고 단정하기는 어렵습니다.

카이사르의 화재 이후에도 도서관의 역사는 계속됩니다. 세라피움 신전에 딸린 분관은 4세기까지 살아남았고, 391년 로마 황제 테오도시우스 1세가 이교 신전을 폐쇄하라는 칙령을 내리자 알렉산드리아 주교 테오필루스가 세라피움을 파괴하면서 함께 사라졌다고 알려져 있습니다. 7세기 아랍 정복 때 칼리프 오마르가 도서관을 불태웠다는 전설도 있지만, 이 이야기는 수백 년 뒤에 나타난 기록에서 비롯된 것으로 지금은 후대에 만들어진 이야기로 보는 의견이 강합니다.

결국 알렉산드리아의 도서관은 한 번의 불길로 사라진 게 아니라, 수백 년에 걸쳐 전쟁과 정치, 종교 변화와 후원 약화 속에서 서서히 끝났을 가능성이 더 큽니다. 그렇다면 질문도 조금 달라집니다. 사라진 것은 책 더미였을까요? 아니면 책을 모으고, 고르고, 읽고, 옮겨 적고, 다음 세대로 넘기던 어떤 체계였을까요?

해지거나 다른 저자가 짧게 인용한 몇 줄로 남은 책들이 온전한 모습으로 존재할 가능성이 큽니다. 그리스어 문헌뿐이 아닙니다. 당시 알렉산드리아를 보면 이집트의 기록과 다른 지역에서 들어온 저작들의 흔적이 있습니다. 책이 많아진다는 것은, 서로 다른 전통이 한 도시에서 오래 만나고 비교될 수 있었다는 뜻이기도 합니다.

그다음에 달라지는 것은 읽는 방식입니다. 앞서 본 것처럼 알렉산드리아 도서관의 강점은 책을 쌓아둔 데 있지 않았습니다. 좋은 사본을 고르고, 서로 대조하고, 목록을 만들고, 주석을 붙이는 일이 그 안에서 이루어졌습니다. 이런 작업이 한 세대에서 끝나지 않고 두 세대, 세 세대 이어졌다면 차이는 꽤 커졌을 겁니다. 한 번 정리된 목록 위에 새로운 목록이 올라가고, 한 번 교정된 문장 위에 더 나은 판본이 얹히는 식으로 말이지요.

그때 어떤 책이 사라지더라도 판단이 축적됩니다. 무슨 책이 중요한지, 어느 대목이 의심스러운지, 어떤 계산이 더 믿을 만한지, 한 세대가 힘들게 정리한 그 판단들이 다음 세대에 전해지지 못하면 결국 같은 자리에서 다시 시작해야 합니다. 지식은 책 속에만 존재하는 게 아니라, 이를 다루어온 사람들의 방식에도 남아 있기 때문입니다.

천문학은 이 차이가 두드러지는 분야입니다. 에라토스테네스가 지구의 둘레를 계산하고, 히파르코스가 별의 목록을 만들고, 아리스타르코스가 태양까지의 거리를 추정했습니다. 이 작업들은 서로 연결되어 있었고, 다음 사람이 앞사람의 결과를 이어받아야 천문학도 나아갈 수 있었습니다. 같은 하늘을 수십 년, 수백 년에 걸쳐 반복해서 관측하고 비교해야 오차가 줄고 패턴이 보입니다. 그 기록이 끊기면 다음 세대는 결국 다시 시 작해야 하지요. 이런 분야에서 결정적인 것은 천재 한 사람의 번뜩임이 아니라, 틀리고 고치고 다시 관측하고 측정하는 과정 이 끊기지 않고 쌓이는 일입니다. 알렉산드리아가 몇 세기 더 버텼다면, 후대의 학자들은 맨 처음부터 다시 시작하는 대신 훨씬 탄탄한 기록 위에서 출발할 수 있었을 겁니다.

더 많은 책, 더 좋은 사본, 더 긴 관측 기록, 더 오래 이어진 학문 공동체. 이쯤 되면 정말 역사의 시계가 몇 세기쯤 앞당겨 질 듯 보입니다. 그런데 지식이 더 오래 살아남는 것과, 세상이 실제로 다른 방향으로 움직이기 시작하는 것은 과연 같은 일일 까요?

지식과 변화의 거리

책이 끊기지 않고 전해졌다면 출발선부터 달라졌을 겁니 다. 잃어버린 계산과 관측 기록, 더 나은 판본, 오래 이어진 판단의 축적이 남았을 테니까요. 그런데 그것만으로는 아직 부족합니다. 어떤 생각이 책 속에 적혀 있는 것과, 그 생각이 여러 사람의 손을 거치며 검증되고 널리 퍼져 세상을 바꾸는 것은 전혀 다른 단계의 일이기 때문입니다.

흔히 지동설이라고 부르는 태양중심설이 그 예입니다. 지구가 아니라 태양이 중심일 수 있다는 생각은 고대에도 존재했습니다. 하지만 이는 곧바로 천문학의 표준이 되지 못했습니다. 생각만으로는 계산이 더 정확해질 수 없었기 때문입니다. 행성의 위치를 더욱 잘 예측할 수 있는 표가 필요했고, 그 표를 만들려면 정밀한 관측이 필요했습니다. 또 관측을 이어갈 사람들과, 서로의 계산을 비교하고 틀린 부분을 고치는 문화가 필요했지요. 좋은 생각은 출발점일 뿐입니다. 그 생각이 살아남아 다음 세대의 기준이 되려면, 그것을 떠받치는 도구와 계산과 공동체가 함께 존재해야 합니다.

기계도 마찬가지입니다. 기원후 1세기, 알렉산드리아에서 활약한 수학자 헤론은 증기로 돌아가는 장치를 만들었습니다. 하지만 그것이 곧바로 산업혁명으로 이어지지는 않았습니다. 광산의 물을 퍼내고, 공장을 돌리고, 도시 전체의 생산 방식을 바꾸는 기계를 만드는 데는 연료를 안정적으로 공급하는 체계가 필요했고, 금속을 정밀하게 가공하는 기술이 필요했고, 부품을 같은 규격으로 반복해서 만들 수 있는 생산 방식이 필요했습니다. 이처럼 아이디어가 책 속에 적혀 있는 것과, 그것이 실제로 작동하는 기술이 되는 일은 다른 문제입니다. 손으로 제작해보고, 망가지면 고치고, 더 나은 재료를 찾고, 같은 장치를 수십 번 반복해서 만들어야 비로소 광산에서, 공장에서 쓸 수 있는 기계가 됩니다.

게다가 필사본의 세계에서는 책 한 권이 만들어지고 전파되는 데 시간이 걸렸습니다. 먼저 숙련된 필경사가 오랜 시간에 걸쳐 책을 베껴야 했고, 그 책이 다른 도시로 가려면 사람이 직접 들고 옮겨야 했습니다. 아주 뛰어난 생각이 적혀 있어도, 널리 읽히고 논쟁의 중심이 되기까지는 긴 시간이 걸릴 수밖에 없었지요. 근대 과학은 책이 빠르게 복제되고, 여러 도시의 학자들이 비슷한 시기에 같은 내용을 읽고, 서로 반박하고, 다시 계산하는 구조 속에서 발전해왔습니다. 알렉산드리아의 도서관이 살아남았더라도 인쇄술이 곧바로 생겨났을 리 없고, 유럽 전역에 흩어진 대학과 학회가 자동으로 만들어졌을 리도 없습니다.

고대의 학자들도 하늘을 관측하고, 계산하고, 기록을 남겼습니다. 하지만 근대 과학은 거기에 한 가지를 더 얹었습니다. 자연을 설명하는 데서 멈추지 않고, 일부러 조건을 바꿔가며 실험하고, 결과를 수량으로 비교하고, 다른 사람이 같은 실험을 다시 해도 동일한 값이 나오는지 확인하는 방식으로 지식을 발전시켜왔지요. 망원경이 필요했고, 시계가 더 정확해져야 했고, 운동을 수식으로 묶는 새로운 수학도 필요했습니다. 남아 있는 책이 많았다면 분명 도움이 되었을 겁니다. 하지만 지금의 과학은 기록의 축적만으로 생기지 않았습니다. 새로 측정하고, 반복해서 틀려보고, 틀린 이유를 다시 계산하는 과정 속에서 답을 찾으며 성립되었습니다.

그래서 알렉산드리아의 도서관이 살아남았다면 역사의 시계가 곧바로 몇 세기 앞당겨졌을 거라고 말하기는 어렵습니다. 하지만 달라지는 것은 분명합니다. 같은 질문을 처음부터 다시 묻지 않아도 되고, 이미 검증된 계산 위에서 다음 계산을 시작할 수 있습니다. 그렇다면 질문은 이렇게 바꿔볼 수 있겠지요.

세상을 단숨에 바꾸지는 못하더라도, 그렇게 남아 있던 지식은 이후의 세계를 얼마나 다르게 만들었을까요?

지식을 남기는 방식

알렉산드리아의 도서관이 살아남았다면, 우리 앞에 놓인 지식의 빈자리는 지금보다 적었을 가능성이 큽니다. 우리에게 남아 있는 고대의 책은 애초에 쓰였던 것의 일부에 불과해서, 제목만 남고 본문은 사라진 것도 많으니까요. 더 큰 문제는, 우리가 잃어버렸다는 사실조차 모르는 책이 훨씬 많을지 모른다는 점입니다. 어떤 식으로든 기록이 남아 있는 책만 '잃어버린 책'이 될 수 있습니다. 아무도 다시 적지 않고, 아무도 목록에 남기지 않은 책은 존재했는지조차 알 수 없습니다. 그런 끊어진 자리가 조금만 적었어도, 후대의 학자들은 이미 누군가가 간 길을 처음부터 다시 더듬지 않아도 되었을 겁니다.

알렉산드리아의 도서관이 무세이온과 함께 돌아가던 연구 기관의 일부였다는 점을 떠올리면, 여기서 사라진 것은 책장 한 칸이 아니라 빈칸을 줄여주던 중심지였다고 보는 편이 더 맞습니다. 아르키메데스의 경우가 좋은 예입니다. 우리는 아르키메데스가 구와 원기둥의 부피를 구했고, 지렛대와 부력에 대해 놀라운 결과를 남겼다는 사실은 압니다. 그런데 그가 결론에 어떻게 다가갔는지는 오랫동안 잘 알지 못했습니다.

빈칸을 조금이나마 메워준 것이 1906년에 다시 발견된 《역학 정리의 방법 The Method of Mechanical Theorems》이라는 책입니다. 이 글에서 아르키메데스는 도형을 아주 얇은 조각으로 나누어 저울에 올려보듯 비교하고, 균형을 이용해 넓이와 부피를 먼저 짐작한 뒤, 나중에 더 엄밀한 방식으로 증명하는 길을 보여줍니다. 답만 존재하는 것이 아니라, 답에 이르는 방법과 실험이 남아 있었던 셈이지요.

만약 알렉산드리아 같은 곳에서 이런 작업 노트와 주석, 해설이 더 많이 살아남았다면 어떠했을까요? 후대의 수학자들은 정리 한 줄만 전해 받는 것이 아니라, 어려운 문제를 어떻게 쪼개고 비교하고 의심해야 하는지까지 함께 물려받았을 겁니다. 이것이 바로 지식이 온전히 이어지는 세계입니다. 결과만이 아니라, 어떻게 생각해서 그 결론에 닿았는지까지 함께 전해지는 세계 말입니다.

그래서 달라졌을 세상을 상상할 때도, 몇 세기 앞선 문명을 바로 떠올리기보다는 다시 돌아가야 하는 일이 적은 세계를 떠올리는 편이 더 맞을지 모릅니다. 그곳은 비극 시인의 잃어버린 작품이 조금 더 남아 있고, 수학 주석서가 이어지고, 천문 관측 표가 쌓여 있어서 누군가 어디까지 갔는지 좀 더 빨리 확인할 수 있는 세계일 겁니다.

결국 인류의 지식을 지켜주는 것은 위대한 책 몇 권이 아니었을지 모릅니다. 그 책과 계산과 판단이 끊기지 않고 다음 사람에게 넘어가게 만드는 연결, 어쩌면 그것이 오래 남는 힘이었겠지요.

알면 재미있지 않나요?

티코 브라헤의
관측이
없었다면

　　　　　　　　　　1600년 무렵, 프라하의 밤입니다. 이 도시에서는 해가 지면 하늘을 관측하는 일을 중요하게 여겼습니다. 망원경도 없이 별과 행성의 위치를 재고, 그 숫자를 계산해 종이에 옮기는 일이 밤마다 반복되었습니다. 지금 우리 눈에는 단순한 숫자처럼 보이지만, 그 기록 한 권 한 권에는 천체가 실제로 어디에 있었는지가 담겼습니다. 어제 화성이 있던 자리, 지난달 목성이 있던 자리, 계절이 바뀔 때마다 조금씩 달라진 별의 위치가 모두 들어 있었습니다.

　　이 기록을 만든 사람은 티코 브라헤Tycho Brahe입니다. 그는 유럽에서 가장 정확하게 하늘을 관측하던 사람이었습니다. 망원경이 발명되기 전, 맨눈으로 낼 수 있는 오차의 한계는 보통 10분각^{arcmin} ✦ **분각은 각도를 나타내는 단위입니다. 1도를 60으로 나눈 각도 단위가 1분각이지요** 안팎이었습니다. 밤하늘에서 보름달이 차지하는 각도가 약 30분각이니, 그 3분의 1 크기의 오차는 당시에 어쩔 수 없는 수준이었습니다. 그런데 티코는 이 한계를 2분각 이내로 줄였습니다. 무려 20년 넘게 관측할 수 있는 밤마다 같은 대상을 반복해서 재고, 기구를 직접 설계하고, 오차가 어디서 생기는지 따로 기록하는 방식으로 말이지요.

티코 브라헤의 곁에는 요하네스 케플러^{Johannes Kepler}가 있었습니다. 케플러는 계산에 뛰어났지만, 직접 관측 기록을 작성한 사람은 아니었습니다. 티코에게는 20년치 데이터가 있었고, 케플러에게는 그 데이터를 분석할 수학적 능력이 있었던 것이지요.

우리는 보통 법칙이란 누군가의 머릿속에서 탄생했다고 생각합니다. 뛰어난 사람이 오래 고민하다가, 어느 순간 답을 본 것처럼요. 하지만 정말 그런 방식이었을까요? 케플러가 티코 브라헤의 관측 기록에 닿지 못했다면, 우리가 아는 케플러의 법칙은 그래도 같은 모습으로 나왔을까요?

너무 이른 확신

케플러는 티코의 관측 기록을 보기 전부터 우주에 대해 꽤 분명한 생각을 갖고 있었습니다. 튀빙겐에서 공부하던 시절 코페르니쿠스의 지동설을 접했고, 태양을 중심에 두는 그림이 훨씬 단순하고 설득력 있다고 여겼습니다. 하지만 케플러에게 더 중요한 것은 태양이 가운데 있느냐 아니냐가 아니었습니다. 행성들의 배치와 움직임은 우연히 정해진 것이 아니라 어떤 수학적 질서 속에 놓여 있어야 한다는 믿음이 더 컸습니다.

그런데 그 질서는 관측으로 확인된 결론이라기보다, 마음속에 먼저 자리 잡은 확신에 가까웠습니다. 케플러는 젊은 시절부터 행성들의 위치와 그 떨어진 거리에 이유가 있어야 한다고 생각했습니다. 그래서 그는 1596년에 출판한 《우주의 신비 Mysterium Cosmographicum》에서 행성들 사이의 간격을 5개의 정다면체로 설명하려 했습니다. 지금 보면 꽤 대담한 생각이지만 그 믿음에서 케플러의 성격이 잘 드러납니다. 그는 관측으로 확인하기 이전에 먼저 우주의 질서가 반드시 이해 가능한 구조를 가졌다고 믿는 사람이었습니다.

바로 그 점이 케플러를 강하게 했고, 동시에 위험하게도 만들었습니다. 지동설은 맞다고 생각했고, 우주는 수학적으로 조화롭다고 믿었습니다. 하지만 방향이 맞는 것과 실제 답에 도

달하는 것은 다른 문제였습니다. 케플러도 당시 사람들처럼, 하늘의 운동은 완전한 원으로 설명될 수 있다고 생각했습니다. 지동설을 받아들였다고 해서 곧바로 오래된 궤도의 그림까지 버린 것은 아니었지요. 그는 지구를 우주의 중심에서 밀어냈지만, 행성이 실제로 어떤 길을 따라 움직이는지는 아직 새로 그리지 못했습니다. 자신이 믿는 질서와 하늘이 실제로 보여주는 것이 일치하는지 확인하지 못한 상태였던 겁니다.

그러니까 티코의 기록이 케플러에게 중요했던 이유는, 단순히 계산할 자료가 더 많아지기 때문만은 아니었습니다. 이미 우주의 질서에 대한 강한 믿음을 갖고 있던 케플러에게, 그 믿음을 끝까지 시험할 수 있을 만큼 정밀한 데이터가 필요했던 것이었습니다. 케플러에게 부족했던 것은 상상력이 아니라, 그 아름다운 생각을 그대로 믿어도 되는지 끝까지 따져 물을 만큼 정밀한 하늘의 관측 자료였습니다. 그리고 바로 그 관측 결과가, 티코 브라헤의 기록에 담겨 있었습니다.

정밀한 관측

티코 브라헤는 망원경이 없던 시대에 맨눈으로 하늘을 가장 정확하게 측정한 사람이었습니다. 그는 별과 행성의 위치를 더 정확하게 측정할 수 있다고 믿었고, 옛사람들의 관측 자료를 조금 손보는 수준으로 만족하지 않았습니다. 관측 기구를 더 크게 만들고, 눈금은 더 세밀하게 나누고, 같은 대상을 여러 번 반복해서 재면서 오차가 어디서 생기는지까지 따로 살폈습니다. 오늘날 기준으로는 단순한 방법처럼 보여도, 당시로서는 가능한 조건에서 매우 집요하게 이어간 관측이었습니다.

그 결과 놀랍게도, 티코가 남긴 기록은 망원경 이전 시대의 맨눈 관측이라고는 믿기 어려울 정도로 정확했습니다. 밤하늘의 별과 행성은 늘 제자리에 있는 것처럼 보여도, 실제로는 조금씩 움직입니다. 그 작은 차이를 꾸준히 찾아낸 것이 티코의 관측 기록이었습니다. 이제는 기존 이론과 실제 하늘이 정말 일치하는지 따져볼 수 있을 만큼 정밀해졌지요. 티코가 다른 관측자들과 달랐던 것은 관측 횟수가 아니라 바로 이 정밀도였습니다.

그렇다고 티코가 지동설을 받아들인 것은 아니었습니다. 그는 코페르니쿠스의 태양 중심 체계가 계산을 단순하게 만든다는 것을 알았지만, 지구가 실제로 움직인다고 보지는 않았습니다. 당시에는 별의 연주시차가 관측되지 않았기 때문입니다. 지구가 태양 주위를 돈다면 6개월 간격으로 가까운 별과 먼 별의 위치가 계절에 따라 조금씩 달라 보여야 하는데, 그 변화가 보이지 않았던 것이지요. 티코는 이것을 그냥 넘기지 않았습니다. 그래서 그는 지구는 중심에 정지해 있고, 태양과 달은 지구를 돌며, 다른 행성들은 다시 태양을 도는 체계를 유지했습니다. 지금 보면 이상한 절충안처럼 보이지만, 당시 관측 결과와 통념을 함께 지키려 한 나름의 선택이었습니다.

티코는 정확한 관측 데이터를 가졌지만, 그 데이터를 바탕으로 기존 이론을 바꾸는 데까지 나아가지는 못했습니다. 티코가 똑똑하지 않아서 그런 것도 아니었습니다. 관측이 아무리 정밀해져도, 데이터는 스스로 어떤 이론이 맞고 틀린지 알려주지 않습니다. 그 데이터를 갖고 있는 사람이 어떤 관점으로 해석하느냐에 따라 결론이 달라지는 것이지요. 티코는 자신의 체계를 유지하는 방향으로 데이터를 해석했습니다. 그래서 이 데이터가 기존 이론을 뒤집는다는 결론은 아직 나올 수 없었던 것입니다.

그렇지만 기존 이론으로 계산한 값과 실제 관측값이 조금이라도 어긋난다면, 이제는 그것을 무시하기가 어려워지는 상태가 되지요. 따라서 케플러에게 이러한 티코의 정밀한 기록은 자신의 믿음을 끝까지 시험해볼 수 있게 해주는 거의 유일한 도구였습니다.

사라지지 않는 8분각

이제 케플러는 계산에 들어갑니다. 문제는 화성이었습니다. 화성은 행성들 가운데서도 궤도 계산이 특히 까다로웠고, 그래서 오히려 기존 이론을 검증하기에 좋은 대상이었습니다. 케플러는 이미 지동설을 중심에 두고 있었지만, 실제 계산은 단순하지 않았습니다. 그는 처음부터 완전히 새로운 방식으로 접근한 것이 아니라, 기존 방법에 최대한 맞춰보려 했습니다. 원궤도를 쓰고, 중심을 조금 옮기고, 운동이 균일해 보이도록 보정값을 추가하는, 당시 천문학자들이 쓰던 방법을 그대로 적용한 계산이었지요.

처음에는 계산이 꽤 잘 맞았습니다. 프톨레마이오스 이후의 천문학은 관측값과 계산값이 조금 어긋나면 보정값을 추가하고, 그래도 남으면 또 다른 보정값을 덧붙이는 방식으로 운영되었습니다. 케플러도 당장 기존의 이론들을 버리지 않고 먼저 이전 방식 안에서 끝까지 시도해봤습니다. 앞서 언급했듯 당시 천문학자들은 계산이 맞지 않으면 원 중심의 위치나 속도를 조정하는 방식으로 해결했고, 케플러도 같은 방식을 사용했던 것입니다.

그런데 아무리 계산을 수정해도 실제 관측값과 완전히 일치하지 않는 차이가 남았습니다. 그 차가 8분각이었습니다. 1도는

60분각이니, 각도로 보면 8분각은 아주 작습니다. 하지만 문제는 크기가 아니었습니다. 케플러는 티코의 관측 기록이 2분각 이내의 오차로 신뢰할 수 있다고 판단하고 있었습니다. 그렇다면 8분각은 측정 오차로 넘기기에는 너무 큰 차이였습니다. 계산이 거의 맞는 것처럼 보이는데, 끝내 이 차이가 남는다는 것은 무언가가 맞지 않는다는 뜻이었습니다. 그런데 무엇이 문제인지는 바로 알 수 없었습니다.

관측값이 틀린 것인지, 계산 방식이 틀린 것인지, 아니면 가정 자체가 틀린 것인지, 케플러는 이제 그 셋 가운데 하나를 의심해야 했습니다. 티코의 기록이 믿을 만하다면, 관측값을 의심하기는 어려웠습니다. 그렇다면 남는 것은 계산 방식과 그 계산의 바탕에 깔린 가정이었습니다. 만약 케플러에게 이 정도로 정밀한 기록이 없었다면, 이 차이는 애초에 눈에 띄지 않았을지도 모릅니다. 그럼 계산을 다시 붙들고 늘어질 이유도, 더 깊은 데서 무엇이 잘못되었는지 묻는 순간도 생기지 않았을 겁니다.

오차의 무게

케플러가 티코의 관측 기록을 얻지 못했다면, 그래도 행성

운동 법칙을 만들어낼 수 있었을까요? 적어도 우리가 아는 형태의 행성 운동 법칙은 훨씬 늦게 나왔을 가능성이 큽니다. 그는 이미 누구보다 정확하게 계산할 수 있는 이론적 배경을 갖추었고, 우주에 수학적 질서가 존재한다는 확신도 갖고 있었습니다. 하지만 그 확신을 검증하려면 기존 이론이 맞는지 틀린지를 판정할 수 있을 만큼 정밀한 데이터가 필요했습니다. 티코의 데이터가 없었다면, 계산에서 작은 오차가 나와도 이론 자체를 의심할 이유는 없었습니다. 앞서 설명한 8분각 정도의 차이는 언젠가 다시 손보면 되는 작은 문제로 넘어갔을 가능성이 큽니다.

하지만 케플러는 티코의 관측을 의심할 수 없었습니다. 만약 기록이 부정확했다면, 당연히 오차의 원인을 관측 쪽으로 돌릴 수 있었겠지만 티코의 기록이 얼마나 정밀한지 또 오랜 시간 관측되었는지를 케플러는 잘 알고 있었습니다. 그래서 케플러에게 남은 것은 계산 방식의 변경이나 계산의 바탕에 깔린 가정의 수정이었지요. 결국 케플러는 계산의 전제로 삼았던 이론 자체를 의심하게 되었습니다. 케플러가 자기 생각을 버린 것은 겸손해서가 아니었습니다. 오히려 그는 끝까지 계산을 이어갔기 때문에 마지막에 남는 오차를 무시할 수 없었던 것입니다.

그렇게 케플러는 원궤도를 버리고 타원궤도를 도입했습니다. 화성의 궤도를 타원으로 놓고 계산하자 8분각의 오차가 사라졌습니다. 여기서 나온 것이 행성은 태양을 초점으로 하는 타원궤도를 따라 움직인다는 제1법칙, 그리고 태양과 행성을 잇는 선이 같은 시간에 같은 넓이를 쓸고 지나간다는 제2법칙 이었습니다. 그런데 데이터를 먼저, 가장 오래 갖고 있던 사람은 티코 본인이었습니다. 티코는 20년 동안 데이터를 직접 쌓았고 계속 들여다보았습니다. 그런데 티코는 왜 같은 결론에 도달하지 못했을까요?

데이터와 이론적 판단

행성의 움직임을 설명하는 법칙은 티코가 아니라 케플러에게서 나왔습니다. 이 사실은 데이터가 같아도 누가 어떤 질문을 갖고 그 숫자를 읽느냐에 따라 전혀 다른 결론에 도달할 수 있다는 것을 보여줍니다.

티코는 관측 기록을 쌓아가는 데 누구보다 집요했지만, 그 기록을 바탕으로 기존 이론을 바꾸는 데까지 나아가지 못했습니다. 케플러는 처음부터 우주에 수학적 질서가 있다고 믿었고, 그 믿음이 맞는지 정밀한 관측 데이터를 통해 확인하려 했습니다. 티코에게 기록은 자기 체계를 더 굳건하게 만들 자료였고, 케플러에게는 자신의 생각이 맞는지 검증하는 데이터였습니다.

이제 이 이야기를 데이터와 이론적 판단 중 무엇이 더 중요했는지의 문제로 바라보면 안 될 것 같습니다. 기록만으로 케플러의 법칙이 저절로 나올 수 있었던 것도 아니었고, 계산 능력만으로 원궤도를 과감히 포기할 수 있는 것도 아니었습니다. 티코의 정밀한 데이터와 케플러의 판단이 만났을 때 비로소 다음 단계로 넘어갈 수 있었던 것이지요.

한 가지 분명히 해둘 것이 있습니다. 우리가 보통 케플러의 법칙이라고 한 번에 묶어 말하지만, 화성 관측 데이터가 직접 이끌어낸 것은 제1법칙과 제2법칙이었습니다. 제3법칙은 그보다 뒤에, 케플러가 여러 행성의 공전주기와 궤도의 대표적인 크기를 더 넓게 비교하면서 정리한 것입니다.

티코의 데이터를 바탕으로 케플러는 행성이 어떻게 움직이는지 찾아냈습니다. 하지만 왜 그렇게 움직이는지는 설명하지 못했지요. 과연 이 질문에 대한 답은 누가 찾아냈을까요?

티코와 케플러가 연 과학의 문

이제 뉴턴이 등장합니다. 케플러는 행성이 어떻게 움직이는지 찾아냈지만, 왜 그런지까지는 설명하지 못했습니다. 행성은 태양을 한 초점으로 하는 타원궤도를 따라 움직이고, 태양에 가까울수록 더 빨라진다는 사실까지는 알아낼 수 있었지요. 하지만 그 운동을 만들어내는 원인이 무엇인지는 해결되지 못한 채 남아 있었습니다. 여기에 뉴턴은 만유인력과 운동 법칙으로 그 질문에 답했습니다. 케플러가 관측과 계산으로 찾아낸 규칙은, 뉴턴의 이론 안에서 비로소 더 깊은 설명을 통해 의미를 갖게 됩니다.

아이작 뉴턴은 1687년 《프린키피아 Principia》를 펴내면서 하늘과 땅의 운동을 하나의 언어로 묶었습니다. 사과가 땅으로 떨어지는 것과 달이 지구 주위를 도는 것이 사실은 같은 힘에서 비롯된다는 생각, 그것이 만유인력이었습니다. 그는 여기에 운동의 세 가지 법칙을 더해, 힘이 어떻게 물체의 운동을 바꾸는지를 수학으로 정확히 기술했습니다. 케플러가 행성의 움직임을 관측으로 찾아냈다면, 뉴턴은 그 움직임이 왜 그럴 수밖에 없는지를 증명한 셈입니다. 이후 200년 가까이 뉴턴의 체계는 과학의 기준점이었습니다.

그렇다면 처음 질문으로 다시 돌아가보지요. 케플러가 티코의 기록을 얻지 못했다면, 우리가 아는 형태의 케플러 법칙은 그때 나올 수 있었을까요? 저는 어렵다고 봅니다. 케플러에게는 계산 능력도 있었고, 우주에 수학적 질서가 있다는 확신도 있었습니다. 하지만 그 확신을 기존 이론과 끝까지 부딪쳐보게 만들 만큼 정밀한 하늘의 기록은 티코에게 있었습니다.

이 기록이 없었다면, 8분각의 오차는 지나쳐버릴 작은 차이로 남았을 가능성이 큽니다. 그렇다면 원궤도를 버려야 한다는 결론도 그만큼 늦어졌을 겁니다.

정밀한 기록이 있어야 했고, 그 기록을 믿고 오래된 가정을 의심할 사람이 동시에 존재해야 했습니다. 이 둘이 같은 시기에 만나지 않았다면, 행성 운동 법칙은 결국 누군가에 의해 정리되었겠지만, 적어도 케플러가 살던 그 시기에는 나오기 어려웠을 가능성이 큽니다. 더 정밀한 관측이 가능한 다음 시대를 기다려야 했을지도 모릅니다.

이 이야기는 단순히 천재가 답을 찾았다는 과학사가 아닙니다. 어떤 발견은 누군가에게 도달합니다. 하지만 언제 도달하느냐는 전혀 다른 문제입니다. 티코의 기록과 케플러의 판단이 같은 시기에 만났기 때문에, 행성의 움직임은 그때 비로소 새롭게 설명될 수 있었던 것이지요. 과학의 돌파는 진실만으로 오지 않습니다. 그 진실을 보여주는 데이터와 그것을 읽어낼 사람과, 그것이 만나는 시기가 함께 와야 합니다.

알면 재미있지 않나요?

빛의 매질은
어떻게
유령이 되었을까

여름밤 캠핑장에 누워 하늘을 올려다보면, 별빛이 눈에 들어옵니다. 수백 광년, 수천 광년 떨어진 곳에서 출발한 빛이 지금 이 순간 눈에 닿습니다. 그런데 그 빛이 여기까지 오는 동안 무슨 일이 있었는지는 전혀 느껴지지 않습니다. 천둥은 소리로 옵니다. 바람은 피부에 닿습니다. 지나가는 자동차는 진동까지 남깁니다. 이것들은 모두 도착했다는 흔적을 보여주지요. 그런데 별빛은 수천 광년을 건너왔는데 아무 자취도 없이 그저 눈에 들어옵니다.

소리는 공기를 타고 전달됩니다. 물속에서는 물을 타고 전달이 되지요. 기타 줄을 튕기면 줄이 떨리고, 그 떨림이 공기로 전달되어 귀에 닿습니다. 우리가 아는 파동은 늘 무언가를 통해 전달됩니다. 물이든 공기든 줄이든, 어쨌든 전달하는 매개체가 존재하는 것이지요.

그런데 빛이 파동의 성질을 가지고 있다면, 이야기가 조금 이상해집니다. 달빛은 지구와 달 사이를 건너옵니다. 별빛은 훨씬 더 먼 거리에서 지구로 전달되고 있지요. 그 긴 거리에 공기가 차 있는 것도 아니고, 물이 들어 있는 것도 아닙니다. 우주 대부분은 거의 텅 비어 있습니다. 그렇다면 빛을 전달하는 매개체는 무엇일까요?

지금은 빛이 진공을 그냥 통과한다고 알고 있으니, 별빛이 아무 매개체 없이 온다는 말이 전혀 이상하지 않습니다. 하지만 이는 답을 먼저 알고 나서야 할 수 있는 말입니다. 파동에는 반드시 매질이 있어야 한다는 생각이 상식이던 시절에는, 진공을 진공으로 두는 것이 오히려 설명을 포기하는 것처럼 보였습니다. 매질 없이 파동이 전달된다는 것은 당시의 물리학 안에서는 받아들이기 어려운 결론이었습니다.

그래서 사람들은 보이지 않는 무엇인가를 떠올리기 시작합니다. 눈에 보이지 않고, 손에 잡히지도 않지만, 우주 전체를 채운 채 빛을 전달하는 어떤 것. 바로 가상의 매질인 '에테르 ether'입니다. 한 번도 직접 관측된 적은 없지만, 없다고 말하기는 어려웠습니다. 질문은 거기서부터 시작됩니다. 정말로 그런 것이 있었을까요? 아니면, 너무 그럴듯해서 오래 살아남은 상상이었을까요?

파동의 상식

에테르는 황당한 발상이 아니었습니다. 적어도 당시에는 그랬습니다. 지금 기준으로 보면, 보이지도 않고 잡히지도 않는 매질을 상상한 일이 이상하게 느껴질 수 있지만, 19세기 물리학자들의 입장에서는 오히려 반대였습니다. 파동이 있는데 매질이 없다는 쪽이 더 설명하기 어려웠습니다.

빛이 파동이라는 생각은 17세기 말 크리스티안 하위헌스 Christiaan Huygens로부터 시작되었습니다. 당시 뉴턴은 빛이 작은 입자들의 흐름이라고 생각했고, 하위헌스는 빛이 파동이라고 보았습니다. 하지만 19세기로 넘어오면서 상황이 달라집니다. 빛은 반사만 하는 것이 아니라 굴절하고, 간섭하고, 회절합니다. 좁은 틈을 지나며 퍼지기도 하고, 두 빛이 만나면 밝아지거나 어두워지기도 하지요. 이런 현상은 입자로는 설명하기 어려웠습니다. 토머스 영Thomas Young의 이중슬릿 실험과 오귀스탱 프레넬Augustin Jean Fresnel의 연구가 쌓이면서, 빛의 파동설은 점점 더 설득력 있는 설명이 되어갔습니다.

빛이 파동이라는 것이 받아들여지면, 다음 질문은 거의 반사적으로 생깁니다. 소리가 공기를 통해 전달되듯, 파동이라면 전달하는 매개체가 있어야 합니다. 그렇다면 빛을 전달하는 매개체는 무엇일까요?

제임스 클러크 맥스웰의 전자기 이론이 나오면서 에테르 가설은 더 설득력을 갖게 됩니다. 맥스웰은 전기와 자기 현상을 하나의 이론으로 묶었고, 그 방정식 안에서 전자기파가 일정한 속도로 퍼져 나간다는 결과를 도출해냈습니다. 이 속도는 놀랍게도 이미 측정되어 있던 빛의 속도와 같은 결과였지요. 이는 우연으로 넘기기 어려운 일치였습니다. 꽤 강한 단서였지요. 맥스웰조차도 전자기파가 전달되려면 매질이 있어야 한다고 보았습니다. 빛이 전자기파라면, 남는 질문은 더 분명해집니다. 전기장과 자기장의 변화는 무엇을 통해 우주 공간을 가로질러 전달되는가?

그래서 당시 에테르는 단순한 상상이 아니었습니다. 빛의 파동설, 전자기 이론, 당시의 상식이 모두 같은 방향을 가리키며 만들어진 가설이었습니다. 눈에 보이지는 않지만 무엇인가가 우주 전체를 채우고 있고, 빛은 그 안에서 전달된다고 생각한 것이지요. 즉, 에테르는 꽤 합리적인 가설이었습니다. 알려진 사실들을 차례로 따라가면 도달하게 되는 결론이었으니까요.

문제는 그다음부터입니다. 우주 전체를 채우면서도 행성의 운동은 방해하지 않아야 하고, 빛처럼 아주 **빠른** 파동은 전달해야 합니다. 에테르가 존재할 것이라는 전제는 유지되었지만, 어떤 성질을 가진 매질인지 설명하는 일은 점점 더 어려워졌습니다.

까다로운 조건들

문제는 에테르가 단순히 존재 여부만 따지면 되는 가설이 아니었다는 점입니다. 빛을 전달하는 매질이라면, 그 매질이 어떤 성질을 가져야 하는지도 함께 설명해야 했습니다. 그런데 그 조건들이 하나씩 붙기 시작하면서 에테르가 가져야 할 성질은 점점 더 까다로워집니다.

먼저 빛은 매우 **빠릅니다.** 초속 약 30만 킬로미터로 전달됩니다. 이러한 파동을 전달하려면 에테르는 아주 단단한 성질을 가진 매질이어야 할 것으로 보였습니다. 더구나 빛은 진행 방향과 수직인 방향으로 진동을 하는 횡파의 성질을 보입니다. 횡파는 고체에서 전달되고, 액체나 기체에서는 전달되지 않습니다. 당시 물리학자들이 에테르를 고민하면서 자꾸 설명이 어려워진 이유가 바로 여기에 있습니다. 빛을 전달하려면 에테르는 어느 정도 단단한 성질, 즉 고체에 가까운 성질을 가져야만 했습니다.

그런데 여기에 다른 조건을 고려하니 또 다른 문제가 발생합니다. 이론적으로 에테르는 우주 전체를 채우고 있어야 합니다. 그렇다면 지구와 다른 행성은 에테르 안을 움직이고 있어야 하지요. 하지만 행성의 운동이 눈에 띄게 느려지는 현상은 관측되지 않았습니다. 마찰이 있다면 궤도는 오래 유지되기 어렵습니다. 즉, 에테르는 매우 단단해야 하는데, 동시에 물질의 운동을 거의 방해하지 않는 성질을 가져야 했습니다. 빛은 전달해야 하지만, 행성의 운동은 방해하지 않아야 했던 것이지요.

에테르의 조건은 여기서 끝나지 않습니다. 에테르는 유리나 물 같은 투명한 물질 속에도 존재해야 했고, 금속이나 돌 같은 고체 안에도 스며들어 있어야 했습니다. 우주 전체를 빠짐없이 채우고 있으면서도, 우리가 만지는 물질과는 거의 상호작용하지 않아야 했지요. 존재한다고 가정할수록, 알고 있는 어떤 물질과도 구별되는 성질이 필요해졌습니다.

그런데 이상한 점이 많다고 해서 바로 버릴 수도 없었습니다. 에테르를 부정할 만한 결정적인 관측이나 실험 결과가 아직 없었기 때문입니다. 지구는 태양 주위를 공전하면서 계속 움직이고 있습니다. 그 때문에 별빛은 실제 별의 위치와 약간 다른 방향에서 오는 것처럼 보이는데, 이 현상을 광행차라고 합니다. 이는 지구의 운동 방향에 따라 별빛의 관측 방향이 일정하게 달라진다는 뜻이었습니다. 만약 에테르가 지구와 함께 움직이고 있다면 이런 차이가 생기지 않아야 했습니다. 별빛이 에테르 안에서 출발해 지구까지 오는 동안, 에테르가 지구와 함께 움직인다면 빛의 방향도 그대로 따라와야 하기 때문입니다. 그런데 실제로는 차이가 관측되었으니, 에테르가 지구 주변에서 완전히 함께 움직인다고 보기 어려웠습니다.

이어 19세기 중반 아르망 피조 **Armand Hippolyte Louis Fizeau**의 실험은 빛이 흐르는 물속을 지날 때 물의 흐름에 부분적으로만 영향을 받는다는 결과를 보여주었습니다. 물이 흐르는 방향으로 빛이 조금 빨라지기는 했지만, 물의 속도가 그대로 더해지지는 않았습니다. 프레넬은 이미 이 결과를 예측한 설명을 내놓은 상태였습니다. 에테르가 존재하고, 투명한 물질 속에서는 에테르가 물질의 움직임에 부분적으로만 끌려간다는 것이었습니다. 피조의 실험 결과는 이 설명과 꽤 잘 맞아떨어졌습니다. 에테르 가설을 전제로 한 예측이 실험과 일치한 셈이었으니, 당시로서는 에테르의 존재를 지지하는 근거로 읽혔습니다. 에테르는 점점 설명하기 어려운 가설이 되어갔지만, 그렇다고 틀렸다고 말할 결정적인 근거가 한 번에 생긴 것도 아니었습니다.

그래서 다음 질문이 남았습니다. 정말 우주에 그런 매질이 있다면, 지구는 지금 그 안을 어떻게 지나가고 있을까요? 그리고 그 흔적은 측정할 수 있을까요?

에테르 바람

정말 우주 전체를 채운 에테르가 있다면, 그 흔적을 찾을 수 있어야 했습니다. 지구는 태양 주위를 초속 약 30킬로미터로 공전하면서, 에테르 안에 가만히 있는 것이 아니라 계속 가로지르며 움직이고 있으니까요. 에테르가 정지해 있고 지구가 그 안을 지나간다면, 지구에서 측정한 빛의 속도는 방향에 따라 조금씩 달라야 했습니다. 이것이 이른바 에테르 바람입니다.

그렇다면 무엇을 측정하면 될까요? 핵심은 빛이 진행하는 방향에 따라 속도가 조금이라도 다르게 보이는지를 확인하는 것이었습니다. 지구의 운동 방향과 나란하게 진행하는 빛은 에테르 바람을 정면으로 받습니다. 반대로 그 방향과 직각으로 진행하는 빛은 에테르 바람을 옆으로 받습니다. 두 경우는 조건이 다르니, 같은 거리를 이동하는 데 걸리는 시간도 달라야 했습니다. 그 차이를 측정할 수 있다면, 에테르의 존재를 확인할 수 있습니다.

앨버트 마이컬슨Albert Abraham Michelson은 이 차이를 잡아내기 위해 매우 정교한 장치를 만들었습니다. 한 줄기 빛을 둘로 나뉘 서로 직각인 두 방향으로 보낸 뒤, 다시 합쳐 무늬 ◆ **간섭무늬는 두 빛이 합쳐질 때 파동의 마루와 골이 겹치는 방식에 따라 밝고 어두운 줄무늬가 생기는 현상입니다. 두 빛의 경로 길이가 달라지면 무늬의 위치가 바뀌기 때문에, 이 변화를 측정해 아주 미세한 거리 차이도 감지할 수 있습니다**를 비교하는 방식이었습니다. 두 빛이 정확히 같은 시간에 돌아오면 무늬는 그대로 유지됩니다. 하지만 한쪽이 아주 조금이라도 늦거나 빠르면, 다시 만났을 때 밝고 어두운 간섭무늬가 미세하게 달라집니다. 아주 작은 시간 차이도 간섭무늬의 변화로 확인할 수 있는 장치였습니다.

마이컬슨은 나중에 에드워드 몰리Edward Morley와 함께 이 실험을 더 정밀하게 발전시킵니다. 장치 전체를 돌판 위에 올리고 수은 위에 띄워, 천천히 어느 방향으로든 회전할 수 있게 만들었습니다. 장치가 회전하면 지구의 운동 방향과 빛이 진행하는 방향의 관계가 계속 달라집니다. 에테르 바람이 실제로 있다면, 장치가 돌아가는 동안 간섭무늬가 일정하게 이동해야 했습니다. 논리는 단순했습니다. 에테르가 있고 지구가 그 안을 지나가고 있다면, 방향에 따라 빛의 이동 시간이 달라야 했고, 그 차이는 무늬의 변화로 나타나야 했습니다.

마이컬슨과 몰리가 찾으려 했던 것은 지구가 에테르 속을 지나가며 남기는 흔적이었습니다. 그런데 간섭무늬는 거의 변하지 않았습니다. 장치를 돌려도, 계절을 바꿔 다시 측정해도 결과는 같았습니다. 에테르 바람이 있다면 나타났어야 할 차이가 보이지 않았습니다. 에테르는 없는 것일까요? 아니면 실험 설계 어딘가에 아직 놓친 부분이 있는 걸까요?

끝나지 않은 가설

결과는 분명 이상했습니다. 에테르가 정지해 있고 지구가 그 안을 지나간다면, 방향에 따라 빛의 이동 시간에 차이가 나야 했습니다. 그런데 마이컬슨과 몰리의 실험은 그러한 차이를 보여주지 않았습니다. 실험은 성공했지만 기대했던 만큼의 간섭무늬 이동이 나오지 않았던 것이지요. 실험 결과로만 보면 에테르는 존재하지 않습니다. 하지만 당시 물리학자들은 이 결과를 에테르의 부재로 받아들이지 않았지요.

에테르는 이미 당시 물리학의 여러 이론과 깊이 연결되어 있었기 때문입니다. 빛의 파동설, 프레넬의 설명, 맥스웰의 전자기 이론까지 이미 너무 많은 것이 에테르 가설 위에 세워졌습니다. 실험 결과 하나가 예상과 달랐다고 해서, 그동안 관측과 이론을 꽤 잘 설명해온 가설을 한 번에 버리기는 어려웠습니다. 실제로 당시 물리학자들 상당수는 이 결과를 에테르가 없다는 증거로 보지 않았습니다. 에테르는 있지만, 그 성질을 아직 충분히 이해하지 못했다고 생각했습니다.

그래서 물리학자들은 실험 결과를 다른 방식으로 설명하려 했습니다. 가장 유명한 것은 프랜시스 피츠제럴드George Francis FitzGerald와 헨드릭 로런츠Hendrik Antoon Lorentz가 제안한 길이 수축 가설이었습니다. 지구가 에테르 속을 움직이면, 운동 방향으로 놓인 물체의 길이가 아주 조금 줄어든다고 가정해보지요. 그렇다면 마이컬슨 간섭계에서 빛이 지나가는 두 경로 중 운동 방향과 나란하게 놓인 쪽, 즉 그 방향으로 뻗은 경로의 길이가 미세하게 짧아집니다. 경로가 짧아지면 그쪽 경로의 빛이 이동하는 거리도 줄어들고, 결과적으로 두 경로의 빛은 다시 같은 시간에 돌아옵니다. 에테르 바람이 실제로 있어도 간섭무늬가 움직이지 않는 이유가 만들어지는 것이지요.

마이컬슨-몰리 실험은 에테르의 존재를 부정하는 결론으로 곧바로 이어지지 않았습니다. 당시 물리학자들에게 필요했던 것은 에테르를 버리는 일이 아니라, 실험 결과와 에테르 가설을 동시에 설명하는 더 정교한 이론이었지요. 에테르가 있다면, 그 안을 움직이는 물체의 길이는 어떻게 달라져야 하는가? 이제 질문은 그쪽으로 옮겨 갔습니다.

변하는 길이와 시간

길이 수축 가설은 임시방편처럼 보였지만, 오히려 로런츠는 이것을 더 정교한 수학으로 발전시킵니다. 마이컬슨-몰리 실험의 결과를 설명하면서도, 맥스웰의 전자기 이론은 그대로 유지해야 했기 때문입니다. 에테르는 남겨두고, 관측 결과도 설명해야 했습니다. 그러려면 단순히 길이가 조금 줄어든다는 가설만으로는 부족했습니다.

로런츠는 1895년, 국소 시간local time이라는 개념을 도입합니다. 에테르 속을 움직이는 계에서는 시간을 조금 다르게 정의해야 계산이 맞아떨어진다고 본 것이었습니다. 그리고 1904년에는 이 아이디어를 더 확장해 길이 수축과 시간의 변화, 좌표 변환을 하나의 수식 체계로 묶어냅니다. 지금 우리가 로런츠 변환이라고 부르는 변환식입니다. 에테르의 존재를 설명하려던 보정이 어느새 시간과 공간을 다루는 정교한 수학 구조로 체계화되고 있었습니다.

놀라운 점은 이 변환식이 꽤 잘 맞아 들어갔다는 사실입니다. 움직이는 물체의 길이가 왜 줄어들어야 하는지, 왜 마이컬슨-몰리 실험에서 기대한 차이가 보이지 않았는지, 전자기 이론을 유지하면서도 이 모든 결과를 설명할 수 있었기 때문입니다. 당시 물리학자들에게 필요한 것은 바로 이런 설명이었지요.

실험 결과를 버리지 않고, 기존 이론도 무너뜨리지 않는 것이었습니다. 그 사이 에테르는 점점 더 이상한 가설이 되어갔지만, 이 설명을 위해 발전한 수학은 오히려 정교해졌습니다.

아인슈타인은 1905년에 이 문제를 전혀 다른 자리에서 다시 봅니다. 다른 물리학자들이 에테르를 어떻게 지켜낼지 고민하고 있을 때, 아인슈타인은 질문 자체를 뒤집었습니다. 정말 붙잡아야 하는 것이 에테르일까? 아니면 끝까지 남는 것은 실험 결과와 맥스웰 방정식, 그리고 그 둘이 함께 가리키는 어떤 더 깊은 원리일까?

에테르가 필요했던 이유는 빛을 파동으로 이해했기 때문이었습니다. 파동이라면 전달하는 매질이 있어야 한다고 생각하기 쉬웠으니까요. 그래서 빛의 속도도 그 매질을 기준으로 정해진 값이라고 여겼습니다. 하지만 아인슈타인은 여기서 한 발 더 나아갑니다. 빛의 속도가 모든 관측자에게 똑같다면, 애초에 그 기준이 되는 매질은 없어도 되는 것 아닐까? 물리법칙이 모든 관성계에서 같은 형태를 가져야 한다고 놓고 보면, 로런츠의 수학은 더 이상 에테르를 지키기 위한 보정이 아니게 됩니다. 길이 수축과 시간의 변화는 에테르 속 운동의 결과가 아니라, 공간과 시간을 측정하는 방식 자체에서 자연스럽게 따라나오는 결과가 됩니다.

로런츠의 수식은 그대로였습니다. 하지만 그 수식이 말하는 우주의 모습은 완전히 달라졌습니다. 에테르를 지키기 위해 만든 수학이, 에테르 없이도 잘 작동했던 것입니다. 물리학자들이 끝까지 놓지 않았던 계산, 끝까지 설명하려 했던 실험 결과, 끝까지 맞춰보려 했던 이론은 결국 전혀 다른 결론으로 이어졌습니다. 남은 것은 에테르가 아니라 상대성이론이었습니다.

무너진 것은 에테르 하나만이 아니었습니다. 우주 어딘가에 절대적으로 정지한 기준이 있어야 한다는 생각, 모든 관측자에게 시간이 똑같이 흐른다는 믿음도 함께 무너졌습니다. 틀린 가설 하나를 지키려던 과정에서, 오히려 현대 물리학의 가장 단단한 뼈대가 만들어진 셈입니다. 그래서 에테르의 역사는 황당한 오답의 역사가 아니라, 끝까지 놓지 않은 질문이 어떻게 더 큰 진실로 넘어가는지를 보여주는 역사에 가깝습니다.

에테르가 남긴 것

에테르 가설이 오래 살아남은 것은 물리학자들이 틀린 생각에 집착했기 때문이 아니었습니다. 당시의 물리학 안에서 에테르는 꽤 합리적인 가설이었습니다. 빛이 파동이라는 사실, 맥스웰의 전자기 이론, 그리고 파동에는 매질이 있어야 한다는 상식까지, 알려진 사실들을 차례로 따라가면 자연스럽게 만나게 되는 결론이었으니까요.

에테르가 틀렸다는 사실보다 더 흥미로운 것은, 그 틀린 가설을 끝까지 밀어붙이는 과정에서 무엇이 나왔는가입니다. 에테르를 지키려다 물체의 길이가 변한다는 결론에 도달했고, 시간도 관측자마다 다르게 흐른다는 결론에 도달했습니다. 결국 에테르는 사라졌지만 그 과정에서 만들어진 수학은 남았고, 그 수학이 공간과 시간을 이해하는 방식을 완전히 바꿔놓았습니다. 틀린 가설이 사라진 자리에 특수상대성이론이 들어선 것입니다.

과학자들은 처음부터 정답을 향해 직선으로 나아가지 않습니다. 그 시대에 가장 잘 맞는 가설을 세우고, 관측과 실험으로 계속 검증하다가, 더 이상 설명이 되지 않는 지점에서 질문 자체를 다시 씁니다. 에테르의 역사가 그 과정을 보여줍니다. 보이지 않는 매질을 찾으려다, 결국 공간과 시간이라는 가장 기본적인 개념까지 다시 들여다보아야 했으니까요.

그래서 에테르의 실패는 헛수고가 아니었습니다. 오히려 과학자들이 어떻게 생각을 바꿔가는지 가장 또렷하게 보여주는 사례였습니다. 처음부터 정답을 알고 시작한 이야기가 아니라, 그럴듯한 가설을 끝까지 밀고 간 끝에 더 큰 상대성이론이라는 세계가 열리는 이야기였지요.

알면 재미있지 않나요?

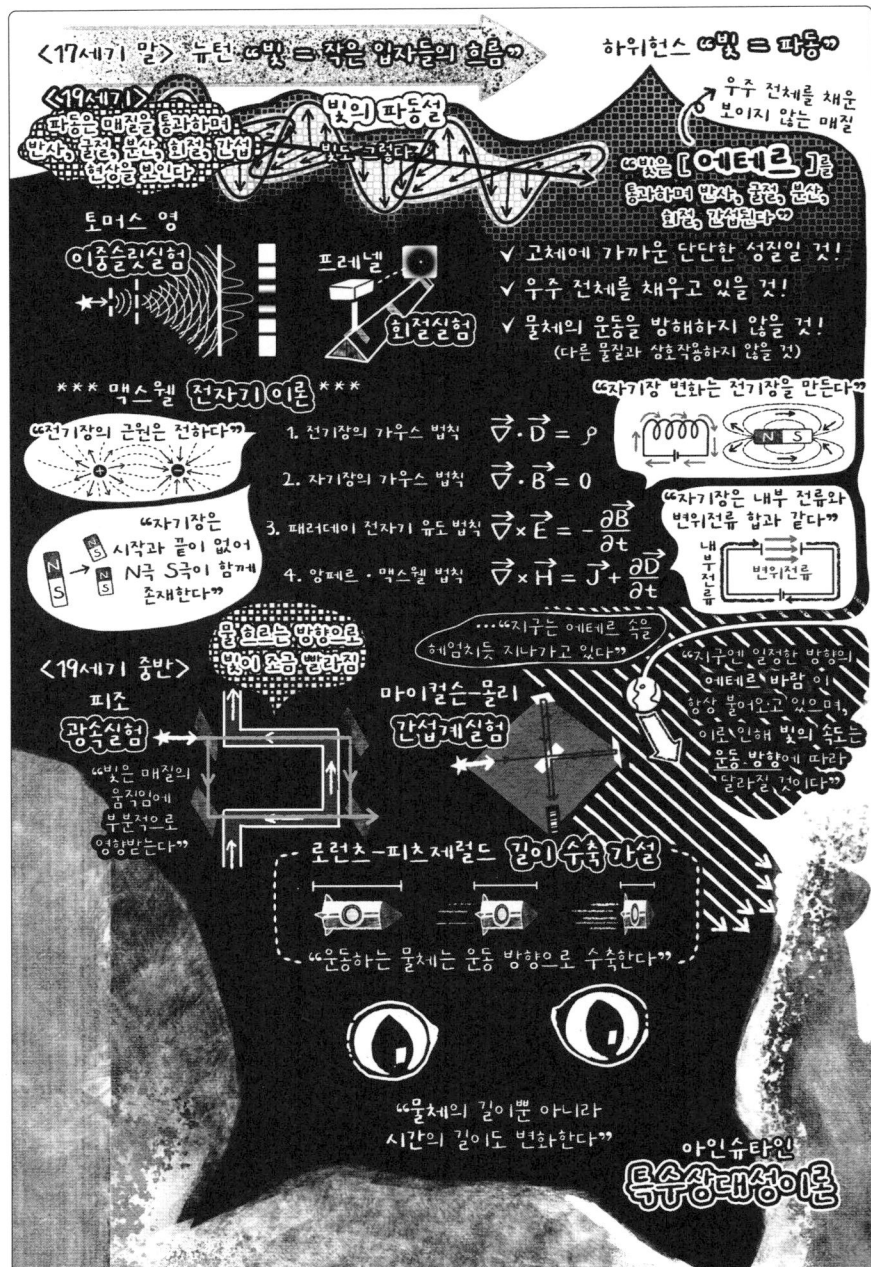

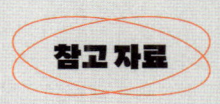

참고 자료

PART 1. 우주적 스케일로 사고 치기

1. 블랙홀로 타임머신을 만든다면

Ashby, N. (2002). "Relativity and the Global Positioning System." *Physics Today*, 55(5), 41–47.

Ashby, N. (2003). "Relativity in the Global Positioning System." *Living Reviews in Relativity*, 6(1), 1.

Kerr, R. P. (1963). "Gravitational Field of a Spinning Mass as an Example of Algebraically Special Metrics." *Physical Review Letters*, 11(5), 237–238.

Bardeen, J. M., Press, W. H., & Teukolsky, S. A. (1972). "Rotating Black Holes: Locally Nonrotating Frames, Energy Extraction, and Scalar Synchrotron Radiation." *The Astrophysical Journal*, 178, 347–369.

Thorne, K. S. (2014). *The Science of Interstellar*. W. W. Norton & Company.

Hawking, S. W. (1992). "Chronology protection conjecture." *Physical Review D*, 46(2), 603–611.

El-Badry, K. et al. (2022). "A Sun-like star orbiting a black hole." *Monthly Notices of the Royal Astronomical Society*, 518(1), 1057–1085.

Morris, M. S., Thorne, K. S., & Yurtsever, U. (1988). "Wormholes, Time Machines, and the Weak Energy Condition." *Physical Review Letters*, 61(13), 1446–1449.

Penrose, R. (1969). "Gravitational Collapse: The Role of General Relativity." *La Rivista del Nuovo Cimento*, 1, 252–276.

Simpson, M., & Penrose, R. (1973). "*Internal instability in a Reissner-Nordström black hole.*" *International Journal of Theoretical Physics*, 7, 183–197.

2. 지구에 토성 같은 고리가 생긴다면

"Cassini: Saturn Rings." NASA, Apr 6, 2026, url: https://science.nasa.gov/mission/cassini/science/rings/

"Rings of Saturn." Wikipedia, Apr 6, 2026, url: https://en.wikipedia.org/wiki/Rings_of_Saturn

"About the Planets." NASA, Apr 6, 2026, url: https://science.nasa.gov/solar-system/planets/

"International Space Station." NASA, Apr 6, 2026, url: https://www.nasa.gov/international-space-station/

Ashby, N. (2002). "Relativity and the Global Positioning System." *Physics Today*, 55(5), 41–47.

Kessler, D. J., & Cour-Palais, B. G. (1978). "Collision frequency of artificial satellites: The creation of a debris belt." *Journal of Geophysical Research*, 83(A6), 2637–2646.

Tomkins, A. G., Martin, E. L., & Cawood, P. A. (2024). "Evidence suggesting that Earth had a ring in the Ordovician." *Earth and Planetary Science Letters*, 646, 118991.

3. 목성이 갑자기 별이 된다면

Wetherill, G. W. (1994). "Possible consequences of absence of 'Jupiters' in planetary systems." *Astrophysics and Space Science*, 212, 23–32.

Horner, J., & Jones, B. W. (2008). "Jupiter–friend or foe? I: The asteroids." *International Journal of Astrobiology*, 7(3-4), 251–261.d

"Chandra X-ray Observatory." NASA, Apr 6, 2026, url: https://chandra.harvard.edu/edu/formal/stellar_ev/story/index6.html

"Brown dwarf." Wikipedia, Apr 6, 2026, url: https://en.wikipedia.org/wiki/Brown_dwarf

"Moons of Jupiter." NASA, Apr 6, 2026, url: https://science.nasa.gov/jupiter/moons/

"Orbital period." Wikipedia, Apr 6, 2026, url: https://en.wikipedia.org/wiki/Orbital_period

"Jupiter Facts." NASA, Apr 6, 2026, url: https://science.nasa.gov/jupiter/facts/

"Red dwarf." Wikipedia, Apr 6, 2026, url: https://en.wikipedia.org/wiki/Red_dwarf

"A Smoking Gun for Dinosaur Extinction." NASA Jet Propulsion Laboratory, Apr 8, 2026, url: https://www.jpl.nasa.gov/news/a-smoking-gun-for-dinosaur-extinction/

"Comet Shoemaker–Levy 9." NASA, Apr 6, 2026, url: https://science.nasa.gov/solar-system/comets/p-shoemaker-levy-9/

"The Habitable Zone." NASA Science, Apr 8, 2026, url: https://science.nasa.gov/exoplanets/habitable-zone/

4. 빛으로 과거를 볼 수 있다면

Tiesinga, E., Mohr, P. J., Newell, D. B., & Taylor, B. N. (2021). "CODATA recommended values of the fundamental physical constants: 2018." *Reviews of Modern Physics*, 93(2), 025010.

"Angular resolution." Wikipedia, Apr 6, 2026, url: https://en.wikipedia.org/wiki/Angular_resolution

Ribas, I. et al. (2005). "First Determination of the Distance and Fundamental Properties of an Eclipsing Binary in the Andromeda Galaxy." *The Astrophysical Journal Letters*, 635(1), L37-L40.

McConnachie, A. W. et al. (2005). "Distances and Metallicities for 17 Local Group Galaxies." *Monthly Notices of the Royal Astronomical Society*, 356(4), 979-997.

"Andromeda Galaxy." Wikipedia, Apr 6, 2026, url: https://en.wikipedia.org/wiki/Andromeda_Galaxy

"Hubble Space Telescope." NASA, Apr 6, 2026, url: https://science.nasa.gov/mission/hubble/

"Voyager 1's Pale Blue Dot." NASA, Apr 6, 2026, url: https://science.nasa.gov/mission/voyager/voyager-1s-pale-blue-dot/

5. 우주 엘리베이터가 갑자기 끊어진다면

Ishkov, S. A., & Filippov, G. A. (2014). "Dynamics of Space Elevator After Tether Rupture." *Journal of Guidance, Control*, and Dynamics, 37(5).

Edwards, B. C. (2000). "Design and Deployment of a Space Elevator." Acta Astronautica, 47(10), 735-744.

Pearson, J. (1975). "The Orbital Tower: A Spacecraft Launcher Using the Earth's Rotational Energy." *Acta Astronautica*, 2(9-10), 785-799.

Pugno, N. M. (2006). "On the Strength of the Carbon Nanotube-Based Space Elevator Cable: From Nanomechanics to Megamechanics." *Journal of Physics: Condensed Matter*, 18(33), S1971.

Kessler, D. J., & Cour-Palais, B. G. (1978). "Collision Frequency of Artificial Satellites: The Creation of a Debris Belt." *Journal of Geophysical Research*, 83(A6), 2637-2646.

"Space Elevator." Wikipedia, Apr 6, 2026, url: https://en.wikipedia.org/wiki/Space_elevator

6. 우주가 공기로 가득 차 있다면

Fixsen, D. J. (2009). "The Temperature of the Cosmic Microwave Background." *The Astrophysical Journal*, 707(2), 916-920.

"Rayleigh Scattering." Wikipedia, Apr 6, 2026, url: https://en.wikipedia.org/wiki/Rayleigh_scattering

Bonnor, W. B. (1957). "Jeans' formula for gravitational instability." *Monthly Notices of the Royal Astronomical Society*, 117(1), 104-117.

"Cosmic History." NASA, Apr 6, 2026, url: https://science.nasa.gov/universe/overview/

"Jeans Instability." Wikipedia, Apr 6, 2026, url: https://en.wikipedia.org/wiki/Jeans_instability

"Observable Universe." Wikipedia, Apr 6, 2026, url: https://en.wikipedia.org/wiki/Observable_universe

7. 소행성을 지구로 가져온다면

Elkins-Tanton, L. T. et al. (2020). "Observations, Meteorites, and Models: A Preflight Assessment of the Composition and Formation of (16) Psyche." *Journal of Geophysical Research: Planets*, 125(3), e2019JE006296.

Dibb, S. et al. (2024). "A Post-Launch Summary of the Science of NASA's Psyche Mission." *AGU Advances*, 5(1), e2023AV001077.

Elkins-Tanton, L. T. et al. (2022). "Distinguishing the Origin of Asteroid (16) Psyche." *Space Science Reviews*, 218(25).

"Asteroid Psyche." NASA, Apr 6, 2026, url: https://science.nasa.gov/solar-system/asteroids/16-psyche/

"Psyche Mission Overview." NASA, Apr 6, 2026, url: https://science.nasa.gov/mission/psyche/mission-overview/

"The Cost of NASA's Psyche Mission to a Metallic Asteroid." The Planetary Society, Apr 6, 2026, url: https://www.planetary.org/space-policy/psyche-cost

8. 태양이 8분 20초 동안 사라진다면

Shea, J. H. (1998). "Ole Rømer, the speed of light, the apparent period of Io, the Doppler effect, and the dynamics of Earth and Jupiter." *American Journal of Physics*, 66(7), 561-569.

"Rømer's Determination of the Speed of Light." Wikipedia, Apr 6, 2026, url: https://en.wikipedia.org/wiki/R%C3%B8mer%27s_determination_of_the_

speed_of_light

"GW150914 Press Release." LIGO Caltech, Apr 6, 2026, url: https://www.ligo.caltech.edu/page/press-release-gw150914

"GW170817 Press Release." LIGO Caltech, Apr 6, 2026, url: https://www.ligo.caltech.edu/page/press-release-gw170817

PART 2. 기묘한 지구에서 살아남기

1. 빛이 느려진 하루

Adams, F.C. (2019). "The degree of fine-tuning in our universe-and others." *Physics Reports*, 807, 1-111.

"Bohr radius." Wikipedia, Apr 6, 2026, url: https://en.wikipedia.org/wiki/Bohr_radius

"Vacuum permittivity." Wikipedia, Apr 6, 2026, url: https://en.wikipedia.org/wiki/Vacuum_permittivity

"Mass in special relativity." Wikipedia, Apr 6, 2026, url: https://en.wikipedia.org/wiki/Mass_in_special_relativity

2. 지구를 꿰뚫는 시간, 42분

Cooper, P.W. (1966). "Through the Earth in Forty Minutes." *American Journal of Physics*, 34(1), 68-70.

Klotz, A. R. (2015). "The gravity tunnel in a non-uniform Earth." *American Journal of Physics*, 83(3), 231-237.

Simonič, A. (2020). "A note on a straight gravity tunnel through a rotating body." *American Journal of Physics*, 88(6), 499-502.

Isermann, S. (2019). "Analytical solution of gravity tunnels through an inhomogeneous Earth." American Journal of Physics, 87(1), 10-17.

"The Earth's Centre is 1000 Degrees Hotter than Previously Thought." ESRF, Apr 6, 2026, url: https://www.esrf.fr/news/general/Earth-Center-Hotter

"Ask Smithsonian: What's the Deepest Hole Ever Dug?" Smithsonian magazine, Apr 6, 2026, url: https://www.smithsonianmag.com/smithsonian-institution/ask-smithsonian-whats-deepest-hole-ever-dug-180954349/

3. 얼음이 물에 가라앉는다면

Roquet, F., Ferreira, D., Caneill, R., Schlesinger, D., & Madec, G. (2022). "Unique thermal expansion properties of water key to the formation of sea ice on Earth." *Science Advances*, 8(46).

Piccolroaz, S., Zhu, S., Ladwig, R., Carrea, L., Oliver, S. K., Piotrowski, A. P., Ptak, M., Shinohara, R., Sojka, M., Woolway, R. I., & Zhu, D. Z. (2024). "Lake Water Temperature Modeling in an Era of Climate Change: Data Sources, Models, and Future Prospects." *Reviews of Geophysics*, 62(1).

Hoffman, P. F., Abbot, D. S., Ashkenazy, Y., Benn, D. I., Brocks, J. J., Cohen, P. A., Cox, G. M., Creveling, J. R., Donnadieu, Y., Erwin, D. H., Fairchild, I. J., Ferreira, D., Goodman, J. C., Halverson, G. P., Jansen, M. F., le Hir, G., Love, G. D., Macdonald, F. A., Maloof, A. C., Partin, C. A., Ramstein, G., Rose, B. E. J., Rose, C. V., Sadler, P. M., Tziperman, E., Voigt, A., & Warren, S. G. (2017). "Snowball Earth climate dynamics and Cryogenian geology-geobiology." *Science Advances*, 3(11).

Husain, F., Millar, J. L., Jungblut, A. D., Hawes, I., Evans, T. W., & Summons, R. E. (2025). "Biosignatures of diverse eukaryotic life from a Snowball Earth analogue environment in Antarctica." *Nature Communications*, 16, 5315.

"Why Europa: Evidence for an Ocean." NASA, Apr 6, 2026, url: https://science.nasa.gov/mission/europa-clipper/why-europa-evidence-for-an-ocean/

"Europa Facts." NASA, Apr 6, 2026, url: https://science.nasa.gov/jupiter/jupiter-moons/europa/europa-facts/

4. 지구의 자전축이 누워버리면

Ferreira, D., Marshall, J., O'Gorman, P. A., & Seager, S. (2014). "Climate at high-obliquity." *Icarus*, 243, 236-248.

Linsenmeier, M., Pascale, S., & Lucarini, V. (2015). "Climate of Earth-like planets with high obliquity and eccentric orbits: Implications for habitability conditions." *Planetary and Space Science*, 105, 43-59.

Zhou, Y., Bi, R., & Liu, Y. (2024). "Research Advances in the Giant Impact Hypothesis of Moon Formation." *Space: Science & Technology*, 4, 0153.

"Milutin Milankovitch." NASA, Apr 6, 2026, url: https://science.nasa.gov/earth/earth-observatory/milutin-milankovitch/

"Why is the Arctic So Sensitive to Climate Change and Why Do We Care?" NOAA PMEL, Apr 6, 2026, url: https://www.pmel.noaa.gov/arctic-zone/essay_serreze.html

"NOAA Solar Calculator." Global Monitoring Laboratory, Apr 6, 2026, url:

https://www.noaa.gov/sunsetsunrise-calculator

5. 중력이 10퍼센트 줄어든다면

Tanaka, K., Nishimura, N., & Kawai, Y. (2017). "Adaptation to microgravity, deconditioning, and countermeasures." *The Journal of Physiological Sciences*, 67(2), 271-281.

Man, J., Graham, T., Squires-Donelly, G., & Laslett, A. L. (2022). "The effects of microgravity on bone structure and function." *npj Microgravity*, 8, 9.

Pierrard, V., & Lemaire, J. (2003). "Evaporation of hydrogen and helium atoms from the atmospheres of Earth and Mars." *Planetary and Space Science*, 51(4-5), 319-327.

"Orbits." NASA Earthdata, Apr 6, 2026, url: https://www.earthdata.nasa.gov/learn/earth-observation-data-basics/orbits

"Global Navigation Satellite System." NASA Earthdata, Apr 6, 2026, url: https://www.earthdata.nasa.gov/data/space-geodesy-techniques/gnss

"Planetary Physical Parameters." JPL Solar System Dynamics, Apr 6, 2026, url: https://ssd.jpl.nasa.gov/planets/phys_par.html

6. 초강력 태양 폭풍이 일주일 지속되면

Cliver, E. W., & Usoskin, I. G. (2022). "Extreme solar events." *Living Reviews in Solar Physics*, 19, 2.

Gonzalez-Esparza, J. A., et al. (2024). "The Mother's Day Geomagnetic Storm on 10 May 2024." *Space Weather*, 22, e2024SW004111.

Kwak, Y. S., et al. (2024). "Observational Overview of the May 2024 G5-Level Geomagnetic Storm: From Solar Eruptions to Terrestrial Consequences." *Journal of Astronomy and Space Sciences*, 41(3), 171-194.

Younas, W., Nishimura, Y., et al. (2025). "Spatio-Temporal Evolution of Mid-Latitude GPS Scintillation and Position Errors During the May 2024 Solar Storm." *Journal of Geophysical Research: Space Physics*, 130, e2025JA033839

"Solar Flares (Radio Blackouts)." NOAA SWPC, Apr 6, 2026, url: https://www.swpc.noaa.gov/phenomena/solar-flares-radio-blackouts

"What NASA Is Learning from the Biggest Geomagnetic Storm in 20 Years." NASA, Apr 6, 2026, url: https://science.nasa.gov/science-research/heliophysics/what-nasa-is-learning-from-the-biggest-geomagnetic-storm-in-20-years/

"Intense Space Weather Storms October 19-November 07, 2003." U.S. DEPARTMENT OF COMMERCE National Oceanic and Atmospheric

Administration, Apr 6, 2026, url: https://www.weather.gov/media/publications/assessments/SWstorms_assessment.pdf

7. 달이 사라진다면

Lissauer, J. J., Barnes, J. W., & Chambers, J. E. (2012). "Obliquity variations of a moonless Earth." *Icarus*, 217(1), 77-87.

Merkowitz, S. M. (2010). "Tests of Gravity Using Lunar Laser Ranging." *Living Reviews in Relativity*, 13, 7.

Kaniewska, P., Alon, S., Karako-Lampert, S., Hoegh-Guldberg, O., & Levy, O. (2015). "Signaling cascades and the importance of moonlight in coral broadcast mass spawning." *eLife*, 4.

Lin, C.-H., Nozawa, Y., & Miller, M. W. (2021). "Moonrise timing is key for synchronized spawning in coral Dipsastraea speciosa." *Proceedings of the National Academy of Sciences*, 118(19).

Reiffel, L. (2000). "Sagan breached security by revealing US work on a lunar bomb project." *Nature*, 405(6782), 13.

"Top Moon Questions." NASA, Apr 6, 2026, url: https://science.nasa.gov/moon/top-moon-questions/

"Laser Beams Reflected Between Earth and Moon Boost Science." NASA, Apr 6, 2026, url: https://www.nasa.gov/missions/laser-beams-reflected-between-earth-and-moon-boost-science/

"A Study of Lunar Research Flights, Volume I." Defense Documentation Center, Apr 6, 2026, url: https://nsarchive2.gwu.edu/NSAEBB/NSAEBB479/docs/EBB-Moon02.pdf

8. 하루가 48시간이라면

Faulk, S., Bordoni, S., & Mitchell, J. L. (2017). "Effects of Rotation Rate and Seasonal Forcing on the ITCZ Extent in Planetary Atmospheres." *Journal of the Atmospheric Sciences*, 74(3), 665-678.

Aït-Mesbah, S., Dufresne, J.-L., Cheruy, F., & Hourdin, F. (2015). "The role of thermal inertia in the representation of mean and diurnal range of surface temperature in semiarid and arid regions." *Geophysical Research Letters*, 42(18), 7572-7580.

Baron, K. G., & Reid, K. J. (2014). "Circadian misalignment and health." *International Review of Psychiatry*, 26(2), 139-154.

Laosuntisuk, K., Elorriaga, E., & Doherty, C. J. (2023). "The Game of Timing:

Circadian Rhythms Intersect with Changing Environments." *Annual Review of Plant Biology*, 74, 511-538.

Williams, G. E. (2000). "Geological constraints on the Precambrian history of Earth's rotation and the Moon's orbit." *Reviews of Geophysics*, 38(1), 37-59.

"The Coriolis Effect." NOAA Ocean Service, Apr 6, 2026, url: https://oceanservice.noaa.gov/education/tutorial_currents/04currents1.html

"Global Atmospheric Circulations." NOAA JetStream, Apr 6, 2026, url: https://www.noaa.gov/jetstream/global/global-atmospheric-circulations

"Circadian Rhythms." NIGMS, Apr 6, 2026, url: https://www.nigms.nih.gov/education/fact-sheets/Pages/circadian-rhythms

"NASA-Funded Studies Explain How Climate Is Changing Earth's Rotation." NASA, Apr 6, 2026, url: https://www.nasa.gov/science-research/earth-science/nasa-funded-studies-explain-how-climate-is-changing-earths-rotation/

PART 3. 수상한 과학사 다시 보기

1. 아폴로 11호가 달에 가지 않았다면

Murphy, T. W., Adelberger, E. G., Battat, J. B. R., et al. (2008). "The Apache Point Observatory Lunar Laser-ranging Operation: Instrument Description and First Detections." *Publications of the Astronomical Society of the Pacific*, 120(863), 20-37.

Battat, J. B. R., Murphy, T. W., Adelberger, E. G., et al. (2009). "The Apache Point Observatory Lunar Laser-ranging Operation (APOLLO): Two Years of Millimeter-Precision Measurements of the Earth-Moon Range." *Publications of the Astronomical Society of the Pacific*, 121(875), 29-40.

Haase, I., Oberst, J., Scholten, F., et al. (2012). "Mapping the Apollo 17 landing site area based on Lunar Reconnaissance Orbiter Camera images and Apollo surface photography." *Journal of Geophysical Research: Planets*, 117(E12), E00H20.

Carlson, R. W., Borg, L. E., Gaffney, A. M., Boyet, M. (2019). "Analysis of lunar samples: Implications for planet formation and evolution." *Science*, 365(6450), 240-243.

Borg, L. E., Carlson, R. W. (2023). "The Evolving Chronology of Moon Formation." *Annual Review of Earth and Planetary Sciences*, 51, 25-52.

"Apollo 11 Mission Overview." NASA, Apr 6, 2026, url: https://www.nasa.gov/history/apollo-11-mission-overview/

Quinn, M.J., Jr. (1967). Apollo Slow Scan TV Transmission Tests Over Commercial Long Lines-Photographs. *NASA Technical Memorandum TM-X-64406.*

"The First Step: Langley's Contributions to Apollo." NASA, Apr 6, 2026, url: https://www.nasa.gov/history/the-first-step-langleys-contributions-to-apollo/

"Landing a Man on the Moon: The Public's View." Gallup, Apr 6, 2026, url: https://news.gallup.com/poll/3712/landing-man-moon-publics-view.aspx

"It was all fake, right?" IET, Apr 6, 2026, url: https://digital-library.theiet.org/doi/pdf/10.1049/et.2009.1202

2. 다윈이 갈라파고스에 가지 못했다면

Smith, Charles H. (2014). "Wallace, Darwin and Ternate 1858." *Notes and Records: The Royal Society Journal of the History of Science*, 68(2), 165-170.

Bowler, Peter J. (2021). "Evolutionary Ideas: The Modern Synthesis." *eLS*.

Merker, Matthias, Tueffers, Leif, Vallier, Marie, Groth, Espen E., Sonnenkalb, Lindsay, Unterweger, Daniel, Baines, John F., Niemann, Stefan, & Schulenburg, Hinrich. (2020). "Evolutionary Approaches to Combat Antibiotic Resistance: Opportunities and Challenges for Precision Medicine." *Frontiers in Immunology*, 11, 1938.

Antimicrobial Resistance Collaborators. (2022). "Global burden of bacterial antimicrobial resistance in 2019: a systematic analysis." *The Lancet*, 399(10325), 629-655.

"Darwin's health." University of Cambridge, Apr 6, 2026, url: https://www.darwinproject.ac.uk/people/about-darwin/darwins-health

"Darwin's field notes on the Galapagos: 'A little world within itself'." Darwin Online, Apr 6, 2026, url: https://darwin-online.org.uk/EditorialIntroductions/Chancellor_Keynes_Galapagos.html

"Darwin's species notebooks: 'I think…'." University of Cambridge, Apr 6, 2026, url: https://www.darwinproject.ac.uk/commentary/evolution/darwin-s-species-notebooks-i-think

"The writing of 'Origin'." University of Cambridge, Apr 6, 2026, url: https://www.darwinproject.ac.uk/people/about-darwin/origin-species/writing-origin

"Alfred Russel Wallace." University of Cambridge, Apr 6, 2026, url: https://www.darwinproject.ac.uk/alfred-russel-wallace

3. 갈릴레이는 '그래도 지구는 돈다'고 말했을까

Ivan Malara (2023). "Galileo as a Reader of Ptolemy: Notes on the Occasion of the 400th Anniversary of Il Saggiatore (1623)." *Rivista di Storia della Filosofia*, 78(3), 465-473.

John Lewis (2007). "Truth and Propaganda in Images of the Trial of Galileo." *Journal for the History of Astronomy*, 38(1), 15-29.

Henry Ansgar Kelly (2016). "Galileo's Non-Trial (1616), Pre-Trial (1632-1633), and Trial (May 10, 1633): A Review of Procedure, Featuring Routine Violations of the Forum of Conscience." *Church History*, 85(4), 724-761.

Stillman Drake (1978). "Ptolemy, Galileo, and Scientific Method." *Studies in History and Philosophy of Science Part A*, 9(2), 99-115.

"Un nuovo postillato di Galileo Galilei." Biblioteca Nazionale Centrale di Firenze, Apr 6, 2026, url: https://bncf.cultura.gov.it/un-nuovo-postillato-di-galileo-galilei/

"The Italian Library." Internet Archive, Apr 6, 2026, url: https://archive.org/details/bim_eighteenth-century_the-italian-library-con_baretti-giuseppe-marco-_1757

"Galileo Galilei." Stanford Encyclopedia of Philosophy, Apr 6, 2026, url: https://plato.stanford.edu/entries/galileo/

"Galileo (Galilei) summary." Encyclopaedia Britannica, Apr 6, 2026, url: https://www.britannica.com/summary/Galileo-Galilei

"Did Galileo Truly Say, 'And Yet It Moves'? A Modern Detective Story." Scientific American, Apr 6, 2026, url: https://www.scientificamerican.com/blog/observations/did-galileo-truly-say-and-yet-it-moves-a-modern-detective-story/

4. 알렉산드리아 도서관이 불타지 않았다면

Thomas Hendrickson (2016). "The Serapeum: Dreams of the Daughter Library." *Classical Philology*, 111(4), 453-464.

Ole Olesen-Bagneux (2014). "The Memory Library: How the Library in Hellenistic Alexandria Worked." *Knowledge Organization*, 41(1), 3-13.

Dirk Rohmann (2022). "The Destruction of the Serapeum of Alexandria, Its Library, and the Immediate Reactions." *Klio*, 104(1), 334-362.

Christian Jacob (2013). "Fragments of a History of Ancient Libraries." *in Ancient Libraries*, pp. 57-82. Cambridge University Press.

"The Library of Alexandria: Past and Present." Bibliotheca Alexandrina, Apr 6, 2026, url: https://www.bibalex.org/libraries/presentation/static/The%20

Library%20of%20Alexandria%20Past%20and%20present.pdf

"Library of Alexandria." Encyclopaedia Britannica, Apr 6, 2026, url: https://www.britannica.com/topic/Library-of-Alexandria

"The fate of the Library of Alexandria." Encyclopaedia Britannica, Apr 6, 2026, url: https://www.britannica.com/topic/Library-of-Alexandria/The-fate-of-the-Library-of-Alexandria

5. 티코 브라헤의 관측이 없었다면

Frank Verbunt, Robert H. van Gent (2010). "Three editions of the Star Catalogue of Tycho Brahe: Machine-readable versions and comparison with the modern Hipparcos Catalogue." *Astronomy & Astrophysics*, 516, A28.

Brian S. Baigrie (1987). "Kepler's Laws of Planetary Motion, Before and After Newton's 'Principia': An Essay on the Transformation of Scientific Problems." *Studies in History and Philosophy of Science Part A*, 18(2), 177-192.

"Mysterium Cosmographicum." Badw, Apr 6, 2026, url: https://kepler.badw.de/zu-johannes-kepler/weltgeheimnis.html

"Johannes Kepler: chronology." Badw, Apr 6, 2026, url: https://kepler.badw.de/en/on-johannes-kepler.html

"Astronomical work of Johannes Kepler." Encyclopaedia Britannica, Apr 6, 2026, url: https://www.britannica.com/biography/Johannes-Kepler/Astronomical-work

"Planetary Motion: The History of an Idea That Launched the Scientific Revolution." NASA, Apr 6, 2026, url: https://science.nasa.gov/solar-system/planetary-motion/

"Orbits and Kepler's Laws." NASA, Apr 6, 2026, url: https://science.nasa.gov/solar-system/orbits-and-keplers-laws/

"Astronomy: Copernicus, heliocentric revolution." Encyclopaedia Britannica, Apr 6, 2026, url: https://www.britannica.com/science/astronomy/Copernicus

6. 빛의 매질은 어떻게 유령이 되었을까

Jeroen van Dongen (2009). "On the Role of the Michelson-Morley Experiment: Einstein in Chicago." *Archive for History of Exact Sciences*, 63(6), 655-663.

Alejandro Cassini, Marcelo Leonardo Levinas (2019). "Einstein's Reinterpretation of the Fizeau Experiment: How It Turned Out to Be Crucial for Special Relativity." *Studies in History and Philosophy of Science Part B: Studies in History and Philosophy of Modern Physics*, 65, 55–72.

Pablo Acuña (2014). "On the Empirical Equivalence Between Special Relativity and Lorentz's Ether Theory." *Studies in History and Philosophy of Science Part B: Studies in History and Philosophy of Modern Physics*, 46, 283–302.

Albert Einstein (1905). "Zur Elektrodynamik bewegter Körper." Annalen der Physik, 322(10), 891–921.

"Huygens' principle." Encyclopaedia Britannica, Apr 6, 2026, url: https://www.britannica.com/science/Huygens-principle

"ether." Encyclopaedia Britannica, Apr 6, 2026, url: https://www.britannica.com/science/ether-theoretical-substance

"Constant of aberration." Encyclopaedia Britannica, Apr 6, 2026, url: https://www.britannica.com/science/constant-of-aberration

"Special theory of relativity." Encyclopaedia Britannica, Apr 6, 2026, url: https://www.britannica.com/science/electromagnetism/Special-theory-of-relativity

"Michelson–Morley experiment." Encyclopaedia Britannica, Apr 6, 2026, url: https://www.britannica.com/science/Michelson-Morley-experiment

알면 재미있지 않나요?

초판 1쇄 인쇄 2026년 4월 11일
초판 1쇄 발행 2026년 4월 21일

지은이 강성주(항성)
펴낸이 최순영

출판1 본부장 한수미
와이즈 팀장 김혜영
편집 김예지
디자인 studio Ain

펴낸곳 ㈜위즈덤하우스 **출판등록** 2000년 5월 23일 제13-1071호
주소 서울특별시 마포구 양화로 19 합정오피스빌딩 17층
전화 02) 2179-5600 **홈페이지** www.wisdomhouse.co.kr

ⓒ 강성주(항성), 2026

ISBN 979-11-7591-067-6 03400

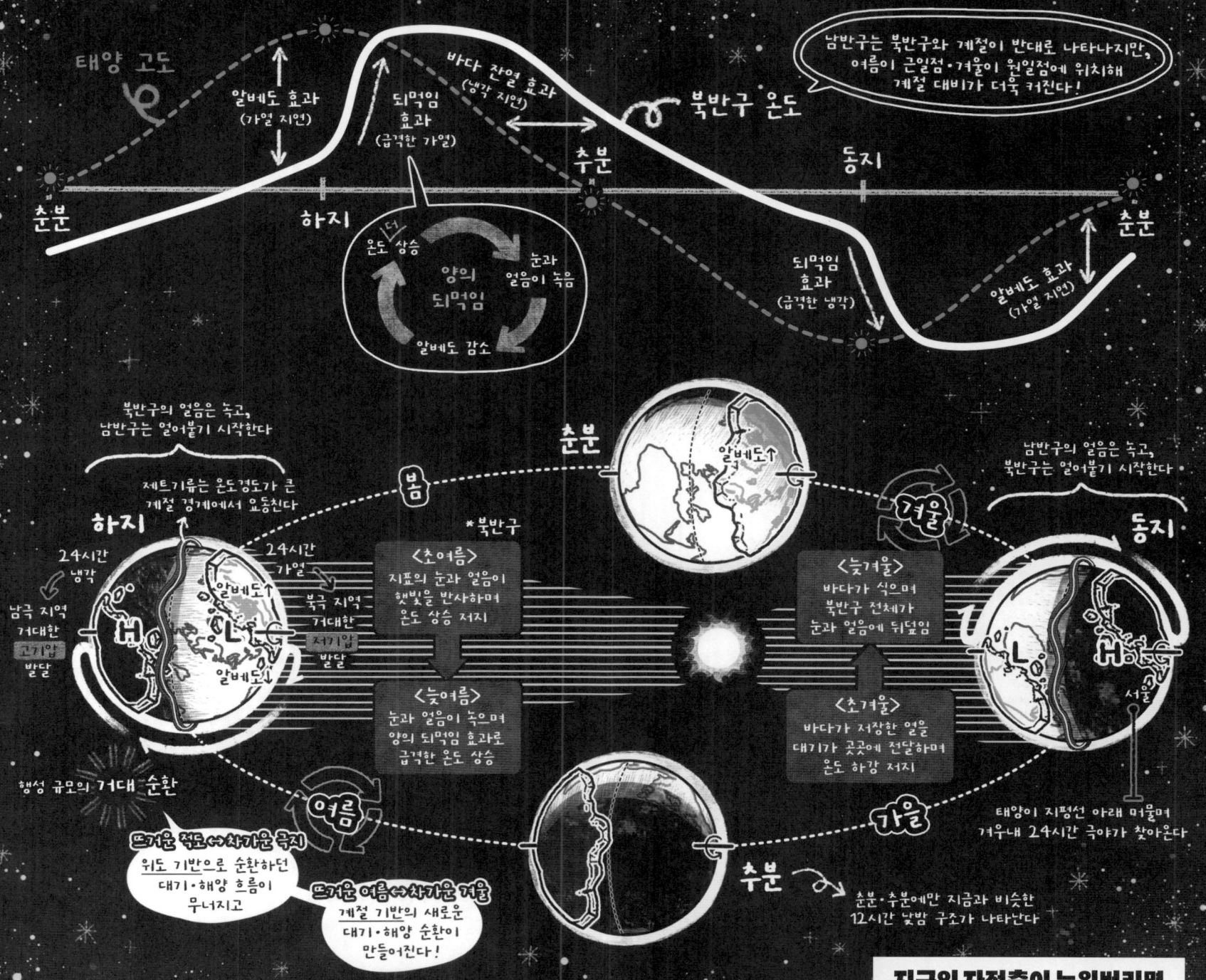